高等职业教育机电类专业系列教材

3D 打印技术与逆向工程实例教程

第 2 版

主编　刘丽鸿　李艳艳

参编　张　超　都长乐　裴玉红

机械工业出版社

本书采用项目任务式编写体例，介绍了 3D 打印成型工艺分类、桌面型 FDM 打印机、SLA 光固化打印机操作使用、打印材料及其特性、使用三维扫描仪对案例扫描得到点云数据直接打印及用逆向软件数据处理建模的相关知识；通过典型案例，介绍了单一零件、组合件的正向建模、打印，模型打印前的设置修复以及三维造型软件（UG NX、SOLIDWORKS）、逆向工程软件（Geomagic Design X）、3D 打印软件（UP、Core、Cura）、STL 数据编辑与修复软件（Materialise Magics）等内容。本书符合教、学、做一体化的教学模式，可操作性强。

　　本书可作为职业院校模具设计与制造、机械制造及自动化、机电一体化技术、材料工程技术及工业设计等专业的教材，也可供材料成型、医疗、汽车制造、航空航天、土木工程、模型、玩具、珠宝和服装等领域技术人员和 3D 打印 DIY 爱好者参考阅读。

图书在版编目（CIP）数据

3D 打印技术与逆向工程实例教程/刘丽鸿，李艳艳主编. —2 版. —北京：机械工业出版社，2023.12（2025.1 重印）
高等职业教育机电类专业系列教材
ISBN 978-7-111-74270-8

Ⅰ.①3… Ⅱ.①刘… ②李… Ⅲ.①快速成型技术-高等职业教育-教材②工业产品-设计-高等职业教育-教材 Ⅳ.①TB4②TB472

中国国家版本馆 CIP 数据核字（2023）第 222144 号

机械工业出版社（北京市百万庄大街 22 号　邮政编码 100037）
策划编辑：薛　礼　　责任编辑：薛　礼
责任校对：张　征　　封面设计：鞠　杨
责任印制：常天培
固安县铭成印刷有限公司印刷
2025 年 1 月第 2 版第 2 次印刷
184mm×260mm·18 印张·441 千字
标准书号：ISBN 978-7-111-74270-8
定价：57.00 元

电话服务		网络服务	
客服电话：010-88361066		机 工 官 网：www.cmpbook.com	
010-88379833		机 工 官 博：weibo.com/cmp1952	
010-68326294		金 书 网：www.golden-book.com	
封底无防伪标均为盗版		机工教育服务网：www.cmpedu.com	

第2版前言 PREFACE

党的二十大报告提出，全面贯彻党的教育方针，落实立德树人根本任务，培养德智体美劳全面发展的社会主义建设者和接班人。本书在编写中坚持科技是第一生产力、人才是第一资源、创新是第一动力的思想理念，将个性化、创新教学案例引入课堂。

本书在修订过程中紧紧围绕"培养什么人、怎样培养人、为谁培养人"这一教育根本问题，全面落实立德树人根本任务，强化学生素养教育，明确素养教育目标，增设素养育人元素，有机融入"绿色发展""守正创新""科技自立自强""文化自信""安全生产观念"以及"精益求精的大国工匠精神"等内容，不断提升育人效果。在相应项目增加了3D打印技术在2022年冬奥会、载人航天中的应用，激励学生热爱所学专业，培养学生踏实肯干的务实态度，学好专业技术知识，明确职业定位，为国家繁荣、社会发展做出贡献，实现个人价值，树立"干一行、爱一行"的理念。教学中建议教师根据3D打印技术在生产中的应用发展情况，安排综合设计打印制作内容，比如手机支架、笔筒等，以培养学生的创造性思维。

本书由天津石油职业技术学院刘丽鸿和河北石油职业技术大学李艳艳主编，刘丽鸿负责全书的统稿。具体编写分工如下：任务1-1~任务1-3由天津石油职业技术学院张超编写，任务2-1和任务2-2由李艳艳编写，任务1-4~任务1-7由天津石油职业技术学院裴玉红编写，任务2-3~任务2-5、任务3-1~任务3-3、任务4-1~任务4-4以及任务5-1~任务5-2由刘丽鸿编写，任务5-3、任务5-4由天津长鸿智远科技有限公司都长乐工程师编写。本书在修订过程中，得到了天津石油职业技术学院教材工作委员会的大力支持，在此表示衷心的感谢！

由于编者水平有限，书中难免存在错误或不足之处，恳请广大读者批评指正。

编　者

第1版前言 PREFACE

　　3D打印技术是增材制造技术的简称，是指以计算机三维设计模型为蓝本，通过软件分层离散和数控成型系统，利用激光束、热熔喷嘴等方式将金属粉末、陶瓷粉末、塑料和细胞组织等特殊材料进行逐层堆积粘结，最终叠加成型，制造出实体产品。关于3D打印技术所用的模型来源，一个是用三维软件直接建模，是传统的"从无到有"的过程，即设计人员首先在大脑中构思产品的外形、性能和大致的技术参数等，然后通过绘制图样建立产品的三维数字化模型，最终将这个模型转化到制造流程中，完成产品的整个设计制造周期，此称为正向设计；另一个是通过扫描仪进行扫描，然后通过逆向工程软件建模，是一个"从有到无"的过程，产品设计就是根据已经存在的产品模型反向推出产品设计数据（包括设计图样或数字模型）的过程，此称为逆向设计。随着计算机技术在制造领域的广泛应用，特别是数字化测量技术的迅猛发展，基于测量数据的产品造型技术成为逆向工程技术研究的主要对象。通过数字化测量设备（如三维扫描仪，坐标测量机和激光测量设备等）获取的物体表面的空间数据，需要利用逆向工程技术建立产品的三维模型，然后利用CAM、3D打印等系统设备完成产品的制造。

　　3D打印是集材料科学、逆向工程技术、机械工程、CAD、分层制造技术、数控技术和激光技术于一体的综合技术。将逆向设计与3D打印技术相结合，能快速缩短产品设计和制造周期，提高产品质量并使产品快速上市。三维扫描仪和逆向设计软件的结合缩短了产品开发流程，应用前景广阔。3D打印在医学、航天、国防、建筑设计、制造和食品等领域得到了广泛的应用。随着3D打印技术成本的降低、3D打印设备的普及，它已广泛应用于教育领域并对教学模式引起了的巨大变革，个性化、创新教学进入课堂。3D打印技术作为一项智能制造技术，职业院校在模具设计与制造、机械制造与自动化、机电一体化技术、材料工程技术及工业设计等专业中陆续开设该课程，以满足对3D打印产业链条上的3D建模、3D打印设备的操作及组装与维护、3D打印应用服务等领域的需求；同时，开设3D打印技术课程也有利于培养学生的创造性思维。

　　本书由天津石油职业技术学院刘丽鸿和承德石油高等专科学校李艳艳主编，刘丽鸿负责全书的统稿。具体编写分工如下：任务1-1~任务1-3、任务2-3中的Solidworks建模和任务3-1由李艳艳编写；任务2-2中的Solidworks建模由承德石油高等专科学校董湘敏编写；任务1-4~任务1-7、任务2-1、任务2-2~任务2-3除案例中Solidworks建模外的部分、任务2-4~任务2-5、任务3-2~任务3-3、任务4-1~任务4-4以及任务5-1~任务5-2由刘丽鸿编写；任务5-3~任务5-4由企业人员都长乐工程师编写。本书在编写过程中，得到了天津公共实训中心刘佳、孟凡超，青岛职业技术学院李福祥的大力支持，在此一并表示衷心的感谢！

　　由于编者水平有限，错误之处在所难免，敬请广大读者批评指正。

编　者

目录 CONTENTS

项目一 PROJECT 1　3D打印技术概述

任务 1-1　认识 3D 打印技术及其发展与应用

任务导入

什么是 3D 打印机？你了解的 3D 打印有哪些途径？

任务描述

学习 3D 打印机的定义、发展、分类及应用领域。

知识目标

1. 3D 打印技术的起源与发展。
2. 3D 打印技术的应用。

技能目标

1. 了解 3D 打印技术的起源与发展。
2. 了解 3D 打印技术在教育、医疗、服饰、广告、建筑、装备制造、原型开发、模具及文物修复等行业中的应用。

素养目标

培养资源再生利用、绿色发展、低碳环保的理念。

相关知识

3D 打印技术是以数字模型文件为基础，运用粉末状金属或塑料等可粘结材料，通过逐层打印的方式来构造物体的技术。数字模型文件的创建过程称为三维建模，运用分层软件将

— 1 —

设计的模型切成薄层（即切片），再将切片相关信息文件发送到3D打印机，由打印软件控制设备逐层堆叠成型，即3D打印。传统的机械制造采用去除材料的加工方式（即减材制造），而3D打印采用逐层累加的技术，即增材制造。

3D打印技术将是新的工业革命的核心之一，是产品创新和制造技术创新的共性技术，并颠覆性地改变了制造业的生产模式和产业形态。有学者提出3D打印会催生多品种、小批量、定制式的新型生产模式。3D打印既是制造工艺的原理创新，也是应用数字化技术的产品创新，将改变整个制造业的面貌。3D打印是增材制造方法的新发展，能大大提高新材料的成型能力。

3D打印技术这个思想起源于19世纪末的美国，并在20世纪80年代得以发展和推广。早在1892年，JE. Blanther在其专利中曾建议用分层制造法构造地形图。1902年，C. Baese的专利提出了用光敏聚合物制造塑料件的原理构造地形图。1904年，Perera提出了在硬纸板上切割轮廓线，然后将这些纸板粘结成三维地形图。

20世纪50年代之后，出现了几百个有关3D打印的专利。80年代后期，3D打印技术有了根本性的发展，出现的专利更多，仅在1986～1998年，在美国注册的专利就有24个。1986年，Hull发明了光固化成型（Stereo Lithography Appearance, SLA）；1988年，Feygin发明了分层实体制造；1989年，Deckard发展了粉末激光烧结技术（Selective Laser Sintering, SLS）；1992年，Crump发明了熔融沉积制造技术（Fused Deposition Modeling, FDM）；1993年，Sachs在麻省理工学院发明了3D打印技术；1995年，麻省理工学院创造了"三维打印"一词，当时的毕业生J. Bredt和T. Anderson修改了喷墨打印机方案，采用了把约束熔剂挤压到粉末床的解决方案，而不是把墨水挤压在纸张上的方案。

随着3D打印专利技术的不断出现，相应的用于生产的设备也被研发出来。最早的3D打印出现在20世纪的80年代，1988年，美国的3D Systems公司根据Hull的专利，生产出了第一台现代3D打印设备——SLA-250（光固化成型机），开创了3D打印技术发展的新纪元。在此后的10年中，3D打印技术蓬勃发展，涌现出十余种新工艺和相应的3D打印设备。科学家们表示，目前3D打印机的使用范围还很有限，不过在未来的某一天，人们一定可以通过3D打印机打印出更实用的产品。

3D打印机是制造业数字化的典型代表，特别适用于个性化定制生产；3D打印机是产品创新的一种高效共性装备，可能成为生命科学最有效的装备之一。当前，生命科学占有十分重要的地位，例如制造人体活器官的组织工程研究，在此项研究中，如何构成所需的复杂多孔3D支架，如何注入人体种子细胞是组织工程的关键。目前出现的3D生物打印机可以进行细胞/器官打印，人们期待它能够成为未来人体器官制造的重要装备。

3D打印机与普通打印机工作原理基本相同，只是打印材料有些不同。普通打印机可以打印计算机设计的平面物品，打印材料是墨粉和纸张；而3D打印机内装有金属、陶瓷、塑料或砂等不同的打印材料。3D打印机与计算机连接后，通过计算机控制可以把打印材料一层层地叠加起来，最终把计算机上显示的蓝图变成实物。通俗地说，3D打印机是可以"打印"出真实的3D物体的设备，如打印出机器人、玩具车、各种模型，甚至骨骼、牙齿、食物等。因为3D打印是一种增材制造技术，上游取决于材料，有别于传统生产工艺流程，所以基本上解决了材料问题，可以说万物皆可打印。

3D打印技术的应用领域非常广泛，在教育、医疗、服饰、广告、建筑、装备制造、原型开发、模具及文物修复等众多行业中都有应用。

一、3D打印技术应用于医疗科技领域

无论是在医疗研究还是实际应用中，3D打印技术的应用都已经很普遍。关于3D打印技术与医疗科技的新闻也屡见不鲜，如3D打印牙齿、耳朵、头骨等都已有了成功的案例并开始造福人类。随着技术不断成熟，这些技术应用普及大众只是时间的问题。3D打印技术在生物医疗领域的发展及成果转化实现的是更精准和定制化的医疗服务及治疗，有效减轻病人的痛苦，减少治疗程序，同时提高治愈率。据报道，广东医科大学和香港中文大学联合研究发明的低温3D打印技术可以打印出适合患者的骨组织和关节材料，将特制的复合物作为支架材料，并在里面放置天然药物，实现药物缓释作用；西安交通大学的研究团队结合金属3D打印技术，开发出个性化穹窿顶钛笼式人工颈椎，在国际上创新性地提出了椎体次全切术后可动人工椎体——椎间盘复合体植入、重建椎体运动单位功能的理念，研制出可动人工颈椎假体和人工寰齿关节。如图1-1所示，未来在3D打印种植牙的应用，可以很好地实现仿生牙齿的种植，有效实现即拔即种，并可以准确贴合每个人的牙槽，减少种植步骤、减轻病人痛苦，并有效降低费用。

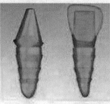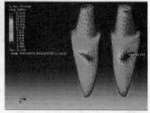

图1-1 3D打印的牙齿

二、3D打印技术应用于工业制造领域

3D打印技术在工业制造中的应用越来越普遍，它正在逐渐代替传统制造中的一部分工作，是一次新式工业制造的革命。

1. 3D打印轮胎模具（轮胎）

米其林公司利用金属3D打印轮胎模具开发了性能更好的轮胎，可赋予轮胎更复杂、更耐磨的表面花纹，提高了轮胎的使用寿命，适应多种路况和天气。图1-2所示为3D打印的轮胎。

图1-2 3D打印的轮胎

2. 3D打印飞机引擎喷油嘴

GE航空集团与法国赛峰集团联合开发的3D打印LEAP系列引擎燃料喷嘴可一体成型，图1-3所示为3D打印的喷嘴。重量减轻了25%，使用寿命得以延长，且降低了维护成本。

图 1-3　3D 打印的喷嘴

3. 3D 打印叶轮

利用 3D 打印技术可整体打印结构复杂、弧度不同的叶轮，无需拼装，可提高叶轮设计自由度，如图 1-4 所示。

图 1-4　3D 打印的叶轮

4. 3D 打印首饰

现在通常会使用 3D 打印蜡模或者可失蜡的树脂替代传统的工匠雕刻蜡的步骤来完成熔模铸造，有效缩短了首饰制造的流程，提高了首饰制造的效率。图 1-5 所示为 3D 打印的珠宝。

图 1-5　3D 打印的珠宝

3D 打印技术在这些领域中的运用正是符合现在及未来的消费市场定制化快消需求的体现。采用 3D 打印技术可有效缩短制造工期，降低制造成本且环保，相信未来在短时间内将实现大量差异的个体定制化服务。

三、3D 打印技术应用于教学领域

把 3D 打印系统与教学体系相整合，一方面，3D 打印机可以使学生掌握技术方面的知识，提高学生的科技素养；另一方面，利用 3D 打印机打印出来的立体模型能激发学生的设计创造能力。

  3D 打印需要设计和打印两个步骤，需要学生参与完成，这将提高学生的创新能力、动手能力和协作能力。通过 3D 打印机，学生的设计理念可转变为真实的立体彩色模型，使学习更加生动，可有效提高学生的学习积极性，激发学生的创新思维，锻炼学生的动手及团队合作能力。

四、3D 打印技术应用于文创娱乐领域

  3D 打印技术在动漫、电影场景及服装设计等领域应用也比较普遍，图 1-6 所示为 2022 年冬奥会相关的 3D 打印作品。在 2022 年冬奥会期间，长安街沿线高 9.1 米的冬奥主题大花坛的主景是冬奥会和冬残奥会会徽，散落地上的蓝白两色"雪花"格外惹眼。冬奥花坛里的 3D 雪花的原料是城市固废，经过多道复杂工序后，采用 3D 打印技术制作出来的，一朵朵"雪花"承载着现代科技与零碳环保的理念。助力"零碳"冬奥的园林小品，通过 3D 打印固废技术把无用的垃圾变成轻盈美丽的"雪花"。3D 打印固废体现了省模板、省材料、省人工、省垃圾外运的优点。另外，长安街沿线花坛的展示结束后，"雪花"可被回收，循环利用。此外还有 3D 打印的滑雪机器人、中国结、主火炬，利用 3D 扫描、三维设计、3D 打印技术为国家雪车队运动员量身制作的头盔，摆脱了装备的进口依赖。你知道在 2022 年冬奥会期间还用了哪些 3D 打印技术吗？

  图 1-7 所示为 3D 打印的时装和 3D 打印的电影道具，逼真的道具便于快速又低成本地搭建场景。

图 1-6   2022 年冬奥会相关的 3D 打印作品

图 1-7   3D 打印的电影道具和时装

任务1-2 认识3D打印机与打印材料

任务导入

3D打印设备主要有哪两种？常用的3D打印材料有哪些？

任务描述

学习3D打印机的种类和常用的打印材料。

知识目标

1. 桌面型3D打印机的主要组成部件。
2. 3D打印材料及其特性。

技能目标

1. 了解桌面型和工业型3D打印机的发展历程，桌面型3D打印机的主要组成
2. 了解3D打印常用代表性材料及其特性、应用领域

素养目标

学习科研人员攻坚克难的精神，培养科技强国、自主研发的意识。

相关知识

随着3D打印行业的蓬勃发展，全球的3D打印设备迎来爆发式的增长，主要包括桌面级和工业级两种。桌面级3D打印机是可以放在桌子上的、小型化的3D打印机，通常用于模型爱好者、DIY和学校教学等领域，售价一般在10万元以内。工业级3D打印机的打印尺寸大、速度快、精度高，售价最低也需要几十万元，一般不会低于百万元，是工业化批量生产、大尺寸模型制作以及高精度零件加工的最佳选择。

一、桌面级3D打印机

近几年，随着3D打印技术的进步和3D打印设备产量不断扩大，桌面级3D打印机的价格有所降低，一般在几千元到几万元不等，体积较小、操作简单便捷及打印精度较高等相关因素促使桌面级3D打印机销售量不断增加。另外，Stratasys、Ultimaker、XYZprinting等国内外知名3D打印机厂家都想抢占市场先机，不断推出新产品。

2013年11月，全球最大的3D打印机协同制造平台3D Hubs对在其平台上注册的3D打印机进行了统计分析，美国Stratasys公司以25.5%的市场保有量成为领导者，紧随其后的是德国RepRap公司和荷兰Ultimaker公司，其市场保有率分别为21.9%和18.4%，而美国3D Systems公司的市场保有量占10.8%，位居第四。

二、工业级 3D 打印机

工业级 3D 打印机与桌面级 3D 打印机完全不同，不仅表现在体积庞大、售价昂贵等方面，工业级的产品为达到某些相关性能，采用了多种代表当今最前沿的 3D 打印技术。目前，工业级 3D 打印领域有"三巨头"的说法，即 3D Systems、Stratasys 和 EOS 三家公司的技术各有特色。

（1）美国 3D Systems 公司系列产品 3D Systems 公司率先发明了光固化成型解决方案，产品线包括 SLA 光固化成型系列、SLS 可选择性激光烧结系列和 MJM 多喷头模型系列等。例如，ZPrinter 850 打印机采用 3DP 原理，5 个打印头利用类石膏粉末可打印出含有 390000 种颜色的、最大尺寸为 508mm×381mm×229mm 的产品。

（2）美国 Stratasys 公司系列产品 Stratasys 公司旗下拥有两种 3D 打印技术：FDM 技术和 PolyJet 技术，这两种技术有各自的特点。其中，Polyet 技术对应的机器系列有彩色系列、Desktop 系列、Eden 系列和 Connex 系列。Connex 系列中典型的打印机为 Objet1000，它将先进的喷墨式 3D 打印技术推向了另一个高度，最大打印尺寸达到了 1000mm×800mm×500mm，可应用于制作工业级 1∶1 尺寸模型的高端服务领域；Objet1000 系统中有 100 多种材料可供选择，能够在一个模型上打印 14 种不同属性的材料。

（3）德国 EOS 公司系列产品 德国 EOS 公司是激光 3D 金属打印的全球领导者，其设备主要涉及 3D 打印的光固化工艺和选区激光烧结工艺，主要的快速成型产品有 Formigap 系列、Eosi-ntp 系列、Eosint S 系列和 Eosrntm 系列等。EOS M400 打印机是采用直接激光烧结（DMLS）技术，利用红外激光器对各种金属材料粉末（如模具钢、钛合金、铝合金、CoCrMo 合金和铁镍合金等粉末材料）直接烧结成型，最大产品成型尺寸为 400mm×400mm×400mm。

三、桌面级 3D 打印机的主要组成部件

桌面级 3D 打印机技术的发展已经较成熟，创客们也已经 DIY 出了属于自己的打印机。桌面级 3D 打印机的主要组成部件如图 1-8 所示。

1. 挤出机

挤出机可以分为近程挤出机和远程挤出机两类，近程挤出机与加热头和喷嘴是直接连接成一体的，远程挤出机与加热头和喷嘴是分开的。挤出机主要由送丝齿轮、导料轮、送料电动机、挤出机支架和弹簧组成。两种挤出机的工作原理是相似的，即弹簧提供的弹力使导料轮和送丝齿轮将耗材夹住，送料电动机旋转带动送丝齿轮通过摩擦力拉动耗材前进或退出。

2. 加热头

加热头主要由加热块、加热棒、温度传感器和进料管（喉管）组成。在加热棒和温度传感器的共同作用下，加热头达到设定温度值，使由进料管进入加热头中的打印耗材变成热熔状从喷嘴挤出。

3. 喷嘴

市面上销售的喷嘴主要分为 Budaschnozzle 和 J-head 两类，喷嘴精度有 0.2mm、0.3mm 和 0.4mm 等多种型号可供用户选择。Budaschnozzle 喷嘴有主动散热和被动散热两种方式，

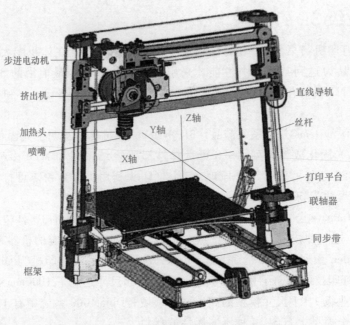

步进电动机
挤出机
加热头
喷嘴
X轴
Y轴
Z轴
框架
直线导轨
丝杆
打印平台
联轴器
同步带

图 1-8　桌面级 3D 打印机的主要组成部件

Makerbot、RepRapPro 的机器喷嘴主要采用主动式散热。J-head 喷嘴重量轻，适合应用在精度要求较高或者机械轴负载能力较弱的机器中，如三角爪式结构。两种类型的喷嘴没有优劣之分，根据 3D 打印机的不同类型进行选择即可。

4. 步进电动机

步进电动机是将电脉冲信号转变为角位移或线位移的开环控制部件，也是 3D 打印机中一个非常重要的动力部件，能够驱动活动部件在 X、Y、Z 轴上的运动。一般情况下，部件在 X、Y 轴上的运动是通过固定在步进电动机上的同步轮带动同步带及其他同步轮共同作用实现的，在 Z 轴上的运动则是通过直线丝杠步进电动机直接作用完成的。步进电动机适用于需要精确定位的运动，其稳定性与运行精度直接影响 3D 打印机的打印效果。3D 打印机上最常用的是 42 步进电动机，其步距角度为 1.8°，转动一周有 200 步，步距角精度为 ±5%。

5. 同步带

同步带按齿形分为梯形齿形和弧形齿形两大类，弧形齿形同步带与梯形齿形同步带相比，应力分布合理，承载能力较强，寿命较长，振动和干涉小，有利于维持原有打印精度不受影响。基于 3D 打印机的打印精度和配件寿命等原因，弧形齿形同步带得到了 3D 打印机制造商的广泛使用。

6. 打印平台

打印平台是打印物体的支撑平台，又称工作台。每一款 3D 打印机的打印平台尺寸大小都不同，但它们所起的作用是相同的，即喷嘴挤出的热熔丝在打印平台的支撑作用下实现一层层的堆积成型，同时模型的第一层牢牢粘贴在打印平台上。市场上销售的打印机的打印平台有两种：一种不能提供加热功能，主要用于打印 PLA 材料，如 MarkBot Replicator Z18；另一种可提供加热功能，可以打印 ABS 和 PLA 等材料，如 MarkeBot Replicator 2X。

7. 直线导轨

桌面级 3D 打印机在 X、Y、Z 轴方向上都有由精密光轴、直线轴承或铜轴承以及塑料滑块组成的直线导轨。采用铜质轴承工作时噪声小，但是使用寿命比直线轴承短。现在有些 3D 打印机已经使用微型滚动直线滑轨，提高了打印精度和寿命。

8. 联轴器

联轴器是用于连接不同机构中的两根轴（主动轴和从动轴），使之同步并按 1∶1 完成传递转矩的传动装置。3D 打印机的 Z 轴传动有两种不同的形式，步进电动机的轴是一根直线丝杠；联轴器下方连接步进电动机轴，上方则连接用于 Z 轴升降的丝杠。

9. 限位开关

3D 打印机都会在 X、Y、Z 轴方向上各安装一个机械或光电限位开关，主要有如下两个作用：

1）可以保证打印机在打印前精确定位到初始位置。

2）当移动部件运动到行程极限位置时会触及限位开关，此时在控制系统作用下，移动部件停止运行，起保护设备的作用。

10. 框架

框架按结构分为矩形盒式结构（MakerBot 和 Ultimak-er）、矩形杆式结构（PrintrBot）、三角形结构（Re-pRap）、三角爪式结构（Rostok）和舵机转动型结构。采用矩形盒式结构的是目前市面上最为普及的机型，而舵机转动型结构的 3D 打印机目前正处于开发阶段。

四、打印材料

打印材料是 3D 打印技术发展的重要物质基础，打印材料直接决定了制造技术成型工艺、设备结构和成型件的性能等。

目前，打印材料有 30 多种，包含光敏树脂 SLA、桌面级 PLA 塑料、工程塑料和金属材料等。打印范围更是涵盖了多个行业、多种需求，包括各种产品手板打样、珠宝首饰、工业设计、铸造、医疗、眼镜、汽车电子、航空航天、文化创意、新兴产业等领域。下面介绍几种具有代表性的材料。

1. 光敏树脂

光敏树脂是 SLA/DLP 技术成型中的材料，在紫外光的照射下由液态变为固态。SLA 是光固化成型的简称。光敏树脂从字面意思来讲就是对光敏感的树脂材料，光照射后会快速固化成型。

光敏树脂是由光引发剂、单体聚合物和预聚体组成的混合物，这种材料可在特定波长紫外光聚焦下完成固化。相对于 SLA，DLP 打印出来的物品表面较为光滑、成型质量高，所以许多 DLP 机型被定位为珠宝级别。如 e 键打印就有德国 DLP 医用级的光敏树脂，e 键打印的医用光敏树脂通过了欧盟 EU 及美国 FDA 认证，绝对值得信赖，但 3D 打印价格也相对更贵一些。下面具体介绍一下光敏树脂的特性及应用。

（1）光敏树脂的特性　光敏树脂一般是液化状态，使用该材料打印的物体一般具备高强度、耐高温和防水等特点。光敏树脂材料长期不使用容易产生硬化现象，并且该材料具有一定的毒性，在不使用的状态下需要对其进行封闭保存。

此外，光敏材料的价格相对于桌面级 PLA 塑料来说较贵，并且使用时需要将其倒进器皿内，所以容易导致浪费。

（2）光敏树脂的应用　光敏树脂因其较好的特性和较高的性价比，一经推出就获得了欢迎。光敏树脂是 3D 打印塑料材料的一种，它类似于 ABS 材料，表面光滑，精度高，表面可喷漆，硬度一般也可以满足要求。光敏树脂非常适合打印手板模型，如观看外观设计的模型，如图 1-9 所示。

图 1-9　用 SLA 打印的模型

使用光敏树脂进行 3D 打印的成品细节很好，表面质量高，可通过喷漆等工艺上色。但是光敏树脂打印的物品如果长时间暴露在光照条件下，会逐渐变脆、变黄。这种材料多用于打印对模型精度和表面质量要求较高的精细模型、复杂的设计模型，如手板、首饰及精密装配件等；但不适合打印大件的模型，如需打印大件的模型，需要拆件打印。光敏树脂材料不但成型效果好，而且比较便宜，所以是打印手板的首选材料。

用于 SLA 的光固化树脂的性质参数：误差范围±0.1mm（L≤100mm）或±0.1%×L（L>100mm），推荐最小细节 0.5mm，推荐最小壁厚 1mm。

用于 SLA 的光固化树脂的适用范围：广泛用于工业、汽车、医疗和消费电子等工业领域的验证设计。

用于 SLA 的光固化树脂的材料特点：表面很光滑，精度高，韧性好，易上色处理。

2. 桌面级 PLA 塑料

桌面级 PLA（聚乳酸）塑料（简称 PLA）是一种新型的生物降解材料，使用可再生的植物（一般是玉米）提炼出的淀粉原料制成，绿色环保；PLA 的相容性、可降解性和力学性能良好，适用于吹塑、热塑等各种加工方法，加工方便，应用十分广泛。同时它也拥有良好的光泽性、透明度、抗拉强度及延展性。

PLA 可以在没有加热平台的情况下打印大型模型，而边角不容易翘起；PLA 具有较低的收缩率，即使打印较大尺寸的模型时也表现良好；PLA 工作温度较 ABS 低，节省能源的同时打印模型更易塑形，表面光泽好，色彩艳丽。

经过改良的 PLA 不仅具有 ABS 的强韧性能和力学性能，而且具有较低的收缩率，打印过程中也不会产生加热塑料的异味。

PLA 的性质参数：逐层打印厚度 0.2mm，误差范围±0.2mm，推荐最小细节 0.8mm，推荐最小壁厚 1mm。

PLA 的适用范围：适用于打印相对简单、规则的模型以及检测工业设计等。

PLA 的特点：PLA 是一种新型的生物降解材料，价格低，强度高、耐用且环保，是性价比较高的一种材料。

与其他类型的 3D 打印机耗材相比，PLA 较脆，因此在制作可能反复弯曲、扭曲或掉落的物品（如手机壳，高磨损玩具或工具手柄）时，应避免使用它。另外，PLA 往往会在60℃或更高的温度下变形，所以应该避免将其与需要承受高温的物品一起使用。PLA 的使用场景非常多，在模型、低损耗玩具、原型零件和容器上都可以用 PLA，如图 1-10 所示。

图 1-10　用 PLA 打印的产品

3. 工程塑料

工程塑料是指被用作工业零件或者外壳材料的工业用塑料。工程塑料具有良好的强度、耐候性和热稳定性，应用范围较广，尤其适用于制备工业制品，因此工程塑料成为目前应用最广泛的 3D 打印材料，特别是以丙烯腈-丁二烯-苯乙烯共聚物（ABS）、聚酰胺（PA）、聚碳酸酯（PC）、聚苯砜（PPSF）和聚醚醚酮（PEEK）等最为常用。

（1）工业 ABS 材料　它是 FDM（熔融沉积造型）快速成型工艺常用的热塑性工程塑料，具有强度高、韧性好以及耐冲击等优点，正常变形温度超过 90℃，可进行机械加工，如钻孔、攻螺纹、喷漆及电镀等。图 1-11 所示为用 ABS 打印的行星齿轮，图 1-12 所示为用 ABS 打印的车链模型。

图 1-11　用 ABS 打印的行星齿轮　　　　图 1-12　用 ABS 打印的车链模型

材料是 PLA 还是 ABS，从表面上很难判断，通过对比观察可知，ABS 呈亚光，而 PLA 很光亮。加热到 195℃，PLA 可以顺畅挤出，但 ABS 不可以；加热到 220℃，ABS 可以顺畅挤出，PLA 会出现鼓起的气泡，甚至被炭化，炭化会堵住喷嘴，导致无法打印。在力学性能方面，ABS 要好得多，但是 PLA 是可生物降解塑料，是被认可的环保材料。采用 PLA 打印时，气味为棉花糖气味，不像 ABS 那样有刺鼻的气味。医疗、教育和食品等行业一般选择 PLA，采用 PLA 材料打印更易塑形，也更易保持造型，而且这种难变形、可降解的环保材料更适合对环保要求较高的领域。制造业可选择 ABS，ABS 的强度大于 PLA，抗冲击性、耐热性、耐低温性、耐化学药品性及电气性能好，稍难降解、环保性稍差，更适合制造业。

（2）PC 材料　它是真正的热塑性材料，具备工程塑料的所有特征：高强度、耐高温、抗冲击、抗弯曲，可以作为最终零部件使用。图 1-13 所示为用 PC 材料打印的吹塑成型模具，使用 PC 材料制作的样件，可以直接装配使用，应用于交通工具及家电行业。PC 材料的颜色比较单一，只有白色，但其强度比 ABS 高 60%左右，具备超强的工程塑料属性，广泛应用于电子消费品、家电、汽车制造、航空航天、医疗器械等领域。

（3）尼龙材料　尼龙材料是一种白色的粉末，具有质量轻、耐热、摩擦系数低、耐磨损等特点。粉末粒径小，制作模型精度高。烧结制件不需要特殊的后续处理，即可以具有较高的抗拉伸强度。在颜色方面的选择没有 PLA 和 ABS 那么广，但可以通过喷漆、浸染等方式进行色彩的选择和上色。材料热变形温度为 110℃，在汽车、家电、电子消费品、艺术设计及工业产品等领域都有广泛的应用。

尼龙材料的性质参数：逐层厚度 0.1mm，误差范围 ±0.10mm，推荐最小细节 0.8mm，推荐最小壁厚 1mm。

图 1-13　用 PC 材料打印的
吹塑成型模具

尼龙材料的适用范围：强度高、韧性好，不需要支撑结构，适用比较全面，多用途，可以打印功能性强以及各种复杂的产品。

尼龙材料的特点：强度高，具有良好的柔韧性和耐热性，外观效果为颗粒磨砂感。

不同于传统的注塑，3D打印技术对塑料材料的性能和适用性提出了更高的要求，最基本的要求是通过熔融、液化或者粉末化后具有流动性，3D打印成型后通过凝固、聚合和固化等形成具有良好的强度和特殊功能性的产品。

目前几乎所有的通用塑料都可以应用于3D打印，但由于每种塑料的特性存在差异，导致3D打印的工艺以及制品性能受到影响。

目前影响塑料材料应用于3D打印的因素主要有：打印温度高、材料流动性差，导致工作环境出现材料挥发现象，打印嘴易堵，影响制品精密度；普通的塑料强度较低，适应的范围窄，需要对塑料做增强处理；冷却均匀性差，定形慢，易造成制品收缩和变形；缺少功能化和智能化的应用。

3D打印产业的关键是材料，塑料材料作为3D打印最为成熟的材料，目前仍存在较多问题：受塑料强度的影响，塑料材料适应领域有限，成品的力学性能较差，需要高温加工、低温流动性差，固化慢，易变形，精密度低；缺少塑料在新材料领域的拓展。

4. 金属材料

3D打印使用的金属粉末一般要求纯净度高、球形度好、粒径分布窄、氧含量低。目前，应用于3D打印的金属粉末材料主要有钛合金、钴铬合金、不锈钢和铝合金材料等，此外还有用于打印首饰用的金、银等贵金属粉末材料。图1-14所示为轮子和叶片组合的一次性制造产品。

金属3D打印材料的应用领域相当广泛，包括石化工程、航空航天、汽车制造、注塑模具、轻金属合金铸造、食品加工、医疗、造纸、电力工业、珠宝和时装等。

采用金属粉末进行快速成型是激光快速成型由原型制造到快速直接制造的趋势，它可以大大加快新产品的开发速度，具有广阔的应用前景。金属粉末的选区烧结方法中，常用的金属粉末有如下3种：

图1-14　轮子和叶片组合的一次性制造产品

1）金属粉末和有机黏结剂的混合体，按一定比例将两种粉末混合均匀后即可进行激光烧结。

2）两种金属粉末的混合体，其中一种熔点较低，在激光烧结过程中起黏结剂的作用。

3）单一的金属粉末，对单元系烧结，特别是高熔点的金属，在较短时间内需要达到熔融温度，需要很大功率的激光器。直接进行金属烧结成型存在的最大问题是：因组织结构多孔导致制件密度低、力学性能差。

金属材料的性质参数：壁厚≥0.7mm 孔径直径≥0.5mm，精度0.025mm。

金属材料的适用范围：模具钢、不锈钢、铝合金、钛合金和钴铬合金，用于批量生产模具、金属零部件以及快速成型件的金属粉末直接金属烧结系统。

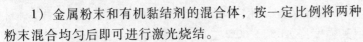

金属材料的特点：采用金属激光烧结（SLM）技术进行快速成型具有结构均匀，无孔等特点，可以实现非常复杂的结构和热流道设计。

我国科学家在 2022 年利用超分子聚合的方法研制出一系列黏附性能好、使用范围大的黏合材料，并可将其作为 3D 打印材料。这些可降解黏合材料不仅黏附效果高于同类型材料，而且在应用上提供了一种新思路。相关研究成果在线发表在《化学工程》和《advanced science》（先进科学）期刊上，并获得了国家发明专利授权。

黏合剂在日常生活、医疗卫生、汽车工业和航天航空等领域有着普遍应用。随着环保意识的提升，开发环保型可生物降解黏附材料已成为一项重要的研究课题。现有黏合剂普遍存在黏附效果不佳的问题，特别是在极端环境下效果更差。

研究人员利用分子识别和超分子聚合的策略，合成了一系列具有同时耐高低温的黏合剂，这些黏合剂在高温 150℃ 时黏合强度达到了 5.18MPa，在低温−196℃ 达到了 9.52MPa。通过对其机理进行研究，研究人员在较宽的温度范围内（−80~150℃）成功实现了对黏附行为的实时和定量监测。使用定制设备，可轻松监测黏附持续、衰减和失效时间。重要的是，黏附故障被可视化并无线报警。这帮助研究人员研发出一类可同时耐高低温、黏附效果好的黏附材料，同时也为黏附效果的监测提供了新思路。

为进一步扩大黏附材料的应用范围，研究人员在上述研究基础上以天然小分子硫辛酸为材料，利用它的热响应开环聚合特性，形成聚硫辛酸，研发出基于聚硫辛酸的新型黏合剂。基于该黏合剂的时间依赖自增强效应，可将其应用在热熔沉积的 3D 打印中。通过聚硫辛酸的 3D 打印，完全实现了不同尺寸的造型。3D 打印后，采用聚硫辛酸打印的模型随着时间的推移表现出机械特性增强的特征，研究表明这是由聚硫辛酸和硫辛酸的微观自组装原理引起的。为黏合材料的可控制造和机械特性增强提供了一种可行的方法，为下一代功能黏合材料的应用开辟了道路。

任务 1-3　认识熔融沉积成型工艺

任务导入

什么是熔融沉积成型工艺？

任务描述

学习熔融沉积成型技术的原理、特点、工艺过程、材料和常用设备。

知识目标

1. 熔融沉积成型（Fused Deposition Modeling）技术，简称 FDM。
2. 熔融沉积成型的原理、特点、工艺过程、材料和常用设备。

技能目标

1. 了解熔融沉积成型的原理、特点及发展。

2. 了解熔融沉积成型的工艺过程。

3. 了解典型的熔融沉积成型的材料和设备厂家。

 素养目标

培养学生遵守操作规程、安全生产的意识。

 相关知识

1988 年，美国研究人员 Scott Crump 发明了熔融沉积成型（Fused Deposition Modeling）技术，简称 FDM，又称为熔融挤压成型。同年，他成立了主要生产 FDM 工艺设备的美国 Stratasys 公司。FDM 是将热塑性聚合物材料加热熔融成丝，采用热喷头，使半流动状态的材料按 CAD 分层数据控制的路径挤压并沉积在指定位置凝固成型，逐层沉积，凝固后形成整个原型或零件。这种方法又称为熔化堆积法和熔融挤出成模法。FDM 技术是一种不依靠激光作为成型能源，而将各种丝材加热熔化的成型方法。

FDM 是 3D 打印机使用较广的技术，美国 Stratasys 公司在 1993 年开发出第一台熔融沉积快速成型设备 FDM 1650 机型，随后又推出了 FDM 2000、FDM 3000、FDM 800、FDM-Quantum 机型以及小型 FDM 设备等一系列 FDM 设备产品，大大促进了 3D 打印技术在各种应用领域的普及。同时，FDM 成型技术已被 Stratasys 公司注册专利。基于 FDM 成型技术的机型在中国甚至世界 3D 打印机市场占有较大的份额。较为著名的 FDM 3D 打印机有 Maker-Bot 公司的 Replicator 系列、3D Systems 公司的 Cube 系列、太尔时代的 UP 系列及弘瑞 3D 打印机等。我国清华大学和北京殷华激光快速成型与模具技术有限公司合作推出了熔融沉积快速成型设备 MEM 250。

FDM 工艺清洁、易于操作，不产生废料和污染，可以安全地用于办公场所，适合进行产品设计的建模，并对其形状及功能进行测试。FDM 同其他成型技术相比，有其固有的优缺点：优点是成型精度高，打印模型硬度好，可实现多种颜色；缺点是成型物体表面粗糙。

一、FDM 的工艺原理和特点

1. FDM 的工艺原理

首先将原材料预先加工成特定直径（通常有 1.75mm 和 3mm 两种规格）的圆形线材，再通过送丝机构驱动圆形线材，经导向管（通常采用 PEEK 或者 PP 材料）进入喷头，在喷头内加热融化后由尖端喷嘴（喷嘴直径一般为 0.2~0.8mm，在其他条件相同的情况下，喷嘴直径越小，打印模型的表面精度越高）挤出。

熔融沉积成型过程中，成型系统将热塑性材料以一定的压力送入被加热的喷头，在加热作用下，材料通过喷头中的喷嘴挤出熔融状态的细丝，并在控制系统的作用下沿 X-Y 平面以一定路径扫描填充层片轮廓。完成一次平面扫描后，工作平台沿 Z 轴向下移动一个层厚的距离，继续沉积下一层片轮廓……逐层堆积构建三维实体。打印过程中，相邻丝材的黏结在热能和表面势能的作用下完成，并在一定环境温度下冷却成型。熔融沉积成型技术的工艺原理如图 1-15 所示。

FDM 工艺的一个关键点是保持从喷嘴中喷出的熔融状态下的原材料温度稍高于凝固点，一般控制其比凝固点高 5~10℃。如果温度太高，则会使材料凝固不及时，造成打印失败，

导致模型变形、表面精度不高等结果；如果温度太低或者不稳定，则容易造成喷头堵塞，导致打印失败。

2. FDM 的工艺特点

FDM 工艺被广泛应用于各领域当中，且发展十分迅速，在国内乃至全球的增材制造应用中都占有重要地位。其具有如下优点：

（1）成本相对较低　FDM 工艺使用熔融加热成型材料，与其他使用激光器、电子枪等热源的增材制造工艺相比，其设备制作和使用维护费用要低很多。此外，相对其他工艺，FDM 工艺的原材料利用率较高，且能耗低、污染小，绿色环保。

（2）成型材料广泛　FDM 工艺使用的原材料非常广泛，工业中用于模型制作或者零部件的

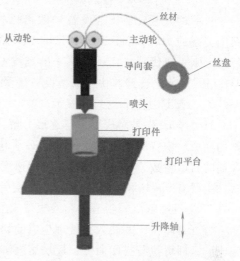

图 1-15　FDM 的工艺原理

直接成型制造的材料主要有石蜡、PLA、ABS、聚碳酸酯、尼龙、低熔点金属和陶瓷等低熔点材料，以及应用于航空航天、生物医学等领域的复合材料，打印原材料的多样性是其他增材制造工艺不具备的。此外，FDM 工艺可以沉积多种颜色的材料，而且所用的原材料基本是盘卷形式的丝束，便于搬运、更换和存放。

（3）后续处理简单　FDM 工艺成型件的支撑结构容易剥离，且模型制件的翘曲变形相对较小，经过简单的支撑剥离后，基本可以满足使用要求，无需后续固化处理及清理残余液体、粉末等操作步骤。

当然，FDM 工艺与其他增材制造工艺相比，也存在如下不足之处：

1）成型件表面有较明显的条纹或者台阶效应，影响了成型件的表面质量。

2）成型件存在各向异性的力学特点，沿竖直叠加方向的黏结强度相对较低。

3）成型工艺需要为倾斜、悬臂结构设计制作支撑结构，降低了材料利用率和加工效率。

4）打印模型的每一层均需按截面形状逐条填充，并且受惯性影响，喷头无法快速移动，导致打印过程缓慢，打印时间较长。

二、FDM 的工艺过程

FDM 的工艺流程如图 1-16 所示。

1. 建立三维实体模型

利用计算机辅助设计软件绘制出产品三维模型。目前主流的三维设计软件如 solidWorks、Pro/ENGINEER、AutoCAD、UG 等都可以使用。现在为了使 3D 打印的实物能更好地在中小学开展 3D 打印教学，已经有针对中小学专门开发的建模软件，如中望 30one、Autodesk 123D 等。

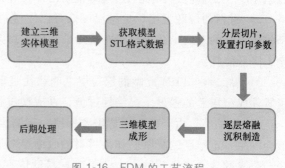

图 1-16　FDM 的工艺流程

2. 获取模型 STL 格式数据

目前的快速成型技术设备一般可以接受 RPI、CLI、SLC、SIF、STL 等多种数据格式，其中美国的 3D Systems 公司开发的 STL 格式表达简单明了，其实质就是用无数多个细小的三角形来近似代替并且还原原来的三维 CAD 模型，与有限元中的网格划分有很大相似处。STL 格式目前已普遍被快速成型设备接受，成为快速成型行业数据的一个标准。

3. 分层切片，设置打印参数

3D 打印首先是对模型进行逐层分解，然后按照各层截面形状进行堆积制造，最后逐层累加而成。为打印出合格的模型，必须利用切片软件对 STL 格式三维模型进行切片，设置合适的打印参数，如打印层厚、打印速度、打印温度、填充类型等。目前使用比较多的切片软件主要有 Slic3r 和 Cura 两种，也有会针对自己机器的特点开发了专用的切片软件。

4. 逐层熔融沉积制造，三维模型成形

打开打印机，并载入前处理生成的切片模型，然后将工作台面清理干净，待系统初始化完成后，即可执行打印命令，逐层熔融沉积制造，进而完成三维模型的成形。

5. 后期处理

由于 FDM 工艺的特性，需对成型件进行工艺处理，如去除支撑、打磨、抛光和喷漆等。去除支撑结构是 FDM 的必要后期处理工艺，复杂模型一般采用双喷头打印，其中一个喷头挤出的材料就是支撑材料，FDM 的支撑材料有较好的水落性，也可在超声波清洗机中用碱性（如 NaOH 溶液）温水浸泡后将其溶解剥落。一般情况下，水温越高，支撑材料溶解越快；但超过 70℃时，成型件容易受热变形。因此，采用超声波清洗机去除支撑结构时，应将溶液温度控制在 40～60℃之间。

打磨处理主要是去除成型件"白阶效应"，达到表面光洁度和装配尺寸精度要求。可采用水砂直接手工打磨的方法，但由于成型材料 ABS 较软，会花费较长时间；也可采用天那水（香蕉水）浸泡涂刷，使成型表面溶解平滑，但需控制好浸泡时间或涂刷量，一般一次浸泡时间为 2～5s，或用毛笔刷蘸天那水多次涂刷。

三、FDM 的材料和设备

1. 成型材料

FDM 设备中的热熔喷头是该工艺应用中的关键部件。除了热熔喷头以外，成型材料的相关特性（如材料的黏度、熔融温度、黏结性以及收缩率等）也是 FDM 工艺应用过程中的关键。

1）材料的黏度。材料的黏度低、流动性好，阻力就小，有助于材料顺利挤出；如果材料的流动性差，则需要很大的送丝压力才能挤出，会增加喷头的启停响应时间，从而影响成型精度。

2）材料的熔融温度。熔融温度低可以使材料在较低温度下挤出，有利于提高喷头和整个机械系统的寿命。减少材料在挤出前后的温度差，能够减少热应力，从而提高成型件的精度，降低能耗。

3）黏结性。FDM 原型的层与层之间往往是零件强度最薄弱的地方，黏结性的好坏决定了零件成型以后的强度。黏结性过低，在成型过程中可能会因热应力造成层与层之间开裂。

4）收缩率。由于喷头内部需要保持一定的压力才能将材料顺利挤出，挤出后材料丝一般会发生一定程度的膨胀。如果材料的收缩率对压力比较敏感，会造成喷头挤出的材料丝直径与喷嘴的名义直径相差太大，影响材料的成型精度。FDM 成型材料的收缩率对温度太敏感，在成型过程中会产生零件翘曲、开裂现象。目前，可以用来制作线材或丝材的材料主要有石蜡、塑料、尼龙丝等低熔点材料和低熔点金属、陶瓷等。图 1-17 所示为 FDM 常用的丝材。市场上普遍可以购买到的成型线材包括 ABS、PLA、人造橡胶、铸蜡和聚酯热塑性塑料等，其中 ABS 和 PLA 最常用。

图 1-17　FDM 常用的丝材

2. 支撑材料

根据 FDM 的工艺特点，切片软件必须对复杂产品的三维 CAD 模型做支撑处理，否则在分层制造过程中，当上层截面大于下层截面时，上层截面的多出部分将会出现悬空，从而使这部分发生塌陷或变形，影响成型零件的成型精度，甚至不能成型。支撑的另一个重要目的是建立基础层。在工作平台和模型的底层之间建立缓冲层，可减少模型层次的热变形，并使原型制作完成后便于与工作平台剥离。此外，支撑还可以为制造过程提供一个基准面。

针对 FDM 的工艺特点，支撑材料还应满足以下要求：

1）力学性能。丝状进料方式要求丝料具有一定的弯曲强度、压缩强度和拉伸强度，这样在驱动摩擦轮的推力作用下才不会发生断丝现象。

2）熔体黏度。支撑材料在不同温度下的熔体黏度和剪切速率对加工过程有很大影响。在 FDM 工艺中，熔体的黏度将决定材料是否能从喷头中挤出。

3）收缩率。支撑材料收缩率大会使支撑产生翘曲变形而起不到支撑作用。所以，支撑材料的收缩率越小越好。

4）化学稳定性。由于 FDM 工艺过程中的丝料要经受固态—液态—固态的转变，故要求支撑材料在相变过程中要有良好的化学稳定性。

5）热稳定性。支撑材料要长时间处于 80℃左右的工作环境中，所以要求其应有较高的玻璃化转变温度，并且在 80℃左右的温度下还应保持一定的力学强度。

目前 FDM 工艺常用的支撑材料有可剥离性支撑材料和水溶性支撑材料两种。可剥离性支撑材料具有一定的脆性，并且与成型材料之间形成较弱的黏结力；水溶性支撑材料要保证良好的水溶性，应能在一定时间内溶于水或酸碱性水溶液。

与可剥离支撑材料相比较，水溶性支撑材料特别适合制造空心及微细特征零件，解决了手工不易拆除支撑材料，或因模型特征太脆弱而被破坏的问题，并且能够改善支撑接触面的光洁度。因此，目前市场上的支撑材料以水溶性的为主，常用的支撑材料有 PVA（可溶于水）、HIPS（可溶于柠檬烯）。

3. 设备

生产熔融沉积成型 3D 打印机的单位主要有美国的 Stratasys 公司、3DSystems 公司、

MakerBot 公司、Med Modeler 公司以及国内的清华大学等。其中，Stratasys 公司的 FDM 设备在国际市场上占比最大。在常用的快速成型设备系统中，唯有 FDM 系统可在办公室内使用，因此，Stratasys 公司还专门成立了负责小型机器销售和研发的部门（Dimensionl 部门）。自推出光固化快速成型系统及选择性激光烧结系统后，3DSystems 公司又推出了小型 FDM 设备 Invision 3D Modeler 系列。该系列机型采用多喷头结构，成型速度快，材料具有多种颜色。采用溶解性支撑，原型稳定性能好，成型过程中无噪声。

国内设备厂家有深圳创想三维、北京太尔时代、湖北地创三维和文博 3D 打印机等。

四、FDM 设备的使用

1. Stratasys 公司的 3D 打印机

2014 年 11 月，Stratasys 公司推出了两款基于 FDM 技术的 Fortus 3D 打印机：Fonus 450mc 和 Fortus 380mc。该系统有一个新的触摸屏界面，允许用户调整打印作业不中断运行，并可以实现比原 3D 打印机节省高达 20% 的打印时间，并可以打印复杂的几何形状。Fortus 450mc 具有打印尺寸为 406mm×355mm×406mm 模型的能力，并且它的打印分辨率高达 0.127~0.330mm。Fortus 450mc 有两种模型材料和两种支撑材料罐的容量。

Fortus 380mc 和 Fortus 450mc 具有相同的功能：构建温度分布均匀，具有数字触摸屏。该 3D 打印机可以在相同的分辨率下比 Fortus 450mc 的打印速度快 20%，但它只能打印 355mm×305mm×305mm 的模型。Fortus380mc 材料容量包括两个，一个用于模型，一个用于支撑材料。该 Fortus 380mc 是理想的复杂生产设备，适合生产更小的零件，如大中型制造企业的夹具和工具制造。

表 1-1 为 Stratasys 公司生产的 FDM 3D 打印机的主要技术参数。

表 1-1　Stratasys 公司 FDM 3D 打印机的主要技术参数

型号 \ 参数	Fortus 250mc	Fortus 360mc	Fortus 400mc	Fortus 900mc	Dimension Elite
成型室尺寸/mm	254×254×305	355×254×254 406×355×406	355×254×254 400×355×406	914×610×914	203×203×305
成型材料	ABSplus-P430	ABS-M30,PC-ABS, PC	ABSi PC-ISO, ABS-M30 PC, ABS-M30i, ULTEM 9085, ABS-ESD7, PPSF PC-ABS	ABSi PC-ISO, ABS-M30 PC, ABS-M30i, ULTEM 9085, ABS-ESD7, PPSF PC-ABS	ABSplus-P430
成型件精度	±0.241mm	±0.127mm 或 ±0.0015mm/mm	±0.127mm 或 ±0.0015mm/mm	±0.089mm 或 ±0.0015mm/mm	—
分层层厚/mm	—	—	—	—	0.718,0.254
外形尺寸/mm	838×737×1143	1281×896×1962	1281×896×1962	2772×1682×2027	838×737×1143
质量/kg	148	593	593	2869	148

表 1-2 为 Stratasys 公司生产的 FDM 3D 打印机用的成型材料特性。支撑材料为水溶性材料或手工易剥离材料 BAS。在这种 3D 打印机上用 ABS 塑料等材料成型时，成型件会有较大的翘曲变形。为了消除这一弊端，必须将成型室封闭并加热至恒定温度（约 70℃），使成型件一直处于恒温状态，从而减小翘曲变形，保证几何精度。

表 1-2　Stratasys 公司生产的 FDM 3D 打印机用的成型材料特性

参数	材料名称	ABSplus	ABSi	ABS-M30	ABS-M30i	ABS-ESD7	PC-ABS	PC-ISO	PC	ULTEM 9085	PPSF
分层厚度/mm	0.330	√	√	√	√	—	√	√	√	√	√
	0.254	√	√	√	√	√	√	√	√	√	√
	0.178	√	√	√	√	√	√	√	√	√	√
	0.127	—	√	√	√	—	√	—	√	—	—
支撑材料		可溶	可溶	可溶	可溶	可溶	可溶	BASS	BASS 可溶	BASS	BASS
颜色		象牙色，黑色，深灰色，红色,蓝色，橄榄色，油桃色，荧光黄色	半透明自然色，半透明琥珀色，半透明红色	象牙色，黑色，深灰色，红色，蓝色	象牙色	黑色	黑色	白色，半透明自然色	白色	茶色	茶色
密度/(g/cm³)		1.04	1.08	1.04	1.04	1.04	1.10	1.2	1.2	1.34	1.28
拉伸模量/MPa		2265	1920	2400	2400	2400	1900	2000	2300	2200	2100
抗拉强度/MPa		36	37	36	36	36	41	57	68	71.6	55
断后伸长率/%		4.0	4.4	4.0	4.0	3.0	6.0	4.0	5.0	6.0	3.0
弯曲模量/MPa		3198	1920	2300	2300	2400	1900	2100	2200	2500	2200
抗弯强度/MPa		52	62	61	61	61	68	90	104	115.1	110
缺口冲击强度/(J/m)		96	96.4	139	139	111	196	86	53	106	58.7
热变形温度/℃	0.45MPa 下	96	86	96	96	96	110	133	138		
	1.8MPa 下	82	73	82	82	82	96	127	127	153	189
玻璃化转变温度/℃		—	116	108	108	108	125	161	161	186	230

注：√表示有这种材料，一表示无这种材料。

2. 3D Stestems 公司的 3D 打印机

作为全球最早的快速成型设备供应商，3D Systems 公司的 FDM 产品包括 Glider、Cube、CubeX、3DTouch 和 RapMan 等，可以打印三种颜色的 ABS 和 PLA 塑料。CubeX 有多种打印模式，并提供了"标准"和"高清晰度"两种选项。

Glider 3D 打印机的成型速度为 23mm/h，设备外形尺寸为 508mm×406.4mm×355.6mm；制作层厚为 0.3mm，喷嘴直径为 0.5mm，位置精度为 0.1mm，质量为 7kg，可打印尺寸为 203mm×203mm×140mm 的成形件。使用的材料为直径 3mm 的 PLA（白、蓝、绿）和 ABS（黑、红）丝材。

CubeX 3D 打印机的设备尺寸是 515mm×515mm×589mm，打印精度是 0.1mm，打印速度是 100mm/s。由于该打印机并不是全封闭的，所以在保温、防尘、防风、防气味和安全方面做得不完善，易受外界的干扰。

BFB 3DTouch 桌面级 3D 打印机被认为是最具性价比的个人 3D 打印机。可打印尺寸为 275mm×275mm×210mm 的成型件，可通过 USB 接口传输数据进行打印，不需要 PC 连接，具有屏幕触摸控制功能，提供了双头和三头升级选配，打印更灵活。其外观采用的是漂亮的金属支架和亚克力材料，简洁开放式设计，时尚大方。其最大打印速度为15mm/s，设备外形尺寸为515mm×515mm×598mm，挤压机尖端最高温度为280℃，材料为聚乳酸、丙烯腈-丁二烯-苯乙烯塑料和可溶解清洁透明聚乳酸。

3. 上海富奇凡公司的 HTS 系列 3D 打印机

上海富奇凡公司的 HTS 系列材料沉积式 3D 打印机采用辊轮-螺杆式熔挤系统，挤压喷头内的螺杆和送丝机构用同一个步进电动机驱动，送丝机构由传动齿轮和两对送丝辊组成。先经过外部计算，然后发出控制指令，由步进电动机驱动杆；同时，通过传动齿轮驱动送丝辊，将直径为 4mm 的塑料丝逐入喷头。在喷头中，由于电热棒的加热作用，塑料丝呈熔融状态，并在变截面螺杆的推挤下，使塑料丝通过内径为 0.2~0.5mm 的可更换喷嘴，并沉积在工作台上，待冷却后形成成型件的截面轮廓。

这种熔挤系统可以看成是"螺杆式无模注射成型机"。驱动步进电动机的功率大，能产生很大的挤压力，因此能采用黏度很大的熔融材料，成型件的截面结构密实、品质好。挤压式 3D 打印机采用单个挤压喷头，成型材料和支撑材料为同种材料，借助沉积工艺与参数的变化使支撑结构易于去除。所用的塑料丝是与国外著名公司共同开发的尼龙基料，价格低，不吸潮，成型时翘曲变形很小，成型室不需封闭加热保温，能保证成型件具有良好的尺寸精度与表面品质。

FDM 工艺是人们生活中使用最多也最普及的一种 3D 打印，也是最需要熟练掌握的一种 3D 打印工艺。本任务系统阐述了熔融堆积成型技术的工艺原理、工艺特点和工艺过程，这是本课程的核心内容之一，也是难点，需要读者多进行学习和讨论，巩固所学知识。另外，还介绍了熔融堆积成型技术成型材料和支撑材料的种类、特性及选择。特别要了解 PLA 材料和 ABS 材料的选择和区别，能够应用于实际。熔融堆积成型技术在教育、工业、生物医学和食品等领域的应用非常广泛，未来它的主要发展趋势将体现在精密化、智能化、通用化以及便捷化等方面。

安全警示

在使用 FDM 打印机过程中，对打印材料高温加热，操作前应认真阅读设备使用说明书，严格按照操作规程操作设备，避免出现意外伤害，时刻注意安全生产。

任务 1-4　认识光固化成型工艺

任务导人

什么是光固化成型工艺？

任务描述

学习光固化成型法的起源、原理、特点及应用，常用的光固化技术的打印材料特性及设备操作。

知识目标

1. 立体光固化技术的打印原理。
2. 立体光固化技术的原理、特点、工艺过程、材料和设备。

技能目标

1. 了解立体光固化技术的原理、特点及发展。
2. 了解立体光固化技术的打印过程。
3. 熟悉立体光固化技术打印的后处理。
4. 会操作 MPS180 激光快速成型机。

素养目标

培养学生遵守操作规程、安全生产的意识，以及良好的职业道德素养。

相关知识

光固化成型法最早出现在 20 世纪 70 年代末到 80 年代初期，美国 3M 公司的 Alan J. Hebert、日本的小玉秀男、美国 UVP 公司的 Charles W. Hull 和日本的丸谷洋二在不同的地点提出了 RP 的概念，即利用连续层的选区固化产生三维实体的新思想。1986 年，Charles W. Hull 制作的 SLA-1 获得专利。

一、立体光固化技术的原理和特点

1. 立体光固化技术的打印原理

立体光固化 3D 打印即立体光固化成型法，也称为 SLA，是 "Stereo Lithography Appearance" 的英文缩写。图 1-18 所示为立体光固化 3D 打印原理示意图。光固化成型主要是使用光敏树脂作为原材料，利用液态光敏树脂在紫外激光束照射下会快速固化的特性。光敏树脂一般为液态，它在一定波长的紫外光（250~400nm）照射下会立刻发生聚合反应，完成固化。SLA 通过特定波长与强度的紫外光聚焦到光固化材料表面，使之按照由点到线、由线到面的顺序凝固，从而完成一个层截面的绘制工作。如此层层叠加，即可完成一个三维实体的打印工作。

2. SLA 的优点

1）SLA 是最早出现的快速原型制造工艺，成熟度高，经过了时间的检验。

2）由 CAD 数字模型直接制成原型，加工速度快，产品生产周期短，无需切削工具与模具。

3）可以加工结构外形复杂或使用传统手段难以成型的原型和模具。

4）使 CAD 数字模型直观化，降低了错误修复的成本。

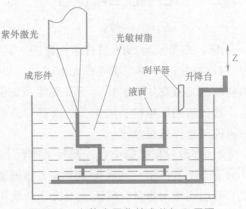

图 1-18　立体光固化技术的打印原理

5）为实验提供了试样，可以对计算机仿真结果进行验证与校核。

6）可联机操作，可远程控制，有利于生产的自动化。

7）成型精度高（0.1mm 左右），表面质量好。

3. SLA 的缺点

1）SLA 系统造价高昂，使用和维护成本相对较高。

2）工作环境要求苛刻。打印材料为液态树脂，有刺激性气味和毒性，空间需密闭，同时为防止提前发生聚合反应，需要避光保护。

3）成型件多为树脂类，使打印成品的强度和耐热性有限，不利于长时间保存。

4）后处理相对繁琐，打印出的成型件需用工业酒精和丙酮进行清洗，并进行二次固化。

4. SLA 的应用

在当前应用较多的几种快速成型技术中，由于 SLA 具有成型过程自动化程度高、制作原型表面质量好、尺寸精度高以及能够实现比较精细的尺寸成型等特点，使之得到了最为广泛的应用。图 1-19 所示为用 SLA 打印的叶轮模型，图 1-20 所示为一体成型的汽车仪表盘模型。

图 1-19　用 SLA 打印的叶轮模型　　　　图 1-20　一体成型的汽车仪表盘模型

在汽车行业，为了满足不同客户的需求，需要不断地改型。因此在开发过程中需要做成实物以验证其外观形象、人体安全性测试，以验证设计人员的想法，在最终推向市场前完成设计方案。

在铸造生产中，对于一些形状复杂的铸件，模具的制造是一个巨大的难题。SLA 为铸模生产提供了速度更快、效率更高的解决方案。

二、SLA 的工艺过程

1. SLA 的打印过程

图 1-21 所示为 SLA 的打印示意图，具体打印流程如下：

1）在树脂槽中盛满液态光敏树脂，可升降工作台处于液面下一个截面层厚的高度，聚焦后的激光束在计算机控制下按照零件的截面形状沿 X-Y 方向在光敏树脂表面进行逐点扫描，被扫描的区域树脂固化，从而得到该截面的一层树脂薄片，形成零件的一个薄层，未被扫描的树脂仍然呈液态。

2）当前层扫描完毕后，升降工作台下降一个层厚距离，在固化的树脂表面上涂覆一层新的液态光敏树脂，挂板将黏度较大的树脂液面刮平，液体树脂再次暴露在光线下，激光束按照新层的截面信息在树脂上扫描，新层树脂固化并与前一层已经固化的树脂黏结……如此重复，直到整个产品零件实体模型成型。

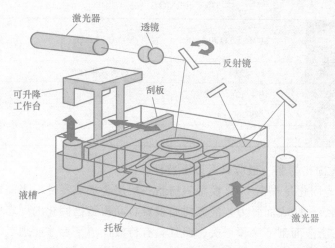

图 1-21　SLA 的打印示意图

3）工作台升出液体树脂表面，取出成型件，进行相关后处理，通过强光、电镀、喷漆或着色等处理得到需要的最终产品。

注意：因为一些光敏树脂材料的黏度较大，流动性较差，导致在每层照射固化之后，液面都很难在短时间内迅速流平，因此大部分 SLA 设备都配有刮刀部件，每次工作台下降后都通过刮刀进行刮切操作，便可以将树脂均匀地涂覆在下一叠层上。

2. SLA 打印的后处理

SLA 打印的后处理主要包括以下五个步骤：

1）取出样件：从设备中将模型和托盘一起取出，然后放到小冰箱里面，最后模型托盘分离。

2）去除支撑：去除大部分蜡支撑。

3）清洗样件：去除残余蜡支撑，将模型放置到超声波清洗机内，通过震荡去除模型外表残余油脂，将模型放到碱液内清洗。

4）干燥样件：将模型放置到烘箱内烘烤。

5）样件打磨及加工。

注意：支撑材料为高纯度石蜡，后处理完成后，残留在烘箱里面的石蜡可以回收并用于做消失模铸造，减少浪费，提高材料利用率。

三、SLA 的材料

SLA 的材料为液态光固化树脂，或称为液态光敏树脂，主要由低聚物、光引发剂和稀释剂组成。目前，用于 SLA 技术比较成熟的材料主要有以下四个系列：

1）Ciba（瑞士）公司生产的 CibatoolSL 系列。

2）Dupont（美国）公司生产的 SOMOS 系列。

3）Zeneca（英国）公司生产的 Stereocol 系列。

4）RPC（瑞士）公司生产的 RPCure 系列。

以 SOMOS 系列为例，材料性能参数包括外观、密度、黏度和光敏波长等，见表 1-3。

表 1-3　SOMOS 系列参数

性能参数 ＼ 产品	SOMOS 11120	SOMOS 12120	SOMOS 14120
外观	透明	半透明樱桃红色	半透明樱桃红色
密度（25℃）	约 1.12g/cm³	约 1.15g/cm³	约 1.15g/cm³
黏度（30℃）	约 260cps	约 550cps	约 550cps
光敏波长	355nm	355nm	355nm

用于 SLA 的光固化树脂一般应具有以下特性：

1）黏度低。光固化是根据 CAD 模型将树脂一层层叠加成零件。当完成一层后，由于树脂表面张力大于固态树脂表面张力，液态树脂很难自动覆盖已固化的固态树脂的表面，必须借助自动刮板将树脂液面刮平涂覆一次，而且只有待液面流平后才能加工下一层。这就需要树脂有较低的黏度，以保证其较好的流平性，便于操作。树脂黏度一般要求在 600cp·s（30℃）以下。

2）固化收缩小。液态树脂分子间的距离是范德华力作用距离，约为 0.3~0.5nm。固化后，分子发生了交联，形成网状结构，分子间的距离转化为共价键距离，约为 0.154nm，显然固化前后分子间的距离减小。分子间发生一次加聚反应距离就要减小 0.125~0.325nm。虽然在化学变化过程中，C＝C 转变为 C—C，键长略有增加，但对分子间作用距离变化的贡献是很小的，因此固化后必然出现体积收缩。同时，固化前后分子由无序变为较有序，也会出现体积收缩。收缩对成型十分不利，会产生内应力，容易引起模型零件变形，产生翘曲、开裂等现象，严重影响零件的精度。因此开发低收缩的树脂是目前 SLA 树脂面临的主要问题。

3）固化速率快。一般成型时以每层厚度 0.1~0.2mm 进行逐层固化，完成一个零件要固化成百至数千层。因此，如果要在较短时间内制造出实体，固化速率是非常重要的参数。激光束对一个点进行曝光的时间仅为微秒至毫秒的范围，几乎相当于所用光引发剂的激发态寿命。低固化速率不仅影响固化效果，同时也直接影响成型机的工作效率，很难适用于商业生产。

4）溶胀小。在模型成型过程中，液态树脂一直覆盖在已固化的部分成型件上面，能够渗入到固化件内而使已经固化的树脂发生溶胀，造成零件尺寸增大。只有树脂溶胀小，才能保证模型的精度。

5）光敏感性高。由于 SLA 所用的是单色光，这就要求感光树脂与激光的波长必须匹配，即激光的波长尽可能在感光树脂的最大吸收波长附近。同时感光树脂的吸收波长范围应窄，以保证只在激光照射的点上发生固化，从而提高成型件的精度。

6）固化程度高。可以减少后固化成型模型的收缩，从而减少后固化变形。

7）湿态强度高。较高的湿态强度可以保证后固化过程不产生变形、膨胀及层间剥离。

四、MPS180 激光快速成型机的操作

1. 外观

图 1-22 所示为 MPS180 激光快速成型机，图 1-23 所示为 MPS180 设备软件操作界面。

图 1-22　MPS180 激光快速成型机

图 1-23　MPS180 设备软件操作界面

2. 技术参数

表 1-4 所示为 MPS180 激光快速成型机的技术参数。

表 1-4　MPS180 激光快速成型机的技术参数

成型技术	DLP
成型尺寸	190mm×105mm×180mm
打印精度	±0.1mm
打印层厚	0.025~0.1mm
打印速度	10~15mm/h
电压	100~240V,50/60Hz
功率	350W
机器重量	约为 35kg
外形尺寸	(L)445mm×(W)310mm×(H)855mm
支持操作系统	Windows XP　Windows7/8(32 位/64 位)
耗材	专用 DLP 液态光敏树脂
文件类型	数据格式:STL　制作格式:BMP、SLC

3. 数据处理

1）将设备与电脑连接，安装好软件后，打开安装路径 Dolphin 文件夹，读者会看到
Dolphin.exe 文件，可将其建立桌面快捷方式，方便以后使用。

2）运行 Dolphin.exe 程序，软件主界面将会出现如图 1-23 所示的选项，分别是三种
不同的操作方式。单击"设计"，进入如图 1-24 所示的操作界面，进行模型格式转换。

3）单击"添加"按钮，然后选择要处理的 STL 文件，"投影仪分辨率"设置为使用投
影仪的分辨率大小（1024×768），如图 1-25 所示。

4）单击"支撑"选项卡，进入图 1-26 所示界面，可以设置"支撑参数"，根据需要添
加支撑。

添加完成后如图 1-27 所示。

将文件保存为＊.b91 格式。

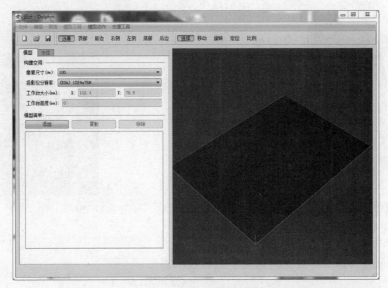

图 1-24 MPS180 激光快速成型机模型操作界面

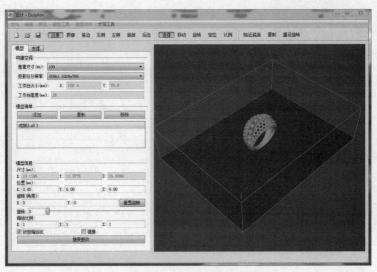

图 1-25 Dolphin 的投影仪分辨率设置

5）进行切片处理，回到初始页面，单击"切片"，出现如图 1-28 所示。单击 ⬚浏览⬚ 按钮，找到需要切片的 *.b9l 文件，选择需要的层厚参数，然后单击 ⬚切片⬚ 按钮，并选择 *.b9l 或 BMP 图片格式进行保存。此时会出现数据处理百分比进度条，请耐心等待处理完成，单击"OK"按钮确认。最后系统会出现一个分层图片的文件夹，所有的分层图片都保存在该文件夹中，即完成数据处理工作。

4. 打印操作

1）双击 🖳 图标，进入面曝光快速成型系统。

2）单击"文件"→"设置图片目录"，系统弹出如图 1-29 所示的对话框，加载已经切片处理好的分层图片文件夹。

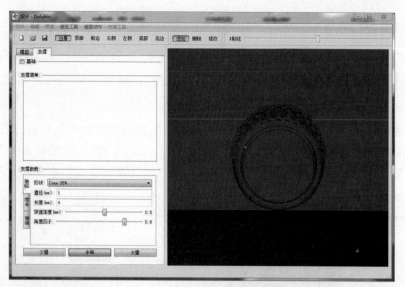

图 1-26　Dolphin 的支撑参数

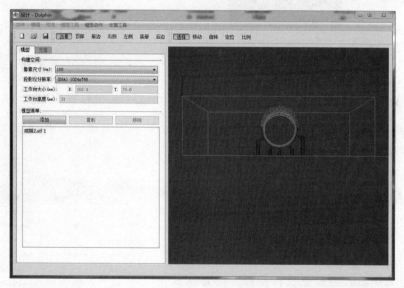

图 1-27　添加支撑

图 1-28　切片

图 1-29　设置 Dolphin 的切片目录

建议选择光源"完成后自动关闭"，打印完成后会关闭投影仪，以免长时间光照剩余树脂。

3）单击　打印　按钮，设备开始打印进程，如图 1-30 所示。若打印过程中需终止程序，单击　停止　按钮。

这里，系统默认工艺参数曝光时间仅适合陕西恒通公司推荐的树脂材料，若使用其他树脂材料需要进行工艺参数修改：单击菜单"设置"→"工艺参数"，系统弹出如图 1-31 所示的"机器设置"对话框的"工艺参数"选项卡，用户可设置所需工艺参数并保存应用。

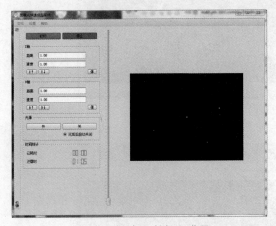

图 1-30　设备开始打印进程

图 1-31　机器设置的工艺参数设置

单击"高级层间设置"选项卡，如图 1-32 所示，可根据需要选择更改每一层的曝光时间，例如将首层曝光时间加长。设置完成后保存应用。

5. 维护与保养

1）打印工作结束后，将打印机存放在灰尘较少的地方，用防尘的物品遮挡。

2）导轨和丝杠可以按需加润滑油、防腐润滑剂。

3）打印过程中切勿直接将打印机断电。

4）打印完毕后若需要更换树脂槽，则必须首先拿掉工作平台，然后再拿出树脂槽，避免工作平台上参与打印的树脂掉进打印机内部的投影仪镜片表面。

5）更换不同树脂前，要使用异丙醇或者高浓度（99.5%以上）乙醇清洗树脂槽。

6）工作完毕后要把树脂槽放回机器，然后将工作平台放回打印机。

7）树脂槽是易损件，使用过程中尽量避免损伤里面的硅胶层。硅胶表面损伤后会影响透光效果，需及时更换树脂槽。

8）每次打印完成后检查树脂槽中是否有残渣，

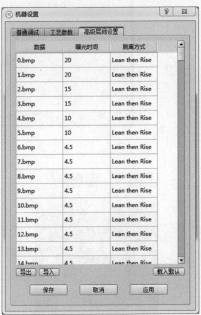

图 1-32　"高级层间设置"选项卡

如果有，及时清理。需确认工作平台上没有残片，并擦干工作平台。

6. 故障及其排除方法

1）打印物品出现披风（多余的地方有毛边）：投影仪镜片有灰尘，需要清理打印机镜片。需要使用异丙醇或者高浓度（99.7%以上）乙醇配合无尘布清理镜片。树脂槽硅胶表面有损伤，需要更换。

2）打印尺寸比例不正确：检查投影仪焦距旋钮是否在要求的位置。

3）打印物品不粘贴工作平台：查看打印机下限位器，标准位置是工作平台与树脂槽底部的硅胶表面基本贴合。

4）打印过程中树脂槽工作台不会自动上升或下降：检查右侧连接树脂槽工作台的双向电动机的丝杠顶端，确认是否松动或脱落；检查树脂槽固定座四周，确认是否有被卡住的痕迹。

5）Z轴归位到顶端不停止：检查上限位器连接线是否松动，检查光感限位器固定螺钉是否松动。

任务 1-5　认识激光选区烧结工艺

🔷 任务导入

什么是激光选区烧结工艺？

🔷 任务描述

学习激光选区烧结的打印原理、打印过程，以及选择性激光烧结工艺（SLS）使用的材料。

🔷 知识目标

1. 激光选区烧结的打印原理。
2. 激光选区烧结的原理、特点、工艺过程、材料及设备。

🔷 技能目标

1. 了解激光选区烧结工艺的原理、特点及劣势。
2. 了解激光选区烧结的工艺过程。
3. 熟悉激光选区烧结的工艺设备和材料。
4. 了解直接金属激光烧结技术（DMLS）。

🔷 素养目标

学习科技工作者在研发中刻苦攻关、为国争光，为社会发展做出贡献的精神品质。

🔷 相关知识

激光选区熔化成型技术是3D打印技术的一种，它打破了传统的刀具、夹具和机床加工模式，根据零件或物体的三维模型数据，通过成型设备以材料累加的方式制成实物零件。选择性激光烧结是 SLS 法采用红外激光器作为能源，使用的造型材料多为粉末材料。加工时，首先将粉末预热到稍低于其熔点的温度，然后在刮平辊子的作用下将粉末铺平；激光束在计算机控制下根据分层截面信息进行有选择地烧结，一层完成后再进行下一层烧结，全部烧结完后去掉多余的粉末，则就可以得到一个烧结好的零件。

一、激光选区烧结工艺的原理和特点

1. 激光选区烧结工艺的原理

选择性激光烧结法又称为激光选区烧结（Selected Laser Sintering，SLS）。SLS 设备首先由美国德克萨斯大学奥斯汀分校的 C. R. Dechard 于 1989 年研制成功。SLS 工艺是利用粉末状材料成型的。图 1-33 所示为 SLS 工艺原理图，预先在工作台上铺一层粉末材料（金属粉末或非金属粉末），激光在计算机控制下，按照界面轮廓信息对实心部分粉末进行烧结，将材料粉末铺洒在已成型零件的上表面，并刮平；用高强度的 CO_2 激光器在刚铺的新层上扫描出零件截面；材料粉末在高强度的激光照射下被烧结在一起，得到零件的截面，并与下面已成型的部分粘接；当一层截面烧结完后，铺上新的一层材料粉末，选择地烧结下层截面。后续过程不断循环，层层堆积成型。

2. 激光选区烧结工艺的特点

（1）激光选区烧结法的优点

1）可使用材料广泛，包含尼龙、聚苯乙烯等聚合物，铁、钛、合金等金属，以及陶瓷、覆膜砂等。

2）成型效率高。因为 SLS 技术并不彻底熔化粉末，而仅是将其烧结，因此制作速度快。

3）材料利用率高。未烧结的材料可重复使用，材料浪费少，成本较低。

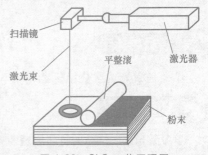

图 1-33　SLS 工艺原理图

4）无需支撑。因为未烧结的粉末可以对模型的空腔和悬臂部分起支撑作用，不用像 FDM 和 SLA 工艺那样规划支撑结构，可以直接烧结形状复杂的原型及部件。

5）使用面广。因为成型材料的多样化，可以选用不同的成型材料制作不同用处的烧结件，可用于制作原型规划模型、模具母模、精铸熔模、铸造型壳和型芯等。

（2）激光选区烧结法的缺点

1）原材料价格及收购保护成本都较高。

2）力学性能差。SLS 成型金属零件的原理是低熔点粉末黏结高熔点粉末，导致制件的孔隙度高，力学性能差，特别是延伸率很低，很少可以直接用于金属零件的制作。

3）需要比较杂乱的辅助工艺。因为 SLS 所用的材料性能差异较大，有时需要比较复杂的辅助工艺，如需要对某些材料进行长期的预处理（加热）、造型完成后需要进行制品表面的粉末清理等。

二、激光选区烧结的工艺过程

1. SLS 的成型原理

先采用压辊将一层粉末平铺到已成型工件的上表面，数控系统操控激光束按照该层截面轮廓在粉层上进行扫描照射，使粉末的温度升至熔化点，从而进行烧结并与下面已成型的部分实现黏合。当一层截面烧结完后，工作台将下降一个层厚，这时压辊又会均匀地在上面铺上一层粉末并开始新一层截面的烧结，如此反复操作，直至工件完全成型。在成型的过程中，未经烧结的粉末对模型的空腔和悬臂起支撑的作用，因此SLS成型的工件不需要像SLA成型的工件那样需要支撑结构。

2. SLS的成型工艺过程

首先，在计算机中建立所要制备试样的CAD模型，然后用分层软件对其进行处理，得到每一加工层面的数据信息。成型时，设定好预热温度、激光功率、扫描速度、扫描路径和单层厚度等工艺参数，先在工作台上用辊筒铺一层粉末材料，由CO_2激光器发出的激光束在计算机的控制下，根据几何形体各层横截面的CAD数据有选择地对粉末层进行扫描，在激光照射的位置上，粉末材料被烧结在一起，未被激光照射的粉末仍呈松散状态，作为成型件和下一层粉末的支撑；一层烧结完成后，工作台下降一截面层的高度，再进行下一层铺粉、烧结，新的一层和前一层自然地烧结在一起。全部烧结完成后除去未被烧结的多余粉末，便得到所要制备的样件。

三、金属3D打印技术分类

激光3D打印技术在机械加工制造业得到了广泛应用，金属零件3D打印技术作为整个3D打印体系中最前沿和最有潜力的技术，是先进制造技术的重要发展方向。按照金属粉末的添置方式将金属3D打印技术分为以下三类：

1）使用激光照射预先铺展好的金属粉末，即金属零件成型完毕后将完全被粉末覆盖。这种方法目前被设备厂家及各科研院所广泛采用，包括直接金属激光烧结成型（Direct Metal Laser Sintering，DMLS）、激光选区熔化（Selective Laser Melting，SLM）和激光快速制造（Laser Cusing，LC）等。

2）使用激光照射喷嘴输送的粉末流，激光与输送粉末同时工作（Laser Engineered Net Shaping，LENS）。该方法目前在国内使用比较多。

3）采用电子束熔化预先铺展好的金属粉末（Electron Beam Melting，EBM）。此方法与第一类原理相似，只是采用的热源不同。激光选区熔化技术是金属3D打印领域的重要部分，其采用精细聚焦光斑快速熔化 $300 \sim 500$ 目的预置粉末材料，几乎可以直接获得任意形状以及具有完全冶金结合的功能零件。致密度可达到近乎100%，尺寸精度达 $20 \sim 50\mu m$，表面粗糙度达 $20 \sim 30\mu m$，是一种极具发展前景的快速成型技术，而且其应用范围已拓展到航空航天、医疗、汽车和模具等领域。

四、激光选区烧结工艺设备及应用

1. 激光选区烧结工艺设备构成

图1-34所示为AFS-300型激光选区烧结主机结构示意图。一般激光选区烧结工艺设备由机械系统、光学系统和计算机控制系统组成。机械系统和光学系统在计算机控制系统的控制下协调工作，自动完成工件的打印成型。机械结构主要由机架、工作平台、铺粉机构、两个活塞缸、集料箱、加热灯和通风除尘装置组成。

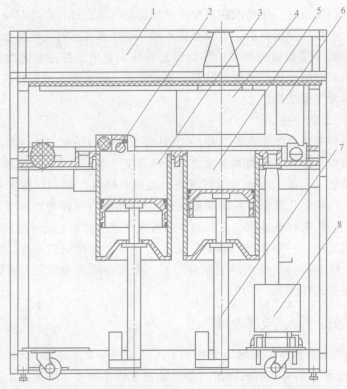

图 1-34　AFS-300 型激光选区烧结主机结构示意图

1—激光室　2—铺粉机构　3—供料缸　4—加热灯　5—成型料缸　6—排尘装置　7—滚珠丝杠螺母机构　8—料粉回收箱

2. SLS 应用举例

1）快速原型制造。SLS 工艺可快速制造所设计零件的原形，并对产品及时进行评价、修正，以提高设计质量；可使客户获得直观的零件模型；能制造教学、试验用复杂模型。

2）新型材料的制备及研发。利用 SLS 工艺可以开发一些新型的颗粒，以增强复合材料和硬质合金性能。

3）快速模具和工具制造。SLS 制造的零件可直接作为模具使用，如熔模铸造、砂型铸造、注塑模型、高精度形状复杂的金属模型等，图 1-35 所示为打印的模具；也可以将成型件经后处理后作为功能零件使用。

4）在医学上的应用。使用 SLS 工艺打印的零件具有很高的孔隙率，可用于人工骨骼的制造，如图 1-36 所示。国外对于使用 SLS 工艺制备的人工骨骼进行的临床研究表明，人工

图 1-35　打印的模具图

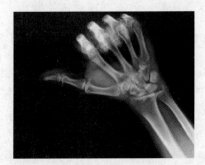

图 1-36　使用 SLS 工艺打印的人工骨骼

骨骼的生物相容性良好。

拓展知识

1. 直接金属激光烧结技术

直接金属激光烧结技术（Direct Metal Laser-Sintering，DMLS）的原理是：通过高能量的激光束和 3D 模型数据控制来局部熔化金属基体，同时烧结固化粉末金属材料并自动地层层堆叠，以生成致密的几何形状的实体零件。

通过选用不同的烧结材料和调节工艺参数，可以生成性能差异很大的零件，从具有多孔性的透气钢，到耐腐蚀的不锈钢，再到组织致密的模具钢。这种离散法制造技术甚至能够直接制造出非常复杂的零件，避免了采用铣削和放电加工，为设计提供了更大的自由度。

DMLS 是金属粉体成型，有同轴送粉和辊筒送粉两类。同轴送粉技术适合制造分层厚度在 1mm 以上的工件和大型的金属件，目前我国最大的工件是核电部件和一些航空部件。辊筒送粉的产品精细度高，适合制造小型零部件，因为制造过程中部件很容易热变形，制造体积超过计算机机箱大小的零部件都是很困难的。

DMLS 技术最早由德国 EOS 公司开发，与技术原理 SLS 和 SLM 非常类似。EOS 公司出品的 EOSINT M 系列机型也非常类似 3D Systems 公司的 sPro 系列机型，能够打印几乎任何合金。

2. 选择性热烧结成型技术

选择性热烧结（Selective Heat Sintering，SHS）技术始于 3D 印刷工场，由成立于 2009年的一家丹麦企业创建，旨在创造一种"办公室 3D 打印机"，实现实惠的价格和高质量的印刷。在 2011 年推出 SHS 专利在 EUROMOLD 的 3D 印刷技术中。它类似于激光烧结，但 SHS 使用的热打印头，而不是使用激光。在保持升高的温度下，其机械扫描头只需要将提升的温度稍高于粉末的熔融温度，以选择性地结合粉末。

SHS 的工作原理是：首先在 CAD 软件中设计三维模型，然后转成切片文件，当按下"打印"按钮，打印机在整个构建室铺一层薄薄的塑料粉末。感热式打印头来回移动，打印头根据 3D 模型切片层将塑料粉末热熔融，打印扫描层中的每个横截面。打印一层后，塑料粉末再次准备新的层，感热式打印头打印下一层，继续加热到粉末层。最终的三维模型是在构建室由未熔化粉末包围。未使用的粉末可 100% 回收，不需要额外的支持材料。

随着技术发展，选择性热烧结技术的 3D 打印机可以用于任何复杂几何形状的零部件（最小壁厚为 1mm）的成形。可以加载多个 3D 模型在同一时间打印。该技术适用的材料为热塑性粉末。

3. 选择性激光烧结工艺的发展

选择性激光烧结工艺最早是由美国德克萨斯大学奥斯汀分校的 C. R. Dechard 于 1989 年在其硕士论文中提出的。随后 C. R. Dechard 创立了 DTM 公司，并于 1992 年发布了基于 SLS 技术的工业级商用 3D 打印机 Sinterstation。

近年来，奥斯汀分校和 DTM 公司在 SLS 工艺领域投入了大量的研究工作，在设备研制和工艺、材料开发上都取得了丰硕的成果。德国的 EOS 公司针对 SLS 工艺也进行了大量的研究工作，并且已开发出一系列的工业级 SLS 快速成型设备。在 2012 年的欧洲模具展上，

EOS 公司研发的 3D 打印设备引起了广泛关注。

国内也有许多科研单位开展了对 SLS 工艺的研究，如南京航空航天大学、中北大学、华中科技大学、武汉滨湖机电产业有限公司和北京隆源自动成型有限公司等。

4. 选择性激光烧结工艺使用的材料

SLS 工艺使用的材料主要有石蜡、聚碳酸酯、尼龙、纤细尼龙、合成尼龙、陶瓷，甚至还包括金属。当工件完全成型并冷却后，工作台将上升至原来的高度，此时需要把工件取出，用刷子或压缩空气把模型表层的粉末清除。

1）塑料粉末 SLS。尼龙、聚苯乙烯、聚碳酸酯等均可作为塑料粉末的原料，一般直接用激光烧结，不做后续处理。

2）金属粉末 SLS。按烧结工艺不同又可分为直接法、间接法和双组元法。需要注意的是，由于金属粉末 SLS 时温度很高，为防止金属氧化，烧结时必须将金属粉末密闭在充有保护气体（氮气、氩气或氢气等）的容器中。

3）陶瓷粉末 SLS。烧结时要在陶瓷粉末中加入黏结剂。黏结剂有无机黏结剂、有机黏结剂和金属黏结剂三类。

SLS 工艺支持多种材料，成型工件无需支撑结构，而且材料利用率较高。但是，SLS 设备的价格和材料价格十分昂贵，烧结前材料需要预热，烧结过程中材料会挥发出异味，设备工作环境要求相对苛刻。

任务 1-6　了解三维立体印刷工艺

任务导入

什么是三维立体印刷工艺？

任务描述

学习三维立体印刷工艺的打印原理以及三维立体印刷工艺的打印过程。

知识目标

1. 三维立体印刷工艺的打印原理。
2. 三维立体印刷工艺的原理、特点、工艺过程、材料及设备。

技能目标

1. 了解三维立体印刷工艺的原理和特点。
2. 了解三维立体印刷工艺的工艺过程。
3. 熟悉三维立体印刷工艺的设备和材料。

一、三维立体印刷工艺的原理和特点

三维立体印刷工艺是美国麻省理工学院 Emanual Sachs 等人研制的，并于 1989 年申请了 3DP（Three-Dimensional Printing）专利，该专利是非成型材料微滴喷射成型范畴的核心专利之一。

1. 三维立体印刷成型技术的原理

3DP 工艺与 SLS 工艺也有着类似的地方，采用的都是粉末状的材料，如陶瓷、金属、塑料，但与其不同的是 3DP 使用的粉末并不是通过激光烧结黏结在一起的，而是通过喷头喷射黏结剂将工件的截面"打印"出来并一层层堆积成型的。图 1-37 所示为 3DP 工艺原理。

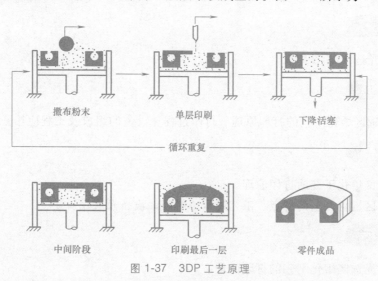

图 1-37 3DP 工艺原理

2. 3DP 工艺的特点

该工艺无需激光器、扫描系统及其他复杂的传动系统，结构紧凑，体积小，可用作桌面系统，特别适于快速制作三维模型、复制复杂工艺品等应用场合。但是，该技术成型零件大多需要进行后处理，以增加零件强度，工序较为复杂，难以成型高性能零件，如金属零件等。

3DP 工艺具有如下优点：

1）成型速度快，成型材料价格低，其设备适合作为桌面型的快速成型设备。

2）在黏结剂中添加颜料，可以制作彩色原型，这是该工艺最具竞争力的特点之一。

3）成型过程不需要支撑，多余粉末的去除比较方便，特别适合制作内腔复杂的原型。

3DP 工艺的缺点是：强度较低，只能制作概念型模型，而不能做功能性试验。

二、3DP 工艺材料

3DP 工艺的材料粉末不是通过烧结连接起来的，而是通过喷头用黏结剂（如硅胶）将零件的截面"打印"在材料粉末上面。用黏结剂黏结的零件强度较低，还需后处理。

三、3DP 工艺设备

3DP 工艺设备的知名品牌最早是由 Z Corporation 公司推出的，是世界上最早的全彩 3DP 工艺设备。

3DP 工艺设备多用于砂模铸造、建筑、工艺品、动漫及影视等方面，目前很多的 3D 照相馆也都采用了 3DP 工艺设备。

任务 1-7　认识激光选区熔化工艺

任务导入

什么是激光选区熔化工艺？

任务描述

学习激光选区熔化工艺的打印原理、打印过程、设备的组成及工程应用。

知识目标

1. 激光选区熔化工艺的打印原理。
2. 激光选区熔化工艺的特点、工艺过程、材料、设备及应用。

技能目标

1. 了解激光选区熔化工艺的打印原理。
2. 了解激光选区熔化工艺的打印过程。
3. 了解激光选区熔化工艺设备的组成及工程应用。

素养目标

学习科研人员攻坚克难、造福人类的可贵精神。

相关知识

激光选区熔化工艺（Selective Laser Melting，SLM）基于粉末床的铺粉、3D 数模的切片及扫描路径规划，逐层堆积，可制备任意复杂形状的结构件，是一种先进的全数字化精密增材制造技术。

一、激光选区熔化工艺的原理和特点

激光选区熔化成型技术是以原型制造技术为基本原理发展起来的一种先进的激光增材制造技术。通过专用软件对零件三维模型进行切片分层，获得各截面的轮廓数据后，利用高能量激光束根据轮廓数据逐层选择性地熔化金属粉末，通过逐层铺粉、逐层熔化凝固堆积的方式制造三维实体零件。

图 1-38 所示为激光选区熔化打印的零件。图 1-39 所示为激光选区熔化工艺原理图，完成零件的三维模型切片分层处理并导入成型设备后，水平刮板首先把薄薄的一层金属粉末均匀地铺在基板上，高能量激光束按照三维模型当前层的数据信息选择性地熔化基板上的粉末，形成零件当前层的形状，然后水平刮板在已加工好

图 1-38 激光选区熔化打印的零件

的层面上再铺一层金属粉末，高能束激光按照模型的下一层数据信息进行选择熔化……如此往复循环，直至整个零件完成制造。

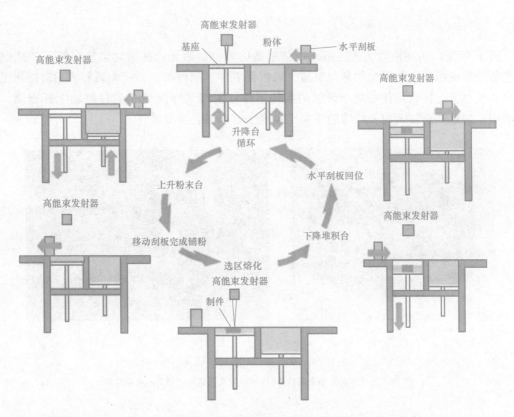

图 1-39 激光选区熔化工艺原理图

SLM 金属 3D 打印设备的运作过程是：在已有的 3D 模型切片数据的轮廓数据基础上，生成填充扫描路径。在惰性气体舱室中，打印设备利用高亮度激光按照预先设定的路径控制激光束选区熔化金属粉末层，并与前一层形成冶金结合，逐步堆叠成三维金属零件。激光束开始扫描前，铺粉装置先把金属粉末平推到成型缸的基板上，激光束再按当前层的填充轮廓线选区熔化基板上的粉末，加工出当前层；然后成型缸下降一个层厚的距离，粉料缸上升一定厚度的距离，铺粉装置在已加工好的当前层上铺好金属粉末；设备调入下一层轮廓的数据

进行加工，如此层层加工，直到整个零件加工完毕。整个加工过程在通有惰性气体的加工室中进行，以避免金属在高温下与其他气体发生反应。图1-40所示为激光选区熔化工艺设备加工示意图。

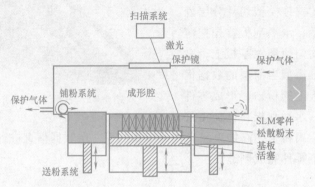

图1-40 激光选区熔化工艺设备加工示意图

图1-41所示为利用激光选区熔化工艺制造的零件。激光选区熔化工艺突破了传统制造工艺的变形成型和去除成型的常规思路，可根据零件三维模型，利用金属粉末无需任何工装夹具和模具，直接获得任意复杂形状的实体零件，实现"净成型"的材料加工新理念，特别适用于制造具有复杂内腔结构的难加工钛合金、高温合金等零件。

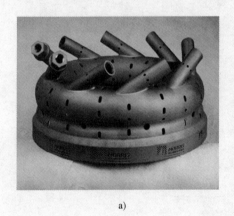

a)   b)

图1-41 激光选区熔化成型技术制造的零件
a）激光选区熔化成型金属样件 b）激光选区熔化成型高温合金零件

激光选区熔化工艺突破了传统的去除加工思路，有效解决了传统加工工艺不可到达部位的加工问题，尤其适合传统工艺（如锻造、铸造和焊接等工艺）无法制造的内部有异形复杂结构的零件制造。

同时，由于该技术成型精度较高，在普通零件应用中可保留更多的非加工面，因此可更好地解决难切削材料的加工问题。激光选区熔化工艺在钛合金、铝合金、高温合金、结构钢和不锈钢等材料上的成功应用已对航空航天工业产生了非常重要的影响。

激光选区熔化工艺继承了3D打印技术的优势，但也有不少劣势，例如，由于激光器的功率和扫描振镜偏转角度的限制，SLM设备能够成型的零件尺寸范围有限；由于需要使用大功率的激光器以及高质量的光学设备，机器制造成本高，目前国外设备售价在500万以上；由于使用了粉末材料，成型件表面质量差，产品需要进行二次加工才能用于后续的工作；加工过程中，容易出现球化和翘曲现象。

二、激光选区熔化工艺材料

激光选区熔化工艺采用精细聚焦光斑快速熔化300~500目的预置粉末材料，几乎可以直接获得任意形状以及具有完全冶金结合的功能零件，致密度可接近100%，尺寸精度达20~50μm，表面粗糙度达20~30μm。

三、激光选区熔化工艺设备

激光选区熔化工艺设备一般由光路单元、机械单元、控制单元、工艺软件和保护气密封单元组成。

1）光路单元主要包括光纤激光器、扩束镜、反射镜、扫描振镜和F-聚焦透镜等。激光器是激光选区熔化工艺设备中最核心的组成部分，直接决定了整个设备的成型质量。近年来，几乎所有的激光选区熔化工艺设备都采用光纤激光器，因光纤激光器具有转换效率高、性能可靠、寿命长以及光束模式接近基模等优点。由于激光光束质量很好，激光束能被聚集成极细微的光束，并且其输出波长短，因而光纤激光器在精密金属零件的激光选区熔化快速成型中有着极为明显的优势。扩束镜是对光束质量调整必不可少的光学部件，光路中采用扩束镜是为了扩大光束直径，减小光束发散角，减小能量损耗。扫描振镜由电动机驱动，通过计算机进行控制，可以使激光光斑精确定位在加工面的任一位置。为了克服扫描振镜单元的畸变，须用专用平场扫描透镜，使聚焦光斑在扫描范围内得到一致的聚焦特性。

2）机械单元主要包括铺粉装置、成型缸、粉料缸和成型室密封设备等。铺粉质量是影响激光选区熔化工艺成型质量的关键因素，目前激光选区熔化工艺设备中主要有铺粉刷和铺粉滚筒两大类铺粉装置。成型缸与粉料缸由电动机控制，电动机控制的精度也决定了激光选区熔化工艺的成型精度。

3）控制单元由计算机和多块控制卡组成，激光束扫描控制是由计算机通过控制卡向扫描振镜发出控制信号，控制X/Y扫描振镜运动以实现激光扫描。设备控制系统用于对零件的加工操作进行控制，主要包括以下功能：

① 系统初始化、状态信息处理、故障诊断和人机交互。

② 对电动机进行各种控制，进行实现对成型活塞、供粉活塞和铺粉滚筒的运动控制；

③ 控制扫描振镜控制：可设置扫描振镜的运动速度和扫描延时等。

④ 设置自动成型设备的各种参数，如调整激光功率，成型缸、铺粉缸上升下降参数等。

⑤ 提供对成型设备五个电动机的协调控制，以完成零件的加工。

4）工艺软件。根据激光选区熔化工艺的需要，其涉及的专业软件主要有三类：切片软件、扫描路径生成软件和总控软件。切片软件实施的切片处理是快速成型软件的关键内容之一，其功能是将零件的三维CAD模型转化成二维的切片模型，得到一层层的截面轮廓数据。在激光选区熔化工艺中，最基本的操作是控制激光进行扫描。分层得到的截面信息是轮廓数据，需要进行内部填充。扫描路径生成软件的功能是由轮廓数据生成填充扫描路径。总控软件主要对成型过程进行控制，显示加工状态，进而实现人机交互。

四、激光选区熔化工艺设备的工程应用

1. 德国 EOS 公司

德国 EOS 公司成立于 1989 年，由 Dr. Hans Langer 和 Dr. Hans Steinbichler 共同建立，他们联合发明了基于 SLS 和 SLA 的快速成型 RP（Rapid Prototyping）和增量制造 AM（Additive Manufactuing）技术。经过二十多年的快速发展，德国 EOS 公司已经成为欧洲最大的 3D 打印设备研发和制造企业，也是全球少数的掌握 SLA、SLM、FDM、SLS、DMLS 等多项 3D 打印核心技术的企业之一。EOS M290 是全球装机量最大的金属 3D 打印机，采用直接粉末烧结成型技术，利用红外激光器对各种金属材料（如模具钢、钛合金、铝合金以及 CoCrMo 合金、铁镍合金等粉末材料）直接烧结成型。

2. 德国 ReaLizer ReaLizer 公司

德国 ReaLizer ReaLizer 公司于 2004 年正式成立，注册专利为选择性激光选区熔化工艺。该公司的主要产品有 SLM 50 桌面型金属 3D 打印机、SLM 100、SLM 250 和 SLM300 等型号的工业级 3D 金属打印机。该公司旗下的 SLM 设备可生产成型致密度均接近 100% 的零件，尺寸精度、表面粗糙度均为业内最高水平，并且可实现全自动制造，可日夜工作，有很高的制造效率。Realizer 的 SLM 设备目前在金属模具制造、轻量化金属零件制造、多孔结构制造和医学植入体领域有较为成熟的应用，可使用的材料有铁粉、钛、铝合金、钴铬合金、不锈钢以及其他定制材料。

3. 德国 Concept Laser 公司

德国 Concept Laser 公司是 Hofmann 集团的成员之一，是世界上主要的金属激光熔铸设备生产厂家之一。该公司 50 年来丰富的工业领域经验为生产高精度金属熔铸设备夯实了基础，目前已经开发了四代金属零件激光直接成形设备：M1、M2、M3 和 Mlab。其成型设备比较独特的一点是：它并没有采用振镜扫描技术，而是使 X/Y 轴数控系统带动激光头行走，所以其成型零件范围不受振镜扫描范围的限制，成型尺寸大，但成型精度同样可以达到 50μm 以内。以 Concept Laser 公司的 X 系列 1000R 设备为例，构建尺寸能达到 630mm×400mm×500mm，该系统的核心部件是 ILT 开发的 1000W 激光光学系统，也较其他 SLM 金属 3D 打印机有很大的提升（EOS 设备激光器的功率为 200~400W）。

五、国内的相关研发应用

我国在 SLM 领域的研究也有相当长的时间，但由于 3D 打印市场发展相对缓慢，且 SLM 技术力量主要集中在华南理工大学、华中科技大学、南京航空航天大学和中北大学等高校，技术市场化还未取得突出的成绩。目前，国内的金属 3D 打印机市场几乎均被国外企业垄断。

我国科研团队在 2016 年利用首创的"铸锻铣一体化"金属 3D 打印技术成功制造出世界首批 3D 打印锻件，给全球机械制造业带来颠覆性创新。这一技术解决了采用常规金属进行 3D 打印时出现的一系列问题：常规金属制件如果没有经过锻造，疏松、气孔、未熔合等缺陷难以避免，抗疲劳等性能严重不足，各向异性明显且易产生裂纹、变形，产品"中看不中用"，无法进行高端应用。

项目二　典型零件的创意
设计及3D打印

PROJECT 2

任务 2-1　认识模型设计及数据修复、打印切片软件

任务导入

常用的 3D 打印模型设计软件、模型修复软件和切片软件有哪些？3D 打印的格式有哪几种？

任务描述

学习 3D 打印模型数据处理、修复过程及常用的切片软件。

知识目标

1. 3D 模型设计软件。
2. STL 数据编辑与修复软件。
3. 切片软件。

技能目标

1. 了解 3D 设计软件分为通用全功能性 3D 设计软件和行业性 3D 设计软件。
2. 掌握 3D 打印机支持的文件格式及模型修复软件 Magics 的特点。
3. 了解常用的 3D 打印切片软件 Cura 的功能。

素养目标

培养学生自强自立的拼搏意识，激发学生为国争光、爱国的斗志。

相关知识

一、3D 设计软件简介

3D 打印的设计过程分为两种：直接建模和逆向建模，即通过计算机建模软件建模和利用 3D 扫描仪构建 3D 模型。直接建模的流程为：通过计算机建模软件建模并存为 STL 格式文件，使用模型修复软件处理模型，将建成的 3D 模型"分区"成逐层的截面，即切片，导入 3D 打印机逐层打印。

由 3D 打印的定义及流程可知，数字模型文件是 3D 打印的基础，下面介绍常用的 3D 设计软件。目前，3D 设计软件分为通用全功能性 3D 设计软件和行业性 3D 设计软件。

（一）通用全功能性 3D 设计软件

1. 3DS Max

3D Studio Max，简称 3DS MAX，是知名的 3D 建模、动画及渲染软件。可以说 3DS MAX 是最容易上手的 3D 软件之一，其最早应用于计算机游戏中的动画制作，后来开始用于影视片的特效制作。

2. Maya

Maya 是世界顶级的 3D 动画软件，应用范围包括专业的影视广告、角色动画和电影特技等。Maya 功能完善，工作灵活，易学易用，制作效率极高，渲染真实感极强，是电影级别的高端制作软件。

Maya 售价较高，但掌握了 Maya 会极大地提高制作效率和品质，可调节出逼真的角色动画，渲染出电影一般的真实效果。

3DS MAX 和 Maya 现都已被美国 Autodesk（欧特克）公司收购，因此 Autodesk 公司已成为 3D 设计行业中的顶级软件公司。

3. Rhino

Rhinocero，简称 Rhino，又叫犀牛，是一款 3D 建模软件。它的基本操作和 AutoCAD 有相似之处，拥有 AutoCAD 基础的初学者更易于掌握该软件，目前广泛应用于工业设计、建筑、家具、鞋模设计，便于产品外观的造型建模。

4. ZBrush

ZBrush 是一款数字雕刻和绘画软件，它以强大的功能和直观的工作流程著称。它界面简洁，操作流畅，以实用的思路开发出的功能组合激发了艺术家的创作力，让艺术家可以无约束地自由创作。它的出现完全颠覆了过去传统 3D 设计软件的工作模式，解放了艺术家们的双手和思维，告别了过去那种依靠鼠标和参数来笨拙创作的模式，完全尊重设计师的创作灵感和传统工作习惯。

5. Sketchup

Sketchup 是一套直接面向设计方案创作过程的设计工具，其创作过程不仅能够充分表达设计师的思想，而且完全满足与客户即时交流的需要。它使设计师可以直接在电脑上进行十分直观的构思，是 3D 建筑设计方案创作的优秀工具。

SketchUp 是一个极受欢迎并且易于掌握的 3D 设计软件，官方网站将它比喻为电子设计中的"铅笔"。它的主要优点是使用简便，用户可以快速上手，并且用户可以将使用 SketchUp 创建的 3D 模型直接输出至 GoogleEarth 里。

6. Poser

Poser 是 Metacreations 公司推出的一款三维动物、人体造型和三维人体动画制作软件。Poser 还能为三维人体造型增添发型、衣服和饰品等装饰，让用户的设计与创意可以直观展现。

7. Blender

Blender 是一款开源的跨平台全能 3D 动画制作软件，提供了从建模、动画、材质、渲染、到音频处理、视频剪辑等一系列动画短片制作解决方案。Blender 为全世界的媒体工作者和艺术家而设计，可以被用来进行 3D 可视化，同时也可以创作广播和电影级品质的视频，内置的实时 3D 游戏引擎让制作独立回放的 3D 互动内容成为可能。有了 Blender，喜欢3D 绘图的用户不用花大价钱，也可以制作出自己喜爱的 3D 模型了。

8. FormZ

FormZ 是一个备受赞赏、具有很多广泛而独特的 2D/3D 形状处理和雕塑功能的多用途实体和平面建模软件。对于需要经常处理关于 3D 空间和形状的专业人士（如建筑师、城市规划师、工程师、动画和插画师、工业和室内设计师）来说，它是一个有效率的设计工具。

9. LightWave 3D

美国 NewTek 公司开发的 LightWave 3D 是一款高性价比的 3D 动画制作软件，它的功能非常强大，是业界为数不多的几款重量级 3D 动画制作软件之一。

（二）行业性的 3D 设计软件

1. UG

UG（Unigraphics NX）是西门子公司旗下的一款高端软件，它分别为用户的产品设计及加工过程提供了数字化造型和验证手段。UG 最早应用于美国麦道飞机公司，当前主要应用于汽车、机械、计算机和模具设计等领域，在造型和模具设计方面有明显优势。它能输入和输出的文件格式有 PRT、parasolid、step 和 IGES 等。

2. CATIA

CATIA 属于法国达索公司，是高端的 CAD/CAE/CAM 一体化软件。CATIA 产品主要应用在航空、汽车行业，其曲面造型优势尤为突出。其强大的功能已得到各行业的认可，用户包括波音、宝马和奔驰等知名企业。欧洲大部分汽车公司都采用该软件作为车身设计软件。它能生成的文件格式有 IGS、part、model、STL、IGES、CATPart 和 CATProduct 等。

3. SolidWorks

SolidWorks 是目前很流行的一款 3D 设计软件，以其简单易学、界面友好的特点在中小企业占有很大份额，它也属于法国达索公司。SolidWorks 可帮助设计师减少设计时间，增加精确性，提高设计的创新性，并将产品更快地推向市场。SolidWords 是世界上第一个基于Windows 开发的三维 CAD 系统。该软件功能强大，组件繁多，已成为领先的、主流的三维CAD 解决方案。它能保存的文件格式有 slprt、JPEG、STEP、IGES 和 PART 等。

4. Creo

Pro/Engineer 操作软件是美国参数技术公司（PTC）旗下的 CAD/CAM/CAE 一体化的3D 设计软件。Pro/Engineer 软件以参数化著称，是参数化技术的最早应用者，在目前的 3D设计软件领域中占有重要地位。Pro/Engineer 软件广泛应用于汽车、航空航天、消费电子、模具、玩具、工业设计和机械制造等行业。

2010 年 10 月 29 日，PTC® 公司宣布推出 Creo™ 设计软件。也就是说 Pro/Engineer 正式更名为 Creo，Pro/Engineer 版本有 Pro/Engineer2001、Wildfire、Wildfire2.0、Wildfire3.0、Wildfire4.0、Wildfire5.0、Creo1.0、Creo2.0、Creo3.0、Creo4.0、Creo5.0、Creo6.0。

5. AutoCAD

AutoCAD 是 Autodesk 公司的主导产品，用于二维绘图、设计文档和基本 3D 设计，是国际上广为流行的绘图工具软件。AutoCAD 具有友好的用户界面，通过交互菜单或命令行方式便可以进行各种操作。它的多文档设计环境让非计算机专业用户也能很快地学会如何使用。

6. Cimatron

Cimatron 是以色列 Cimatron 公司开发的软件（现已被美国 3DSystems 收购）。该软件提供了灵活的用户界面，主要用于模具设计、模型加工，在模具制造领域备受欢迎。

Cimatron 公司团队基于 Cimatron 软件开发了金属 3D 打印软件 3DXpert。这是全球第一款覆盖了整个设计流程的金属 3D 打印软件，从设计到最终打印成型，甚至是在 CNC 后处理阶段，3DXpert 软件也能够发挥重要作用。

7. Fusion 360

Fusion 360 是一个整合了三维 CAD/CAM/CAE 产品的开发平台。它将工业设计、机械设计、仿真、协作及加工组合在一个软件包中。利用 Fusion 360 中的工具，可通过集成的概念用生产工具集快速轻松地探索设计创意。自带的 3D 打印实用程序可预览网格结构、进行预打印优化，并自动创建优化的支撑结构，为要进行 3D 打印的设计做准备。还可以同时打印多个不同的设计。Fusion 360 的 3D 打印软件实用程序包含由 Spark 提供支持的 Autodesk Print Studio，可以直接与 Autodesk Ember™3D 打印机进行通信。它还与各种不同的 3D 打印机兼容，如可与 Type A Machines、Dremel、MakerBot 和 Ultimaker 提供的打印机直接集成。

目前最具代表性的国产 CAD 设计软件包括广州中望、苏州浩辰、北京数码大方和山东华天。本书后面的任务将以在机械行业中普遍使用的 UG、SolidWorks 软件为例介绍造型过程。

二、STL 数据编辑与修复软件简介

（一）3D 打印机支持的文件格式

3D 打印机实现了将虚拟三维数据转换成实体，而实现这一切的准则就是 STL 文件格式，STL 格式是大多数 3D 打印机识别的文件。

1. STL（Stereo Lithography）文件

STL 文件格式由 3D Systems 公司的创始人查尔斯·胡尔（Charles W. Hull）于 1988 年发明，现已成为全世界 CAD/CAM 系统接口文件格式的工业标准，是 3D 打印机支持的最常见的 3D 文件格式。STL 文件有两种：一种是 ASCII 文本格式，特点是可读性好，可直接阅读；另一种是二进制格式，特点是占用磁盘空间小，为 ASCII 文本格式的 1/6 左右，但可读性差。无论是 ASCII 文本格式，还是二进制格式，STL 文件格式都非常简单，一目了然。STL 文件格式具有简单清晰、易于理解、易于生成与分割以及算法简单等特点，而且输出精度也能够很方便地控制。通常为三角形面片网格。

2. OBJ 文件

OBJ 文件是 Alias Wavefront 公司为它的一套基于工作站的 3D 建模和动画软件"Advanced Visualizer"开发的一种标准 3D 模型文件格式，很适合 3D 软件模型之间的数据交换。例如，在 3DS Max 或 LightWave 中建了一个模型，想把它调到 Maya 里渲染或制作动画，导出 OBJ 文件就是一种很好的选择。OBJ 文件主要支持多边形（Polygons）模型。相比 STL，OBJ 诞生得晚一些，但并无实质区别。由于 OBJ 格式在数据交换方面具有便捷性，目前大多

数的三维 CAD 软件都支持 OBJ 格式，大多数 3D 打印机也支持使用 OBJ 格式进行打印。

3. AMF 文件

由于 STL、OBJ 文件格式还是显得有一些简单，只能描述三维物体的表面几何信息，不支持描述表面上的特征，如颜色、材质等信息。因此，2011 年 7 月，美国材料与实验学会（ASTM）发布了一种全新的 3D 打印文件格式 AMF（Additive Manufacturing File）。AMF 是以目前 3D 打印机使用的 STL 格式为基础、弥补了其弱点的数据格式，新格式能够记录颜色信息、材料信息及物体内部结构等。AMF 标准基于 XML（可扩展标记语言）。采用 XML 有两个优点，一是简单易懂，二是将来可通过增加标签轻松扩展。新标准不仅可以记录单一材质，还可对不同部位指定不同材质，能分级改变两种材料的比例进行成形。成形件内部的结构用数字公式记录，能够指定在成形件表面印刷图像，还可指定 3D 打印时最高效的方向。另外，AMF 文件还能记录作者的名字、模型的名称等原始数据。

4. 3MF 文件

相比于 STL 文件过少的功能，AMF 文件的功能似乎又过多了，因此微软联合惠普、欧特克、3D Systems、Stratasys 和 Materialise 等巨头组成的 3MF 联盟又推出了一种全新的 3MF（3D Manufacturing Format）格式。3MF 格式能够更完整地描述 3D 模型，除了几何信息外，还可以保持内部信息、颜色、材料和纹理等其他特征。3MF 同样也是一种基于 XML 的数据格式，具有可扩充性。

（二）模型修复软件简介

3D 设计软件建好的模型在进行 3D 打印之前需要转换成 STL 文件，通常使用 STL 模型时并不知道它是用什么软件创建的模型并转存成 STL 格式，存在缺陷的可能性非常大。因此，模型修复软件应运而生，常用的模型修复软件有 Magics，Netfabb 等。本书中采用的模型修复软件为 Magics。在打印之前，将 STL 文件导入到 Magics 中进行诊断，或用切片软件切片预览一下打印过程，看是否有问题。

Magics 是专业处理 STL 文件的软件，是比利时 Materialise 公司针对 3D 打印工艺专门开发的软件，具有功能强大、易用、高效等优点，是从事 3D 打印行业必不可少的软件，常用于零件摆放、模型修复、添加支撑和切片等环节。由于 STL 模型结构简单，没有几何拓扑结构的要求，缺少几何拓扑上要求的健壮性，同时也是由于一些三维造型软件在三角形网格算法上的缺陷，以至于不能正确描述模型的表面。据统计，从 CAD 转换到 STL 时会有将近70% 的文件存在各种不同的错误。如果对这些错误不做处理，会影响后面的切片处理和扫描处理等环节，产生严重的后果。所以，一般先对 STL 文件进行检测和修复，然后再进行切片和打印。

下面介绍在 Magics 中 SLT 模型的常见错误类型。

（1）法向错误 三角形的顶点次序与三角形面片的法向量不满足右手法则。这主要是由于生成 STL 文件时，顶点顺序的混乱导致外法向量计算错误。这种错误不会造成以后的切片和零件制作的失败，但是为了保持三维模型的完整性，必须加以修复。

在 Magics 中，被诊断出法向错误的三角面片显示为红色，如图 2-1 所示。修复时，反转有问题的三角面片即可，注意标记工具的运用，以提高模型修复的效率。

（2）孔洞 这主要是由于三角面片的丢失引起的。当 CAD 模型的表面有较大曲率的曲面相交时，在曲面相交部分会出现丢失三角面片而造成孔洞。

图 2-2 所示的孔洞在 Magics 中显示为红色，注意与法向错误区分。在 Magics 中，修复孔洞时，一般添加新的面片以填补缺失的区域。

图 2-1 错误的三角面片

（3）缝隙　缝隙通常是由于顶点不重合引起的，在 Magics 中通常用一条黄色的线表示，如图 2-3 所示。缝隙和孔洞都可以看作是三角面片缺失产生的。但对于裂缝，修复时通常采用移动点将其合并在一起。

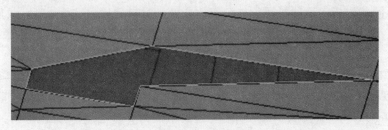

图 2-2 孔洞

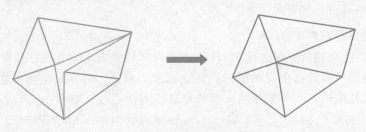

图 2-3 缝隙修复

（4）错误边界　在 STL 文件中，每一个三角面片与周围的三角面片都应该保持良好的连接。如果某个连接处出了问题，这个边界称为错误边界，并用黄线标示，一组错误边界会构成错误轮廓，如图 2-4 所示。错误边界在 Magics 中以黄线表示。

面片法向错误、缝隙、孔洞和重叠都会引发错误的边界，对不同位置的错误应确定坏边原因，找到合适的修复方法。

（5）多壳体　壳体是一组相互正确连接的三角形的有限集合。一个正确的 STL 模型通常只有一个壳。存在多个壳体通常是由于零件造型时没有进行布尔运算，结构与结构之间存在分割面引起的。

STL 文件中可能存在由非常少的面片组成表面积和体积为零的干扰壳体。这些壳体没有几何意义，可以直接删除。

（6）重叠或相交　重叠面错误主要是由三角形顶点计算时舍入误差造成的。三角形的顶点在 3D 空间中是以浮点数表示的，如果圆整误差范围较大，就会导致面片的重叠或者分离。

图 2-4 错误边界

某些情况下，表面没有被修剪好，会出现过长或者交叉的现象，如图 2-5 所示。利用 Magics 的工具可以很容易修复好这种错误。

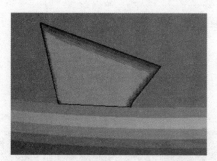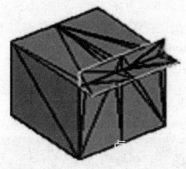

图 2-5　表面没修剪好出现交叉

三、3D 打印软件简介

（一）3D 打印切片软件

3D 打印切片软件把 STL 文中的模型变成类似于数控加工的 G 代码。切片软件把一个模型按照 Z 轴的顺序分成若干个截面，然后把每一层打印出来，最后堆叠起来就是一个立体的实物模型了，这就是 3d 打印的成型原理。常用的切片软件有 Cura、EasyPrint 3D 和 Slic 3r 等。

1. Cura

Cura 是一款 3D 打印切片软件，界面如图 2-6 所示。Cura 是 Ultimaker 公司开发的 3D 打印软件，以"高度整合性"以及"容易使用"为目标。它包含了所有 3D 打印需要的功能，有模型切片以及打印机控制两大部分。Cura 具有快速的切片功能，具有跨平台、开源以及使用简单等优点，能够自动修复模型中存在的错误，自动进行动态模型的准备。

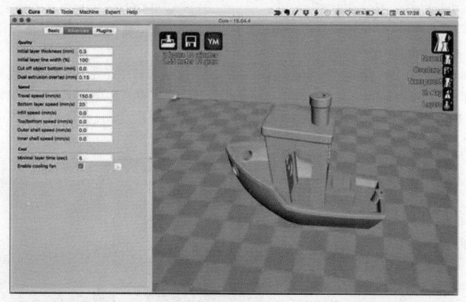

图 2-6　Cura 界面

Cura 可以被称为 3D 打印软件的标准切片软件，它可以兼容大部分 3D 打印机，并且其代码完全开源，可以通过插件进行扩展。

Cura 使用非常方便，在一般模式下，可以快速进行打印，也可以选择"专家"模式进行更精确的 3D 打印。另外，该软件通过 USB 连接计算机端后，可以直接控制 3D 打印机。

2. EasyPrint 3D

EasyPrint 3D 并不是单一的切片软件，切片功能仅是其中的一个功能，同时还可以通过 USB 连接 3D 打印机，从而控制打印机的运行，如图 2-7 所示。

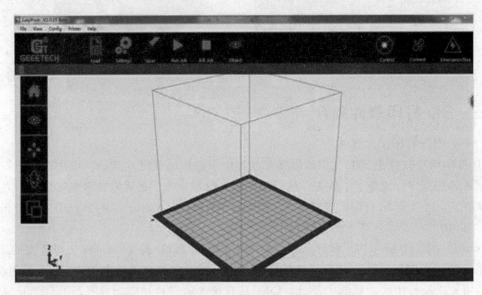

图 2-7 EasyPrint 3D 界面

从使用端而言，该软件十分适合初学者使用，其简易的操作可使打印轻松实现。该软件也适用于专业级用户，其功能与 Cura 相差不大，但操作非常便利。

3. CraftWare

CraftWare 3D 打印切片软件由匈牙利的一家 3D 打印机设备商开发，该软件也支持其他 3D 打印机使用。与 Cura 一样，支持"简单模式"和"专家模式"的切换，可以根据用户的使用习惯进行选择。这款软件最大的特点就是支持个人管理，但该功能必须付费。CraftWare 界面如图 2-8 所示。

4. Netfabb Basic

Netfabb Basic 是一款功能较好的 3D 切片软件，该软件会在用户进行切片前自动对模型进行分析，从而修复和编辑 STL 文件。

5. Slic3r

Slic3r 是一款开源的 3D 切片软件，其最大的特点是可以在内部填充时采用蜂窝式填充，从而达到更高的强度。该软件的另一个功能是与 Octoprint 直接集

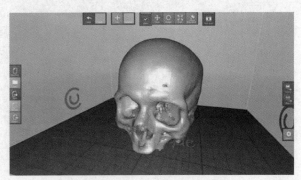

图 2-8 CraftWare 软件界面

成，当文件在用户桌面时，可以直接将其上传到用户的"打印"框，从而方便用户的操作。

（二）打印机专用软件简介

太尔时代 UP 系列 3D 打印机专用软件简单易用。UP 软件可以自动生成支撑结构，配合 UP 专用耗材，可以打印出非常容易去除的支撑。软件具有移动、旋转、缩放、复制、自动摆放和选择视角功能，也提供支撑微调功能，方便用户调整支撑的各种参数。它可以储存为工程文件，打印参数可以保存，支持连接多台打印机，具有打印预览功能，能计算打印时间和耗材使用量。其界面如图 2-9 所示。

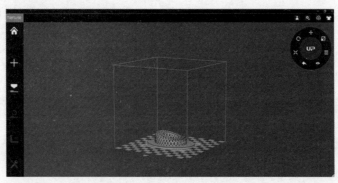

图 2-9　UP 系列 3D 打印机的软件界面

任务 2-2　镂空球的造型设计及打印

任务导入

简单零件如何用软件建模并进行 3D 打印？

任务描述

完成镂空球的建模、模型修复及 3D 打印。

知识目标

1. 使用 3D 设计软件 UG、SolidWorks 进行建模。
2. 导出快速成型格式及 3D 打印制作。
3. FDM 打印机操作。

技能目标

1. 会用 UG 或 SolidWorks 设计镂空球、方体镂空 3D 模型。
2. 会合理设置 STL 文件输出镂空球模型切片文件。
3. 会设置 FDM 打印机 UP 系列参数打印镂空球，并对打印后的零件进行修磨。

素养目标

培养爱岗敬业、安全生产、严格按照操作规程操作设备的意识。

相关知识

一、UG NX10.0 简介

1. 软件的启动

UG NX10.0 有以下几种启动方法：

1）单击"开始"按钮，选择"所有程序"→"UGS NX10.0"→"NX10.0"选项。

2）双击桌面上 UG NX10.0 的快捷方式图标。

3）在快捷启动栏中单击 UG NX10.0 的快捷方式图标。

启动 UG NX10.0（中文版）后，初始界面如图 2-10 所示。

图 2-10　UG NX10.0 初始界面

2. 创建新文件

在初始界面上单击菜单"文件"→"新建"命令，或者单击工具条上的"新建"图标，打开"新建"对话框，如图 2-11 所示。在该对话框上选择"模型"标签，设置单位为

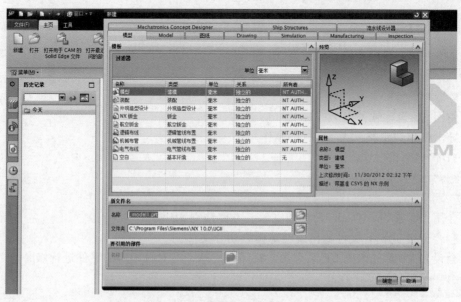

图 2-11　UG NX10.0 新建对话框

"毫米"，并在"新文件名"选项下指定文件名称和存储路径后，单击"确定"按钮，即可进入主界面。注意：文件名和存储路径在 UG NX10.0 以前的版本中均不能有中文，UG NX10.0 及以后的版本可以设置中文路径。

3. UG NX10.0 的主界面

UG NX10.0 的主界面及其组成如图 2-12 所示。

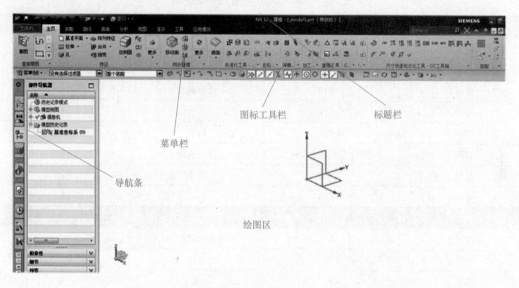

图 2-12   UG NX10.0 的主界面及其组成

UG NX10.0 的主界面主要由以下几个部分组成：

1）标题栏：显示软件版本、当前功能模块、当前文件名和当前工作等信息。

2）菜单栏：放置 UG NX10.0 的各功能菜单，不同菜单打开后有不同的命令。软件的所有功能都能在菜单栏上找到。

3）图标工具栏：用于放置命令图标，每一个图标对应一个命令，可快速执行相应操作。

4）绘图区：用于显示模型及相关对象。

5）提示栏：为用户提示相关的操作信息，是用户与软件交互的重要功能区。

6）导航条：放置部件导航器、历史记录等，单击不同的图标会弹出相应的导航器，可进行相关的操作。

4. 文件的保存、打开及关闭

1）保存文件。在退出软件之前应保存文件。选择菜单"文件"→"保存"命令，或者单击工具条上的"保存"图标，即可将文件保存，保存路径及文件名与建立该文件时的设置一致。如果要改变存储位置或文件名，则应选择菜单"文件"→"另存为"命令，系统会打开"另存为"对话框，指定存储路径及文件名后即可将文件保存。

2）打开文件。选择菜单"文件"→"打开"命令，或者单击工具条上的"打开"图标，弹出"打开"对话框，选择要打开的文件后点击"OK"按钮即可打开已存在的文件。

3）关闭文件。在菜单栏中选择"文件"→"关闭"选项，即可进行关闭操作。

5. 鼠标的操作

在绘图区中，向上滚动滚轮（即鼠标中键）为放大图形，向下滚动滚轮为缩小图形；按住滚轮移动鼠标可实现图形的旋转。

6. 常用的快捷键（表2-1）

表 2-1 UG NX10.0 常用的快捷键

通用快捷键			
新建	Ctrl+N	隐藏	Ctrl+B
打开	Ctrl+O	旋转视图	Ctrl+R
保存	Ctrl+S	适合窗口	Ctrl+F
撤销	Ctrl+Z	缩放	F6
粘贴	Ctrl+V	旋转	F7
删除	Ctrl+D 或者 Delete	捕捉视图	F8
复制	Ctrl+C	全选	Ctrl+A
剪切	Ctrl+X		
在任务环境中绘制草图快捷键			
尺寸标注	D	快速修剪	T
轮廓	Z	直线	L
圆弧	A	圆	O
圆角	F	矩形	R
多边形	P	几何约束	C
快速延伸	E	艺术样条	S

二、UG 的实体建模命令简介

对于简单几何形状的形体（如方体、圆柱、球、圆锥等）可以设置简单参数或通过体素增减得到几何实体。外形复杂的形体通常借助草图或者空间曲线通过拉伸、旋转、增减料的方式得到。下面简要介绍常用的几何形体创建命令。

（一）基本几何体的创建

1. 块

创建块，单击"主页"→"更多"→"设计特征"→"块"命令（或单击"特征"工具栏中"块"按钮 ），进入"块"对话框，如图2-13a所示。在"类型"下拉列表框中，系统提供了如下3种长方体的创建方法：

1）原点、边长：利用点方式在视图区创建一点，然后在"长度（XC）"、"宽度（YC）"和"高度（ZC）"数值栏中输入具体数值，单击"确认"按钮即可生成长方体。

在图2-13a中单击"原点"选项的"指定点"，系统出现图2-13b所示的"点"对话框。值得注意的是，这里的原点是指块体（即长方体）的下底面的左下角点的坐标位置，例如生成长50mm、宽40mm、高30mm的长方体，使世界坐标系原点在长方体下底面中心时，则点的输入坐标应为（X-25，Y-20，Z0）。单击"确定"按钮，返回到"块"对话框，设置长度50mm、高度30mm、宽度40mm，就创建了一个长方体如图2-13c。

a)　　　　　　　　　　b)　　　　　　　　　　c)

图 2-13　创建块

2）两个点、高度：利用点方式在视图区创建两个点，然后在"高度"栏中输入高度值，单击"确认"按钮，即可生成长方体。

3）两个对角点：利用两个点方式在视图区创建两个点作为长方体的对角点，单击"确认"按钮，即可生成长方体。

2. 圆锥体

创建圆锥体，单击"主页"→"更多"→"设计特征"→"圆锥"命令（或单击"特征"工具栏中"圆锥"图标），进入"圆锥"对话框，按图2-14a设置尺寸底部直径为40mm，顶部直径为0，高度为50mm，"轴"选择"指定矢量"Z矢量；"轴"设置的"指定点"单击，下一级对话框的"点位置"选择坐标原点，然后单击"确定"按钮，生成圆锥，如图2-14b所示。设置底部直径为40mm，顶部直径为20mm，其他设置不变，如图2-14c所示，生成圆台，如图2-14d所示。

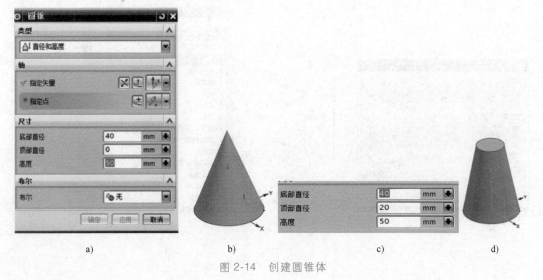

a)　　　　　　　　　　b)　　　　　　　　　　c)　　　　　　　　　　d)

图 2-14　创建圆锥体

3. 圆柱体

圆柱体是指以指定参数的圆为底面和顶面，具有一定高度的实体模型。创建圆柱体，单击 "主页"→"更多"→"设计特征"→"圆柱体" 命令（或单击 "特征" 工具栏中的 "圆柱体" 图标 ），系统弹出如图 2-15a 所示的 "圆柱" 对话框。选择圆柱体类型为 "轴、直径和高度"，如图 2-15b 所示。接下来 "指定矢量"，如图 2-15c 所示。单击 "指定点"，弹出如图 2-15d 所示的 "点" 对话框，"类型" 选择 "自动判断的点"，出现如图 2-15e 所示的 "自动判断的点"，"点位置" 选择 "选择对象"，"坐标" 选择 "相对于 WCS"，"XC" "YC" 和 "ZC" 分别设置为 0，单击 "确定" 按钮。返回到图 2-15a 所示的界面，直径和高度分别设为 10mm 和 20mm。创建的圆柱体如图 2-15f 所示。

a)

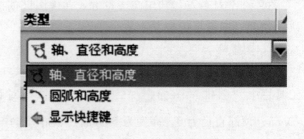

b)

c)

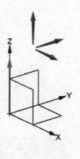

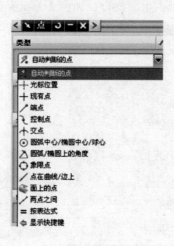

d)

图 2-15　创建圆柱体

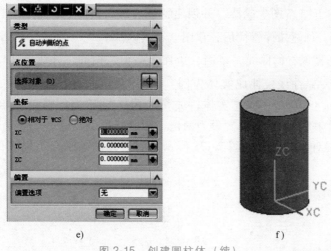

e)　　　　　　　　　　　　　f)

图 2-15　创建圆柱体（续）

4. 球体

创建球体，单击"主页"→"更多"→"设计特征"→"球体"命令（或单击"特征"工具栏中"球体"图标 ），进入"球"对话框，指定球心点如图 2-16a、b 所示。

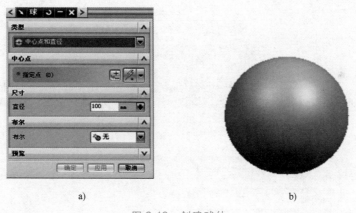

a)　　　　　　　　　　　　　b)

图 2-16　创建球体

（二）扫描特征的创建

扫描特征包括拉伸体、回转体、沿轨迹扫掠体和管道等，其特点是创建的特征与截面曲线或引导线是相互关联的，当其用到的曲线或引导线发生变化时，产生的扫描特征也将随之变化。下面具体介绍几个常用的扫描特征。

1. 拉伸

拉伸是指将实体表面、实体边缘、曲线、链接曲线或者片体拉伸成实体或者片体。

单击"主页"→"拉伸"命令（或单击"特征"工具栏中的"拉伸"图标 ），进入"拉伸"对话框，如图 2-17a 所示。选择要草绘的平面或选择截面几何图形时，在提示栏的上方有提示，如图 2-17b 所示。截面几何图形可以是单条曲线，相连曲线、相切曲线、面的边、片体边、特征曲线或区域边界曲线，曲线可以封闭也可以不封闭，如图 2-17c 所示。选择曲线，单击图标 ，曲线在相交的位置停止。

图标 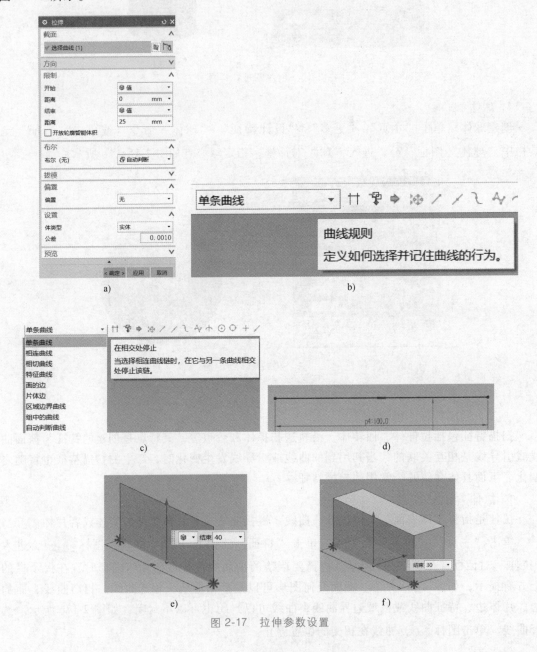 用于打开"草图生成器"并创建特征内部的截面。在退出草图时,草图被自动选为要拉伸的截面。创建拉伸特征后,草图就在其内部。

图标 用于选择现有的曲线、草图、边作为截面。例如,开放曲线可以通过设置偏置值拉伸成实体。以单条曲线拉伸成实体为例,如图 2-17d 所示,有一条长 100mm 的直线通过拉伸生成 100mm×40mm×30mm 实体,矢量选为 Z 轴正向,限制开始为"0",结束为"40",生成面如图 2-17e 所示;偏置设为两侧,限制开始为"0",结束为"30",生成实体如图 2-17f 所示。拉伸参数设置如图 2-17g 所示,如果矢量选择为 X 轴正向,生成的实体如图 2-17h 所示。

图 2-17 拉伸参数设置

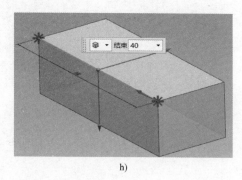

g)　　　　　　　　　　　　　　　　h)

图 2-17　拉伸参数设置（续）

（1）方向　可利用曲线、边缘或任意标准矢量指定某个特定方向。拉伸特征和方向之间存在关联性，如果在创建拉伸之后更改针对方向选择的几何体，则拉伸特征将进行相应的更新。可通过单击"反向"图标 ⊠ 调整矢量箭头的方向，从而更改拉伸体的方向。

（2）限制　在限制栏里有 6 种限制模式，可通过下拉菜单选择控制拉伸限制的模式。

1）值：允许指定拉伸起始或结束的值。轮廓之上的值为正，轮廓之下的值为负。可将限制值直接输入到对话框中的文本框或图形窗口的动态输入框中。除了直接输入值外，还可在轮廓的任一侧将开始和结束限制手柄拖动一个线性距离，在拖动手柄时，起始值和结束值会根据它们与轮廓的距离发生更改。

2）对称值：将起始限制距离转换为与结束限制相同的值。

3）直至下一个：将拉伸体沿方向路径延伸到下一个体。

4）直至选定的对象：将拉伸体延伸到选择的面、基准平面或体。

5）直到被延伸：当选定的面小于拉伸实体截面时，系统会自动延伸选定的面，使其能裁剪拉伸实体。

6）贯通：允许沿着拉伸路径使拉伸完全延伸，通过所有可选的体。

（3）布尔运算　布尔运算选项允许对创建拉伸的部分或对其与其他对象进行求和、求差或求交。

无：创建独立的拉伸实体。

求和：将两个或多个体的拉伸体合成为一个单独的体。

求差：从目标体移除拉伸体。

求交：创建一个包含由拉伸和与之相交的现有体共享的实体。

（4）拔模 可以通过在对话框中的文本框或动态输入框中输入数值指定拔模角，也可以拖动图形窗口中的拔模手柄。正角使拉伸体的侧面向内倾斜，朝向选定曲线的中心；负角使拉伸体的侧面向外倾斜，远离选定曲线的中心。角度为零则导致无斜率。拔模只适用于基于线性轮廓的拉伸特征。可以指定以下类型的拔模：

1）从起始限制：方法是从起始限制开始，延伸至结束限制。图 2-18a 所示为草图，图 2-18b 所示为拔模 10° 的结果。

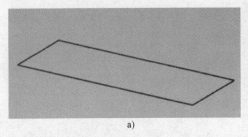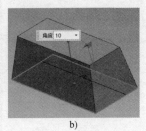

图 2-18 设置拔模

2）从截面：方法是从起始限制开始，延伸至结束限制，并与轮廓线对齐（或通过轮廓线串）。

3）起始截面：允许为沿轮廓上下延伸的拔模指定一个角度值。仅当开始和结束限制面在轮廓的相反侧时可用。

4）从截面匹配的端部：允许为沿轮廓上下延伸的拔模指定一个角度值。起始限制面与结束限制面对称，且起始限制面大小与结束限制面大小相同。

（5）偏置 使用偏置功能在拉伸中最多可添加两个偏置。可以在对话框中的文本框或动态输入框中输入偏置值，也可以在图形窗口中拖动偏置手柄。指定偏置有以下几种方法：

1）单侧：这种偏置可用于填充孔，从而创建凸垫。如图 2-19a 所示。

2）两侧：利用起始偏置手柄和结束偏置手柄可创建两侧偏置。如图 2-19b 所示。

3）对称：起始偏置和结束偏置的值相同，起始偏置手柄和结束偏置手柄指向为相反方向。如图 2-19c 所示。

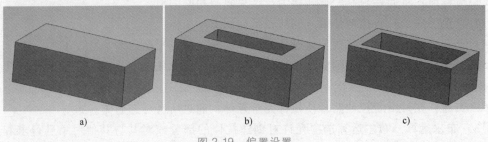

图 2-19 偏置设置

（6）设置 使用此选项可指定拉伸特征为实体还是片体。要获得实体，剖面必须是封闭轮廓线或带有偏置的开放轮廓线串。如果使用偏置，则无法获得片体。在某些情况下，可将拉伸的片体改为实体，或者将实体改为片体。

（7）预览 当指定了足够参数来创建可能的拉伸特征时，用户可在图形窗口中对结果进行预览。使用预览可以预判拉伸特征参数的正确性。默认情况下选择该功能。

2. 回转

回转操作与拉伸操作类似，不同之处在于使用回转命令可使截面曲线绕指定轴回转一个非零角度，以此创建一个特征。可以从一个基本横截面开始生成回转特征或部分回转特征。

单击"主页"→"拉伸"→"回转"命令（或单击"特征"工具栏中的"回转"按钮 ），进入"回转"对话框，如图 2-20a 所示。选择曲线和指定矢量、点，矢量和点的选择与生成圆柱体的矢量、点相似。设置完回转参数后单击"确定"按钮，完成回转体的创建，如图 2-20b 所示。

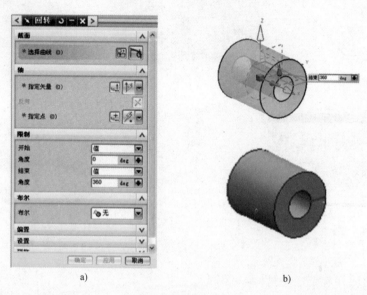

a)   b)

图 2-20　回转设置

3. 沿引导线扫掠

沿引导线扫掠与前面介绍的拉伸和回转类似，也是将一个截面图形沿引导线运动来创造实体特征。此功能允许用户通过沿着由一个或一系列曲线、边或面构成的引导线串（路径）拉伸开放的或封闭的边界草图、曲线、边缘或面，进而创建单个实体。该功能在创建扫描特征时应用非常广泛和灵活。

单击"主页"→"更多"→"扫掠"→"沿引导线扫掠"命令（或单击"特征"工具栏中的"沿引导线扫掠"按钮 ），进入"沿轨迹扫掠"对话框。已绘制截面曲线和引导线如图 2-21 所示。图 2-22 所示为"扫掠"对话框，在指定截面曲线中选择截面曲线 1，截面曲线 2"引导线"选择直线，选择截面线，再选择引导线为一条直线。生成的扫掠实体如图 2-23 所示。

4. 管道

管道是指通过沿着一个或多个相切连续的曲线或边扫掠一个圆形横截面创建的单个实体。用户可以使用此功能来创建线捆、线束、管道和电缆等模型。

单击"主页"→"更多"→"扫掠"→"管道"命令（或单击"特征"工具栏中的"管道"按钮 ），进入"管道"对话框，如图 2-24a 所示，"路径"选择图中所示的圆，在"外径"和"内径"文本框内分别输入"10"和"5"。单击"确定"按钮，完成管道的创建，如图 2-24b 所示。

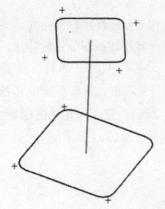

图 2-21 绘制截面草图和引导线 图 2-22 "扫掠"对话框 图 2-23 扫掠结果

 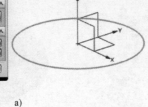 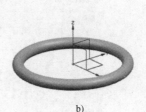

a)   b)

图 2-24 管道

（三）特征操作

特征操作是对已创建的特征模型进行局部修改，从而对模型进行细化，即在特征模型的基础上增加一些细节的表现，也称为细节特征。通过特征操作，可以用简单的特征创建比较复杂的特征实体。常用的特征操作有拔模、倒圆角、倒斜角、镜像、阵列、螺纹、抽壳、修剪和拆分等。

1. 拔模

拔模是将指定特征模型的表面或边沿按指定的方向倾斜一定的角度。该操作通常应用于机械零件的铸造工艺和特殊型面的产品设计中，可以应用于同一个实体上的一个或多个要修改的面和边。

单击"主页"→"拔模"命令（或单击"特征"工具栏中的"拔模"按钮 ），进入"拔模"对话框，如图 2-25a 所示。拔模矢量为 Z 轴方向，固定面为下表面（图 2-25a），拔模面依次选择为两个侧面（图 2-25b、c），角度为 10°的效果图如图 2-25d 所示。

2. 倒圆角

为了方便安装零件、避免划伤和防止应力集中，在零件设计过程中，对其边或面进行倒圆角操作，该特征操作在工程设计中应用广泛。

单击"主页"→"倒圆角"命令（或单击"特征"工具栏中的"倒圆角"按钮 ），进入"倒圆角"对话框选中要倒圆角的边，输入半径值，单击"确定"按钮，完成倒圆角操作，如图 2-26 所示。还可以变半径倒圆角，如图 2-27 所示。

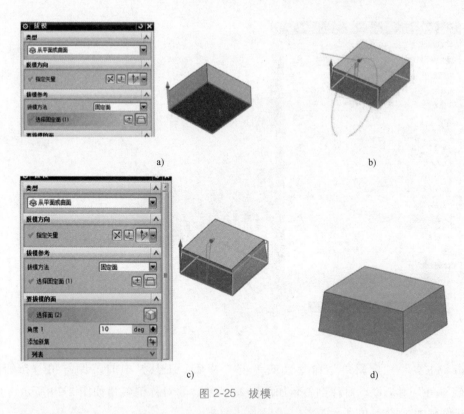

a)

b)

c)

d)

图 2-25 拔模

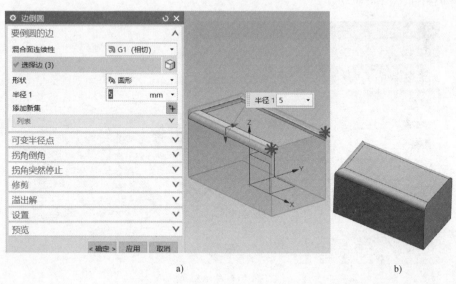

a)

b)

图 2-26 倒圆角

3. 倒斜角

倒斜角是指对已存在的实体沿指定的边进行倒角操作，又称倒角或去角特征。倒斜角在产品设计中使用广泛，通常当产品的边或棱角过于尖锐时，为避免造成擦伤，需要对其进行必要的修剪，即执行倒斜角操作。

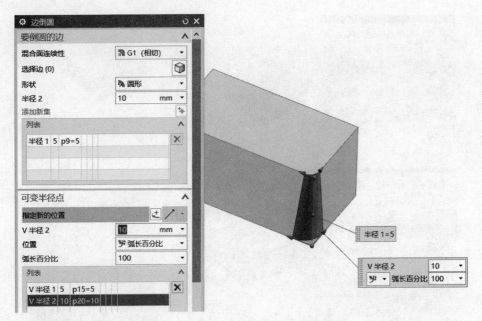

图 2-27　变半径倒圆角

单击"主页"→"倒斜角"命令（或单击"特征"工具栏中的"倒斜角"按钮），进入"倒斜角"对话框。对称倒斜角如图 2-28 所示，非对称倒斜角如图 2-29 所示，角度和距离方式倒斜角如图 2-30 所示。

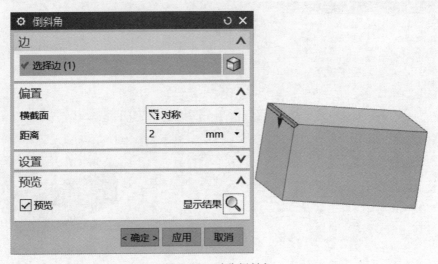

图 2-28　对称倒斜角

4. 抽壳

抽壳是指按照指定的厚度将实体模型抽空为腔体或在其四周创建壳体。可以指定个别不同的厚度到表面，并移去个别表面。

单击"主页"→"抽壳"命令（或单击"特征"工具栏中的"抽壳"按钮），进入"抽壳"对话框，如图 2-31 所示。移除面然后抽壳如图 2-32 所示，全部抽壳如图 2-33 所示。

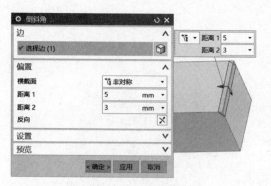

图 2-29 非对称倒斜角

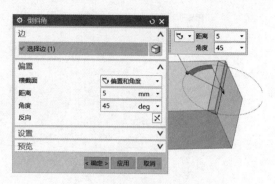

图 2-30 角度和距离方式倒斜角

图 2-31 "抽壳" 对话框

图 2-32 移除面抽壳

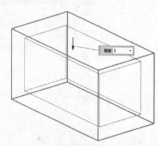

图 2-33 全部抽壳

5. 阵列特征

阵列特征是指根据已有特征进行阵列复制操作，避免对单一实体的重复性操作，更重要的是便于修改，可以节省大量的设计时间，在工程设计中应用广泛。使用阵列特征操作可以快速地创建特征，如螺孔等。另外，创建许多相似特征，并用一个步骤就可将它们添加到模型中。

单击"主页"→"阵列特征"命令（或单击"特征操作"工具栏中的"阵列"按钮），进入"阵列特征"对话框，如图 2-34 所示。图 2-35 所示为圆形阵列设置及结果，图 2-36 所示为线性阵列设置及结果，图 2-37 所示为阵列面对话框，如图 2-38 所示为阵列几何特征对话框。

6. 螺纹

螺纹是指在孔或圆柱体表面创建的螺纹特征，可以创建符号螺纹和详细螺纹。螺纹在机械工程中应用广泛，主要起连接、传递动力等功能。

图 2-34 "阵列特征" 对话框

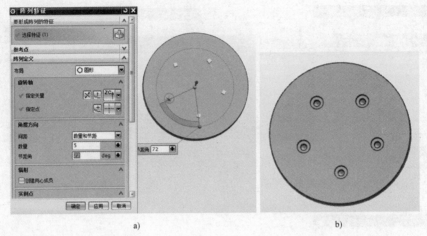

a)　　　　　　　　　　　　　　　　b)

图 2-35　圆形阵列

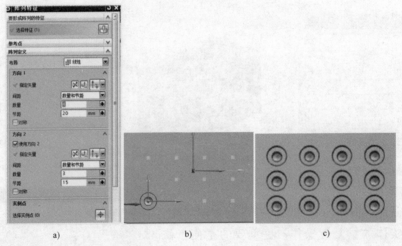

a)　　　　　　　　　b)　　　　　　　　　c)

图 2-36　线性阵列

图 2-37　"阵列面"对话框

图 2-38　"阵列几何特征"对话框

单击"主页"→"更多"→"设计特征"→"螺纹"命令（或单击"特征操作"工具栏中的"螺纹"按钮█），进入"螺纹"对话框，如图 2-39 所示。创建 M20 详细螺纹的设置如图 2-40 所示，图 2-41 所示为生成螺纹的结果。

图 2-39 "螺纹"对话框

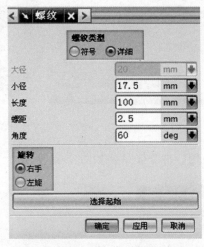

图 2-40 详细螺纹的设置

图 2-41 M20 螺纹

7. 修剪体

修剪体用于使用一个平面或基准平面去切除一个或多个目标体。选择要保留的体的一部分，并且被修剪的体具有修剪几何体的形状。其中，修剪的实体与用来修剪的基准面或平面相关，实体修剪后仍然是参数化实体，并保留实体创建时的所有参数。

单击"主页"→"修剪体"命令（或单击"特征操作"工具栏中的"修剪体"按钮█），进入"修剪体"对话框，如图 2-42 所示，图 2-43 所示为待修剪的实体，图 2-44 所示的 YZ 平面为工具体。

图 2-42 "修剪体"对话框

图 2-43 待修剪的实体

8. 拆分

拆分操作（命令按钮为 █）是使用面、基准平面或其他几何体将一个或多个目标体分割成两个实体，同时保留两部分实体。拆分操作将删除实体原有的全部参数，得到的实体为非参数实体。拆分实体后，实体中的参数全部被移去，同时工程图中剖视图中的信息也会

图 2-44 修建体工具及修剪体结果

丢失，因此应谨慎使用。拆分体举例如图 2-45 所示。

 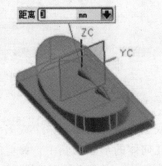 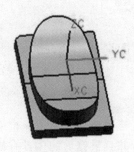

图 2-45 拆分体举例

9. 镜像特征

镜像特征用于将选定的特征通过基准平面或一般平面生成对称的特征，在 UG 建模过程中应用广泛，可以提高建模效率。单击"主页"→"更多"→"关联复制"→"镜像特征"命令（或单击"特征操作"工具栏中的"镜像特征"按钮），进入"镜像特征"对话框，图 2-46 所示为设置、镜像平面选择以及镜像结果。

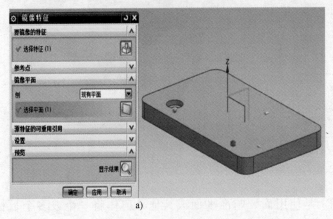 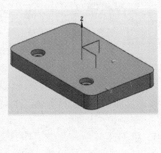

a)   b)

图 2-46 镜像特征

10. 镜像几何体

镜像几何体用于镜像整个体。与镜像特征功能不同的是，镜像几何体是镜像一个体上的一个或多个特征。

单击"主页"→"更多"→"关联复制"→"镜像体"命令（或单击"特征操作"工具栏中的"镜像体"按钮），进入"镜像几何体"对话框，图2-47所示为参数设置及镜像结果。

a)

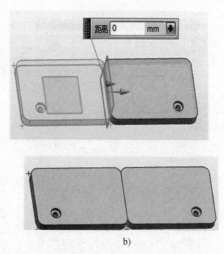
b)

图 2-47 镜像几何体

任务实施

一、用 UG 创建镂空球模型

用 UG 建立图 2-48 所示的镂空球模型。

a)

b)

图 2-48 镂空球实体图和图样

打开 UG 软件,进入建模界面,创建名为"镂空球.prt"的文件。建模步骤如下:

(1)创建半径为 50mm 的圆　单击"曲线"→"圆和圆弧"命令 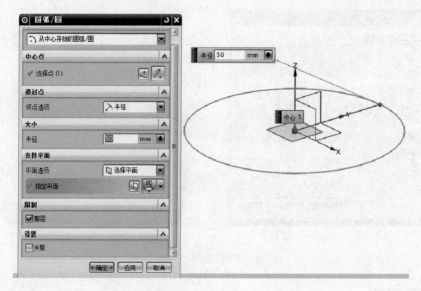，"类型"选择"从中心开始画圆","中心点"的"选择点"双击点，"点类型"为"自动判断的点","输出坐标"为 X0,Y0,Z0,即选择坐标原点,单击"确定"按钮;"通过点"的"终点选项"选择"半径",输入"50";"支持平面"的"平面选项"选择"选择平面","指定平面"为 XC-YC,即，勾选"限制"下的"整圆"复选框,然后单击"确定"按钮,如图 2-49 所示。

图 2-49　绘制半径为 50mm 的圆

(2)用管道命令 创建直径为 5mm 的圆环　单击"主页"→"更多"→"管道"命令，创建直径为 5mm 的圆环,路径选择刚完成的半径 50mm 的圆,外径输入"5",内径输入"0",如图 2-50a 所示。单击"确定"按钮,生成圆环如图 2-50b 所示。

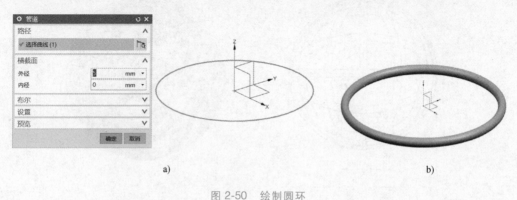

a)　　　　　　　　　　　　　　　b)

图 2-50　绘制圆环

(3)使用阵列命令生成 6 个绕 X 轴的圆环　单击"主页"→"阵列特征"命令，在

"要生成的阵列特征"选择上一步生成的管道，在左侧特征树下选择 ☑️🔩管道(2)，
"布局"选择 ⚙️圆形；"旋转轴"指定矢量 ✕↓XC▼，"指定点" ↥为坐标原点；"角度
方向"的"间距"选择"数量和节距"，"数量"设置为"6"，"节距角"设置为"30"，
如图 2-51a 所示。单击"确定"按钮，结果如图 2-51b 所示。

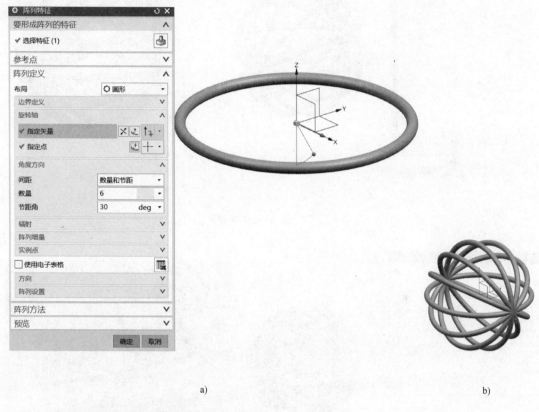

a)   b)

图 2-51　绕 X 轴阵列圆环

（4）使用阵列命令生成 6 个绕 Y 轴的圆环　单击"主页"→"阵列特征"命令 🔩。在
"要生成的阵列特征"选择上一步生成的管道，在左侧特征树下选择 ☑️🔩管道(2)，
"布局"选择 ⚙️圆形；"旋转轴"指定矢量 ✕↓YC▼，"指定点" ↥为坐标原点；"角度方
向"的"间距"选"数量和节距"，"数量"设置为"6"，"节距角"设置为"30"，如图
2-52a 所示，单击"确定"按钮，结果如图 2-52b 所示。

（5）用球命令生成内置直径为 30mm 的圆球　单击"主页"→"更多"→"球"命令，
创建直径为 30mm 的圆球，类型选择为 ⊕中心点和直径，"中心点"选坐标原点，即圆
环的圆心，"直径"输入"30"，"布尔"为 🔩无，设置及结果如图 2-53 所示，形成
镂空球。

拓展：如果里面有多个球，如图 2-54 所示，如何实现呢？

a)

b)

图 2-52　绕 Y 轴阵列圆环

图 2-53　直径为 30mm 的圆球

图 2-54　镂空多个球

二、用 SolidWorks 创建镂空球模型

（1）新建文件　单击"文件"→"新建"命令，弹出"新建 SolidWorks 文件"对话框，如图 2-55 所示。单击 图标，单击"确定"按钮，创建文件名为"镂空球"的零件图。

（2）选择基准面并绘制草图

1）在 FeatureManager 设计树中单击"前视基准面"，从弹出的快捷工具栏中单击"草图绘制"命令按钮 ，如图 2-56a 所示，进入草图绘制环境。

2）单击"草图"工具栏中的"直线"命令按钮，选择"中心线"，如图 2-56b 所示。过坐标原点沿水平（X 轴）、竖直（Y 轴）方向绘制两条中心线，如图 2-56c 所示。

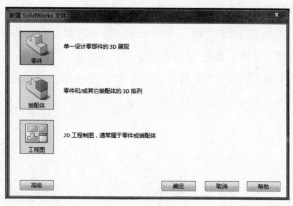

图 2-55　新建文件

3）单击"草图"工具栏中的"圆"命令按钮 ⊘，绘制一个直径 5mm 的圆，圆心距离 Y 轴 52.5mm，如图 2-56d 所示。

4）单击 按钮，退出草图。

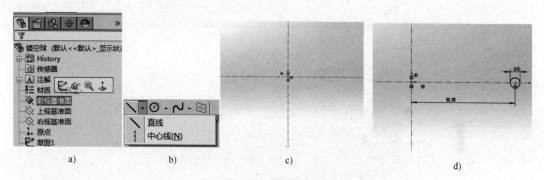

| a) | b) | c) | d) |

图 2-56　绘制草图

（3）生成 X 轴圆环

1）单击"特征"工具栏中的"旋转凸台/基体"按钮 ，弹出"旋转"属性管理器。

2）在"旋转轴"选项组激活"旋转轴"列表，在图形区选择"直线2"及 Y 轴中心线。

3）在"方向1"选项组中的"旋转类型"下拉列表框中选择"给定深度"选项，在角度微调框输入"360度"，如图 2-57a 所示。单击 ✔ 按钮，完成操作，结果如图 2-57b 所示。

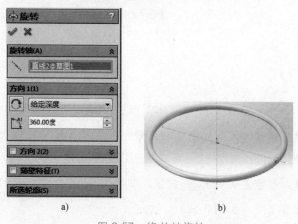

图 2-57　绕 X 轴旋转

（4）生成 Y 轴圆环

1）单击"草图"工具栏中的"直线"命令按钮，选择"中心线"，过坐标原点沿水平

（X轴）和竖直（Y轴）方向绘制两条中心线，如图2-58a所示。

2）单击"草图"工具栏中的"圆"命令按钮⊘，绘制一个直径5mm的圆，圆心距离X轴52.5mm，如图2-58a所示。最后退出草图。

3）单击"特征"工具栏中的"旋转凸台/基体"按钮，完成圆环的创建，如图2-58b所示。

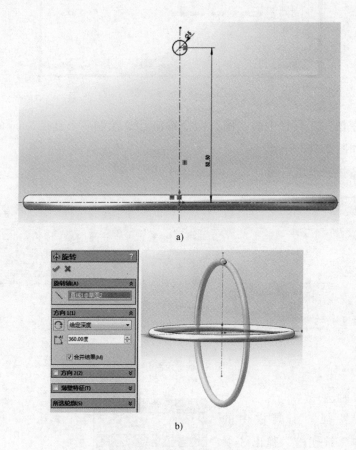

a)

b)

图2-58　绕Y轴旋转

（5）绕X轴阵列圆环　单击"特征"工具栏中的"圆周阵列"按钮，弹出圆周阵列属性管理器，如图2-59a所示。在"参数"选项组激活"阵列轴"列表框，单击"草图"按钮，以X轴进行圆周阵列，以第2步建立的X轴中心线为阵列轴，设置如图2-59c所示，填入参数之后单击✔按钮，实体阵列完成，生成12个圆环。单击"退出草图"按钮，具体形状尺寸如图2-59d所示。

（6）绕Y轴阵列圆环　单击"草图"按钮，以Y轴进行圆周阵列，如图2-60所示，以第2步建立的Y轴中心线为阵列轴，填入参数之后单击✔按钮，实体阵列完成，生成12个圆环。再单击"退出草图"按钮，具体形状尺寸如图2-61所示。

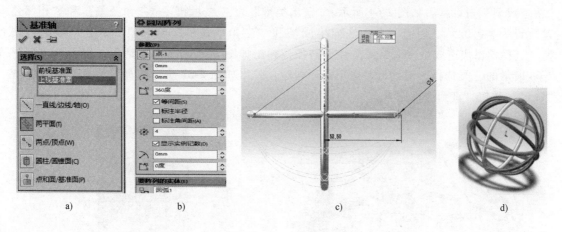

图 2-59　绕 X 轴阵列圆环

图 2-60　阵列参数设置

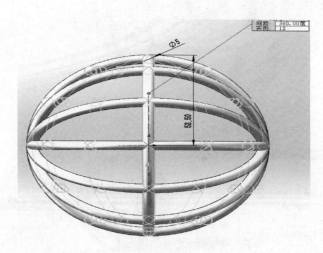

图 2-61　绕 Y 轴阵列圆环

（7）旋转圆球

1）单击"草图"工具栏中的"圆"命令按钮 ，在 X 轴、Y 轴中心线原点处画一个直径 30mm 的圆，形状如图 2-62 所示。

2）单击"特征"工具栏中的"旋转凸台/基体"按钮，弹出旋转属性管理器。如图 2-63 所示，在"旋转轴""方向"等选项组输入参数，然后单击 按钮，生成圆球。

3）单击"退出草图"按钮，镂空球造型完成。

（8）保存文件　单击"文件"→"保存"命令，保存文件，文件名为"镂空球"。

三、镂空球模型导出快速成型格式及 3D 打印制作

（一）生成 STL 格式文件

打开 UG 软件，打开"镂空球 . prt"文件，单击"文件"→"导出"→"STL 格式"，弹出

"快速成型"对话框，如图2-64所示。"输出类型"为"二进制"，"三角公差"和"相邻公差"设为"0.025"。勾选"自动法向生成"和"三角形显示"复选项，单击"确定"按钮。选择导出快速成型STL格式文件的路径，弹出如图2-65所示的对话框，接着弹出如图2-66所示的"类选择"对话框，选中圆环和球，弹出如图2-67所示的提示信息，一直单击"确定"按钮，直到选择完毕。

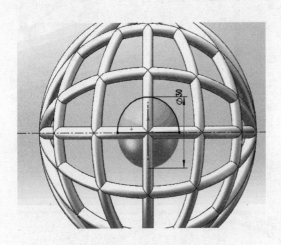

图 2-62　绘制圆

图 2-63　旋转设置

图 2-64　"快速成型"对话框

图 2-65　指定文件路径

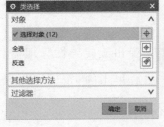

图 2-66　"类选择"对话框

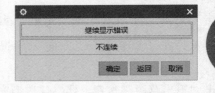

图 2-67　提示信息

（二）打印镂空球

1. 3D打印机简介

表2-2列举了三款常用的3D打印机的型号、耗材和软件要求等参数。

表 2-2 三款常用的 3D 打印机参数

参 数		UP BOX+	UP mini	UP plux 2
打印规格	产品类型	3D 打印机	3D 打印机	3D 打印机
	成型原理	热熔挤压 MEM(FDM)	热熔挤压 MEM(FDM)	热熔挤压 MEM(FDM)
	成型平台尺寸 /mm	255×205×205	120×120×120	140×140×135
	打印精度/mm	0.1~0.40	0.2/0.25/0.30/0.35	0.15/0.20/0.25/0.30 /0.35/0.40
	打印喷头	单喷头	单喷头	单喷头
	喷嘴直径/mm	0.4	0.4	0.4
软件要求	打印数据格式	STL,UP3,UPP	STL,UP3,UPP	STL,UP3,UPP
	操作系统	Win XP/Vista/7/8 Mac OS	Win XP/Vista/7/8 Mac OS	Win XP/Vista/7/8 Mac OS
耗材规格	打印材料	ABS 塑料,PLA 材料	ABS 塑料,PLA 材料	ABS 塑料,PLA 材料
	耗材直径/mm	1.75	1.75	1.75
	材料颜色	ABS:6 种颜色(白色、黑色、蓝色、黄色、红色、绿色) PLA:4 种颜色(灰色、蓝色、绿色、原色)	ABS:6 种颜色(白色、黑色、蓝色、黄色、红色、绿色) PLA:4 种颜色(灰色、蓝色、绿色、原色)	ABS:6 种颜色(白色、黑色、蓝色、黄色、红色、绿色) PLA:4 种颜色(灰色、蓝色、绿色、原色)
物理参数	电源要求	AC 110~240V, 50~60Hz	AC 110~240V, 50~60Hz	AC 110~240V, 50~60Hz
	整机功率/W	180	180	180
其他参数	支撑功能	易剥离	易剥离	易剥离
	连接方式	USB	USB	USB
	产品尺寸/cm	48.5×52×49.5	24×35.5×34	24×35.5×34
	产品重量/kg	20	6,11.2(包装)	5,9.2(包装)
	其他	智能支撑技术,支撑自动生成打印平台校准,软件辅助调平,打印平台加热,加热平台配多孔板	智能支撑技术,支撑自动生成打印平台校准,软件辅助调平,打印平台加热,加热平台配多孔板。平均工作噪声:54dB(A)	智能支撑技术,支撑自动生成,打印平台校准,打印平台校准,自动调平,自动设置喷头高度,打印平台加热,加热平台配多孔板。平均工作噪声:55dB(A)

UP BOX+的结构及常用按键如图 2-68~图 2-72 所示。

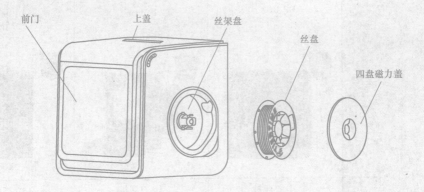

图 2-68　UP BOX+的外形构造图

前门　上盖　丝架盘　丝盘　四盘磁力盖

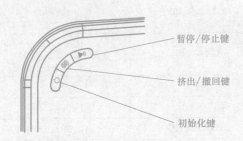

暂停/停止键

挤出/撤回键

初始化键

图 2-69　UP BOX+的侧面按键功能

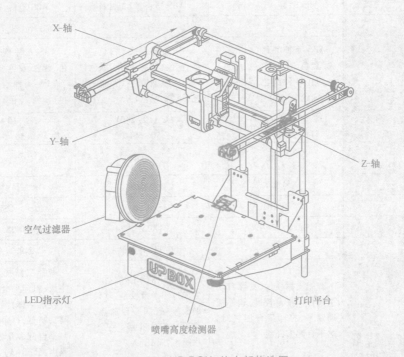

X-轴

Y-轴

Z-轴

空气过滤器

LED指示灯

喷嘴高度检测器

打印平台

图 2-70　UP BOX+的内部构造图

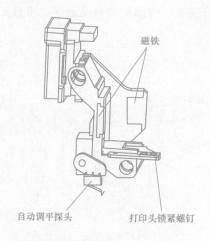

磁铁

自动调平探头　打印头锁紧螺钉

图 2-71　UP BOX+的打印头座

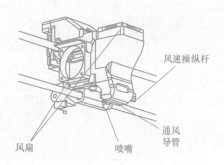

风速操纵杆

通风导管

风扇　喷嘴

图 2-72　UP BOX+的打印头

2. 打印前的准备工作

（1）安装多孔板　多孔板也称为工作台板，如图 2-73 所示。

1）把多孔板放在打印平台上，确保加热板上的螺钉已经进入多孔板的孔洞中。

2）在右下角和左下角用手把加热板和多孔板压紧，然后将多孔板向前推，使其锁紧在加热板上。

3）确保所有孔洞都已妥善紧固，此时多孔板应放平。

4）在打印平台和多孔板冷却后安装或拆卸多孔板。

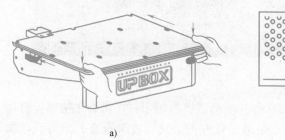

a)

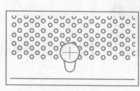

b)

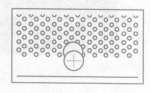

c)

图 2-73　多孔板安装

a）安装多孔板　b）多孔板未扣紧　c）已扣紧

（2）安装丝盘（图 2-74）

1）打开丝盘盖，并将丝材插入丝盘架中的导管。

2）把丝材送入导管，直到丝材其从另一端伸出，将丝盘安装到丝盘架上，然后盖好丝盘盖。

3）为使用 1kg 的丝盘，将丝盘架附加组件安装至原丝盘架上。机器还配备了突出的磁性外壳以安装更厚的丝盘。如图 2-75 所示。

（3）安装 UP Studio 软件（图 2-76）

1）下载最新版的 UP Studio 软件。Mac 版本的 UP Studio 软件仅能从苹果应用商店下载。

2）双击 setup. exe 图标，安装软件（默认安装路径为 C：\ Program Files \ UP Studio \ ），

系统弹出一个窗口，单击"安装"，然后按照指示进行安装。打印机的驱动程序也将被安装到系统内。

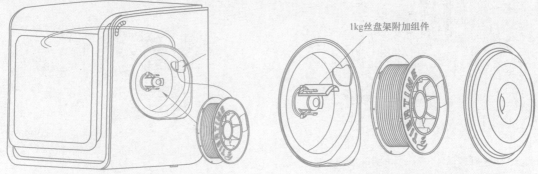

图 2-74 安装丝盘

1kg丝盘架附加组件

图 2-75 1kg 丝盘架附加组件的安装

图 2-76 安装 UP Studio 软件

（4）打印机初始化（图 2-77） 打印机每次打开时都需要初始化。在初始化期间，打印头和打印平台缓慢移动，并会触碰到 X、Y、Z 轴的限位开关。这一步很重要，因为打印机需要找到每个轴的起点。只有在初始化之后，软件其他选项才会亮起供选择使用。初始化的两种方式如下：

1）通过单击上述软件菜单中的"初始化"选项，可以对 UP BOX+进行初始化。

2）当打印机空闲时，长按打印机上的初始化按钮也会触发初始化。

初始化按钮的其他功能如下：

1）停止当前的打印工作：在打印期间，长按该按钮。

2）重新打印上一项工作：双击该按钮。

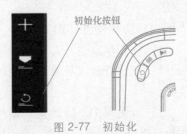

初始化按钮

图 2-77 初始化

（5）自动平台校准（图 2-78） 平台校准是成功打印最重要的步骤，因为它确保第一层的黏附。理想情况下，喷嘴和平台之间的距离是恒定的，但在实际应用中，由于很多原因（例如平台略微倾斜），距离在不同位置会有所不同，这可能造成打印件翘边，甚至是完全失败。UP BOX+具有自动平台校准和自动喷嘴对高功能，通过使用这两个功能，校准过程可以快速方便地完成。

在校准菜单中，单击"自动水平校准"，界面如图 2-78 所示，平台动作如图 2-79 所示。校准探头将被放下，并开始探测平台上的 9 个位置。在探测平台之后，调平数据将被更新，并储存在机器内，调平探头也将自动缩回。

当自动调平完成并确认后，喷嘴对高将会自动开始。打印头会移动至喷嘴对高装置上方，最终，喷嘴将接触并挤压金属薄片以完成高度测量。

校准注意事项如下：

1）在喷嘴未被加热时进行校准。

2）在校准前，清除喷嘴上残留的塑料。

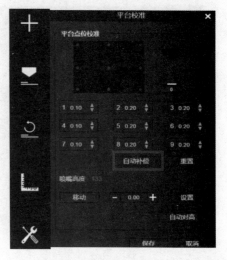

图 2-78　"平台校准"界面

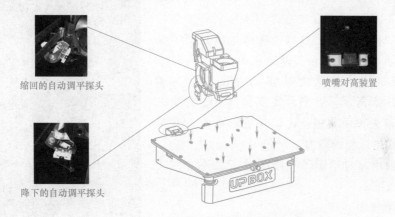

图 2-79　自动平台校准过程示意图

3）在校准前，把多孔板安装在平台上。

4）平台自动校准和喷头对高只能在喷嘴温度低于 80℃状态下进行。

（6）自动喷嘴对高　平台对高界面如图 2-80 所示，平台对高示意图如图 2-81 所示。

喷嘴对高除了可以在自动调平后自动启动，也可以手动启动。在校准菜单中单击"喷嘴对高"启动该功能。喷嘴对高时，喷嘴会轻触平台上的对高装置以测量高度值。在完成喷嘴对高之后，软件会询问用户在机器上使用的多孔板类型，选择当前使用的多孔板类型以完成测量。

如果在自动调平之后出现持续的翘边问题，这可能是由于平台严重不平并超出了自动调平功能的调平范围造成的。在这种情况下，应当在自动调平之前尝试手动粗调手动平台校准，通常手动校准非必要步骤，只有在自动调平不能有效调平平台时才需要。UP BOX+的平台之下有 4 个手调螺母，两颗在前面，两颗在平台后下方。可以通过拧紧或松开这些螺母来调节平台的平度。在校准界面，用户可使用"复位"按钮将所有补偿值设置为零，然后使用九个编号的按钮将平台移动到不同的位置。

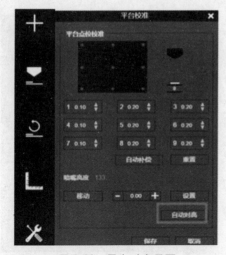

图 2-80 平台对高界面

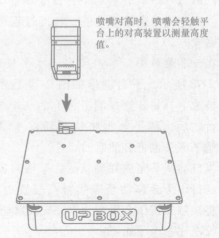

喷嘴对高时，喷嘴会轻触平台上的对高装置以测量高度值。

图 2-81 平台对高示意图

可以通过"移动"按钮将打印平台移动到特定高度，如图 2-82 所示。首先将打印头移动到平台中心，并将平台移动到几乎触到喷嘴（也就是喷嘴高度）的位置。使用校准卡来确定正确的平台高度。尝试移动校准卡，并感觉其移动时的阻力。如图 2-83~图 2-85 所示，在平台高度保持不变的状态下，移动打印头和调节螺丝，确保可以在所有九个位置都能感觉到近似的阻力。

也可以采用除自动调平和喷嘴对高之外的方式对平台进行校准。

（7）准备打印

1）确保打印机打开并已连接到计算机。单击软件界面上的"维护"按钮，弹出"维护界面"对话框，如图 2-86 所示。

图 2-82 通过"移动"按钮进行手动对高

2）从材料下拉列表框中选择"ABS"或所用材料，并输入丝材重量。

3）单击"挤出"按钮，打印头将开始加热，在大约 5min 之后，打印头的温度将达到熔点（对于 ABS 而言，温度为 260℃）。在打印机发出蜂鸣后，打印头开始挤出丝材。

平台过高，喷嘴将校准卡钉到平台上。应略微降低平台。

图 2-83 平台过高调整

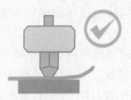

当移动校准卡时可以感受到一定阻力。平台高度合适。

图 2-84 平台高度合适

平台过低，当移动校准卡时无阻力，应略微升高平台。

图 2-85 平台过低调整

4）轻轻地将丝材插入打印头上的小孔。丝材在达到打印头内的挤压机齿轮时，会被自动带入打印头。

5）检查喷嘴挤出情况，如果塑料从喷嘴出来，则表示丝材加载正确，可以准备打印（挤出动作将自动停止）。

打印机控制按键及操作说明如图2-87所示。

（8）LED呼吸灯（图2-88）和前门检查　打印完成后，LED呼吸灯将显示为红色。在这种情况下，机器将不会响应任何命令。这是为了预防误操作，导致打印头撞击打印件。要恢复至正常状况，必须在完成打印之后打开前门。

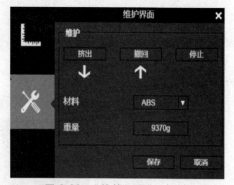

图 2-86　"维护界面"对话框

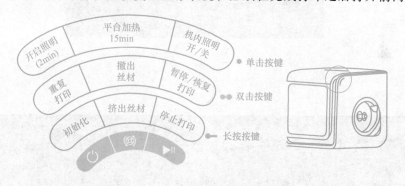

图 2-87　打印机控制按键及操作说明

3. 打印操作

1）软件界面操作及模型导入。打开 UP Studio 软件，弹出如图2-89所示的界面。单击 按钮，如图2-90所示，导入"镂空球.stl"文件，如图2-91所示。在图2-92所示中单击 按钮，可以自动摆放模型在工作台板上的位置；如果模型太小或者太大超过工作台板，则无法打印，需要通过缩放按钮 改变模型的大小或者某一轴向的比例，如图2-93、图2-94所示。如图2-95所示，通过移动按钮 调整模型在工作台板的位置。如果需要调整模型放置的轴位置（例如模型绕 X 轴旋转90°），可单击旋转按钮 ，如图2-96所示。

图 2-88　LED 呼吸灯

单击 按钮，可以观察模型在工作台板中的显示，如图2-97所示。单击 按钮，视图显示返回到图2-92所示界面。撤销上一步设置可单击回退按钮 。模型调整好后需要保存文件时，可单击图 2-92 中的类别按钮▤后出现的保存按钮🗁（图 2-98）。单击🗑按钮可删除模型。返回到图 2-92 所示的界面可单击▣按钮，图 2-92 中各按钮的含义如图 2-99 所示。

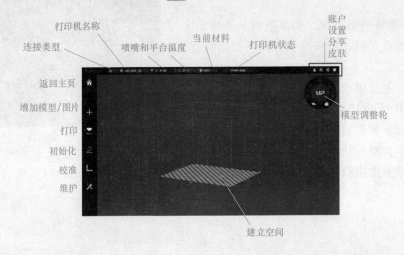

图 2-89　UP Studio 软件界面（一）

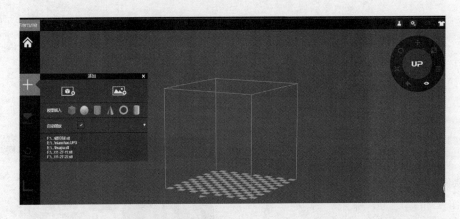

图 2-90　UP Studio 软件界面（二）

图 2-91　导入模型界面

图 2-92　模型调整轮

图 2-93　模型的三个轴同时缩放

图 2-94　模型的 Y 轴缩放

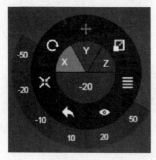

图 2-95　模型沿 X 轴移动

图 2-96　模型绕 X 轴旋转

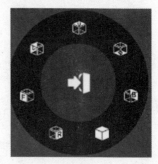

图 2-97　模型的显示

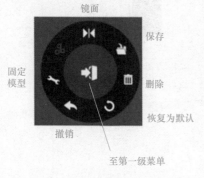

图 2-98　第二级菜单图标的含义

图 2-99　第一级菜单图标的含义

2）连接打印机与计算机。通过 USB 或者无线网络将 UP BOX+ 连接至计算机。

3）导入模型。导入模型的步骤如图 2-100 所示。

此时，可以安全地断开打印机和计算机。

4）查看打印进度。打印进度显示在 UP BOX + 字母顶部的 LED 进度条上，如图 2-101 所示。

5）暂停打印，如图 2-102 所示。

说明：

如果不使用 UP Studio 软件暂停打印，在打印期间，当前门打开时，打印将自动暂停，如图 2-103 所示。在关闭前门之后，打印将在用户双击"暂停"按钮之后恢复。

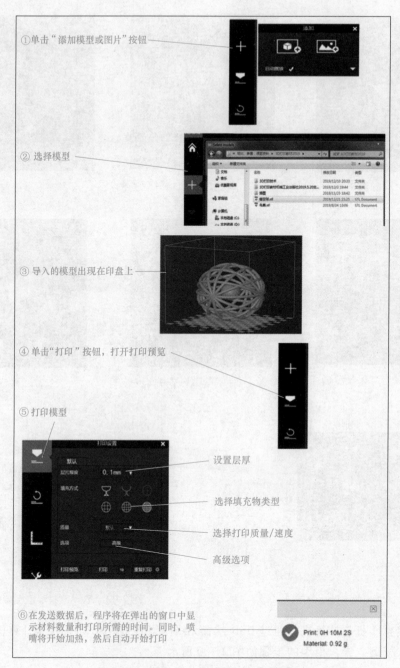

① 单击"添加模型或图片"按钮

② 选择模型

③ 导入的模型出现在印盘上

④ 单击"打印"按钮，打开打印预览

⑤ 打印模型

设置层厚

选择填充物类型

选择打印质量/速度

高级选项

⑥ 在发送数据后，程序将在弹出的窗口中显示材料数量和打印所需的时间。同时，喷嘴将开始加热，然后自动开始打印

图 2-100　软件导入模型、打印模型设置

图 2-101　打印进度

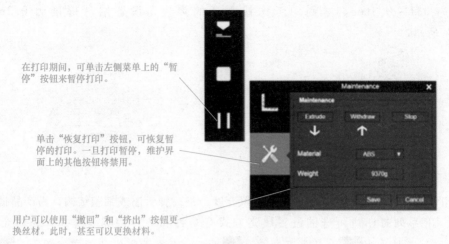

在打印期间，可单击左侧菜单上的"暂停"按钮来暂停打印。

单击"恢复打印"按钮，可恢复暂停的打印。一旦打印暂停，维护界面上的其他按钮将禁用。

用户可以使用"撤回"和"挤出"按钮更换丝材。此时，甚至可以更换材料。

图 2-102 暂停打印

　　如图 2-104 所示，在打印期间，双击"暂停/停止"按钮，打印工作将暂停。可以使用"挤出/撤回"按钮在暂停期间更换细丝。再次双击"暂停/停止"按钮以恢复打印工作。

图 2-103 打印期间暂停

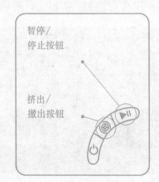

暂停/停止按钮

挤出/撤出按钮

图 2-104 不使用 UP Studio 软件暂停打印

4. 打印参数的设置

　　（1）切片和层厚　模型设置完成后，接下来设置打印机的打印参数。在设置打印参数前，先要了解切片和层厚的概念。切片是指将一个实体分成厚度相等的很多层，这是 3D 打印的基础，分好的层将是 3D 打印进行的路径。打印层厚度指的是每一层截面的厚度，一般打印喷头孔径为 0.4mm，所以厚度一般不会大于孔径，所以 0.3mm 的层高打印一个 50mm 的模型，需要打印 167 层；如果 0.1mm 的层高打印一个 50mm 的模型，需要打印 498 层。层高越小，打印精度越高。图 2-105 所示为模型设计外形，图 2-106 所示为实际打印得到的外形。从图中可以看出，3D 打印并不是 100% 还原一个 3D 实体，表面是分层的，用放大镜可以看到图示的台阶效果。所以也就比较好理解，层厚几乎决定了 3D 打印的精度，特别是表面精度，如果层厚越小，打印件的精度相对越高，表面纹理越好。这里，表面纹理是指 3D 打印由于分层制造，表面会形成一层层的痕迹，如果打印的是个斜面，而且层厚比较厚，那么台阶效果就会比较明显。

　　层片厚度有 0.05mm、0.07mm、0.1mm、0.15mm、0.20mm、0.25mm、0.30mm、0.35mm、0.40mm 几种，考虑到模型打印后的强度、表面质量和美观性，通常层片厚

度设置为 0.1～0.3mm。本例中考虑镂空球的强度，设置层片厚度为 0.2mm，如图 2-107 所示。

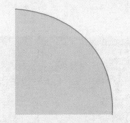

图 2-105　模型设计外形

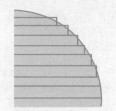

图 2-106　实际打印外形

打印设置中，填充方式指模型内部的填充度，是一种骨骼或细胞结构，为产品提供必要的支撑。UP 系列打印机可选的设置填充方式有 6 种和 8 种两类，其中 8 种填充方式如图 2-107 所示，依次为 shell 外壳中空、surface 表面无底层和顶层仅圆周、13%填充物、15%填充物、20%填充物、65%填充物和 80%填充物和 99%实心填充物，即从空心到实心，空心节省材料，但强度不够，"填充方式"通常选择实体 65%或 80%。本例中填充选择 80%。不同填充方式的模型效果如图 2-108 所示。

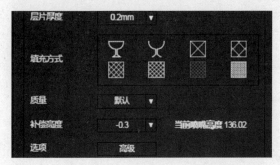

图 2-107　设置"层片厚度"

图 2-108　不同填充方式的模型效果图

"质量"和其他参数选择默认值，打印预览，自动生成支撑。

单击"高级"，界面如图 2-109 所示。支撑和密闭相关设置选择默认值，考虑到打印材料黏结性，实际打印中勾选"稳固支撑""无底座""预热"和"易于剥离"复选项。

（2）打印相关参数说明

图 2-109　打印选项

1）密闭层数：密封打印件顶部和底部的层数。

2）密闭角度：决定表面层开始打印的角度。

3）支撑层数：决定支撑结构和被支撑表面之间的层数。

4）支撑角度：决定产生支撑结构和致密层的角度。

5）支撑面积：决定产生支撑结构的最小表面面积，小于该值的面积将不会产生支撑结构。

6）支撑间隔：决定支撑结构的密度。该值越大，支撑密度越小。

7）无底座：无基底打印。

8）无支撑：无支撑打印。

9）稳固支撑：支撑结构坚固难以移除。

10）非实体模型：软件将自动固定非实心模型。

11）薄壁：软件将检测太薄无法打印的壁厚，并扩大至可以打印的尺寸。

12）预热：在开始打印之前，预热印盘不超过 15min。

5. 修复模型

如图 2-110 所示，打印机软件自带修复功能，对于无法修复的缺陷需要借助修复软件 magic 完成模型修复。具体修复方法将在任务 2-3 中介绍。

如果模型包含有缺陷的表面，软件将用红色高亮显示该部分，单击"更多"按钮。

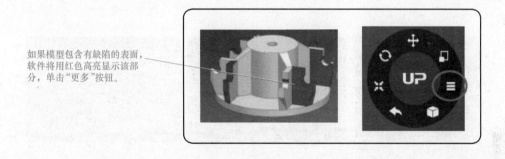

单击"修复"按钮修复模型。如果缺陷被修复，红色的缺陷表面将转变为正常颜色。

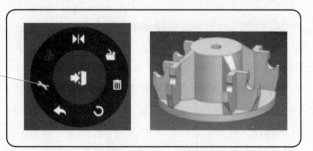

图 2-110　修复模型

6. 打印技巧

1）确保精确的喷嘴高度。喷嘴高度值过低将造成变形，过高将使喷嘴撞击平台，从而造成损伤和堵塞。用户可以在"校准"界面手动微调喷嘴的高度值：基于之前的打印结果，尝试加减 0.1~0.2mm 调节喷嘴的高度值。

2）正确校准打印平台。未调平的平台通常会造成翘边。使用"打印"界面中的预热功能，平台充分预热对于打印大型件并确保不产生翘边是至关重要的。

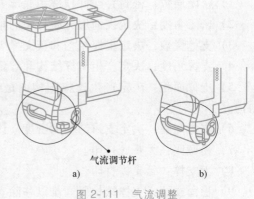

3）通过旋转气流调节杆更改打印件的受风量。通常情况下，冷却越充分，打印质量越高。冷却还可以使基底和支撑更好剥离。但是，冷却可能导致翘边，特别是ABS。简单来讲，PLA可以全开，而ABS可以关闭。对于ABS+材料，推荐半开。增加风量能够改善精细和突出结构的打印质量。气流调整如图2-111所示。

图2-111　气流调整

a）通风导管关闭　b）通风导管完全打开

4）无基底打印。在正常打印时，使用基底可以使打印件更好地贴合在平台上，而且自动调平需打印基底才能生效，该功能在默认情况下为打开。可以在"打印选项"面板中将其关闭。

5）无支撑打印。选择不生成支撑结构，可通过在"打印选项"面板中选择"无支撑"关闭支撑，但是仍将产生10mm的支撑提供稳定的基座。有无支撑的打印效果对比如图2-112所示。

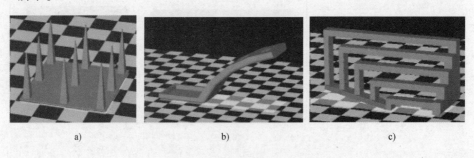

图2-112　有无支撑打印效果对比

a）精细结构　b）无支撑外延　c）桥接

7. 打印机的维护

（1）更换喷嘴　如图2-113所示，经过长时间的使用，打印机喷嘴会变得很脏甚至堵塞，应更换新喷嘴，老喷嘴可以保留，清理干净后再用。

1）用维护界面的"撤回"功能，令喷嘴加热至打印温度。

2）戴上隔热手套，用纸巾或棉花把喷嘴擦干净。

3）使用打印机附带的喷嘴扳手把喷嘴拧下来。

4）堵塞的喷嘴可以用很多方法疏通，例如，用0.4mm钻头钻通，在丙酮中浸泡，用热风枪吹通或者用火烧掉堵塞的塑料。

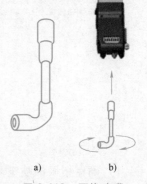

图2-113　更换喷嘴

a）喷嘴扳手　b）更换喷头

（2）更换空气过滤器的滤芯　建议每六个月或每工作300h后更换空气过滤器的滤芯（以先到者为准）。操作步骤为：顺时针旋转安装盖子，逆时针转动取下盖子，如图2-114所示。

（3）手动移动平台 在某些情况下，用户需要手动移动平台。可以使用一字螺钉旋具转Z轴螺杆，以升高或降低平台。不要用力下压或上拉使平台移动，可能导致平台损坏或不平。

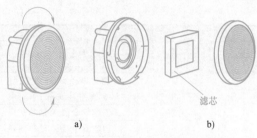

图2-114 更换空气过滤器的滤芯
a）旋转过滤器 b）更换滤芯

滤芯

（4）丝材检查 当打印中丝材用完时，打印机将自动暂停，等待用户装填并继续打印。应定期检查丝材。

（5）断电恢复 打印工作可在断电后恢复。当下次打印机与计算机连接并初始化后，将显示弹出框，让用户选择恢复中断的打印工作。

8. 打印过程中常见的问题

打印过程中常见的问题及处理方法见表2-3。

表2-3 打印过程中常见的问题及处理方法

问 题	解 答
打印头和平台无法加热至目标温度或过热	初始化打印机
	加热模块损坏，更换加热模块
	加热线损坏，更换加热线
丝材不能挤出	从打印头抽出丝材，切断熔化的末端，然后将其重新装到打印头上
	塑料堵塞喷嘴，替换新的喷嘴或移除堵塞物
	丝材过粗。通常在使用质量不佳的丝材时会发生这种情况。应使用有质量保障的丝材
	对于某些模型，如果PLA不断造成问题，切换到ABS
不能检测打印机	确保打印机驱动程序安装正确
	检查USB电缆是否有缺陷
	重启打印机和计算机

9. 模型打印后的处理

模型打印完成后，先把工作台板连同模型从打印机上取下来。戴上隔热手套取下工作台板，然后用平板钳铲下模型，去除模型内部及外部的辅助支撑（可借助电动工具和手动修模工具完成）。

本实训的难点是模型打印后如何去除内部的残料，即需要用电动修磨工具消除里面的辅助支撑材料，操作工具时需要注意安全、胆大心细、具有耐心，不急不躁。这就要向获得2022年大国工匠年度人物称号的郑志明学习，学习他精益求精的精神。

实操评价

镂空球的建模、打印实施评价表见表2-4。

表 2-4 镂空球的建模、打印实施评价表

项目	项目二	图样名称		任务	指导教师	
班级		学号		姓名	成绩	
序号	评价项目	考核要点	配分	评分标准	扣分	得分
1	建模	创建半径 50mm 的圆形	10	操作是否正确		
		创建直径 5mm 的圆环	10	操作是否正确		
		创建 6 个绕 X 轴的圆环	10	操作是否正确		
		创建 6 个绕 Y 轴的圆环	10	操作是否正确		
		创建 30mm 的圆球	5	操作是否正确		
2	切片	生成 STL 格式文件	15	"相邻公差"设置是否合理		
3	打印	打印参数设置	20	层厚设置是否合理		
4	修磨	修磨	10			
5	安全生产	1)安全正确操作设备 2)工作场地整洁,打印机、工件等摆放整齐规范 3)做好事故防范措施,签写交接班记录,并将出现的事故发生原因、过程及处理结果记录档案 4)做好环境保护	10	每违反一项从总分中扣 2 分,扣分不超过 10 分		
	合计		100	实际得分		

实操练习

完成图 2-115 所示零件的造型及打印。

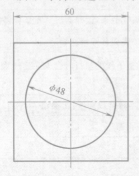 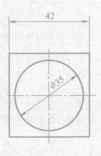 

图 2-115 练习零件图

 拓展知识

FDM 桌面级 3D 打印机常见的打印问题解析与打印技巧。

一、常见的打印问题解析

1. 3D 打印机工作一段时间就需要停下来休息一下，然后自己又恢复正常工作

3D 打印机工作过程中温度不稳定，当它达到下限温度以下时，挤出机就会停止转动。主要有以下几种解决方法：

1）将 3D 打印机恢复工作时的温度与打印第一层时的温度设定成一样的，让其保持统一。

2）把整体温度调高，让挤出机头部温度不至于低于下限温度，以避免强制停止转动现象的发生。

3）降低已设定的下限温度，使工作温度不低于下限温度。

2. 加热温度不足

解决方法：检查加热棒、加热带相连的引线和延长线之前的压接套，判断是否存在接触不良的问题。或者更换一个加热棒进行尝试。

3. 挤出头不能顺利挤料，甚至被卡住

挤出头无法顺利挤料，先检查挤丝电动机转向是否正确，也可能是挤出头堵塞，可以尝试按以下步骤解决：

1）通过操作软件把喷头关闭，喷头离开打印中的模型。

2）把原料从喷头上扒开，防止进一步堵塞。

3）把喷嘴残留的材料清理干净。

4）开启喷头，等喷头里面的材料融化后喷出。

5）把新材料耗材插上喷头。

注意：在执行上述步骤时，一定要先把原材料在喷头加热，否则会导致堵塞更加严重。若无法解决堵塞问题，建议更换喷头。如果挤出头挤料没多久就会卡住，可能是挤出头挤丝电动机上的齿轮与轴承之间的间隙太大，应旋紧挤出头的调节螺母；也可能是挤出头挤丝电动机扭矩太小，可降低挤丝电动机速度或者增大挤丝电动机电流。

4. 打印过程中出现电动机丢步现象

电动机丢步可能由以下因素造成：

1）打印速度过快，应适当降低 X、Y 轴电动机的速度。

2）电动机电流过大，导致电动机温度过高。

3）传动带过松或太紧。

4）电流过小也会导致出现电动机丢步现象。

5. 打印模型时产生很有规律的水波纹路

这个问题大多是 Z 轴丝杆不直造成的，应尽量将丝杆拉直，但一般很难实现。

6. 打印过程中挤出机发出"咔咔"的异响，可能是挤出机堵塞

原因主要有以下几种：

1）所选 3D 打印材料比较劣质，粗细不均匀，气泡杂质较多，打印材料不完全融化。

2）打印头温度过高或者长时间使用，材料会炭化成黑色小颗粒沉积在打印头里。

3）散热不够。

4）换材料时，残料没有处理干净，残留在送料轴承或者导管附近。

5）检查送料齿轮是否磨损或者残料太多，扭力不足。

解决方法如下：

1）尝试更换其他材料打印。

2）用类似于针灸针之类的工具疏通打印头。

3）清理送料齿轮。

4）更换打印头。

二、打印技巧

1. 打印 SD 卡上的文件

在"开始"菜单中选择"打印SD卡中文件"，进入SD卡文件列表。该列表按时间倒序方式列出SD卡中根目录下的 .x3g 格式文件，如图2-116所示。使用上下键选择要打印的文件，然后按"OK"键开始打印。

图 2-116　打印 SD 卡中文件操作界面

注意：文件名不能使用中文，文件名长度不可超过20个字符，否则打印机无法识别或显示乱码。

2. 打印机预热

在"开始"菜单中选择"打印机手动加热"，进入打印机预热界面。该界面中有喷头预加热选项和平台预加热选项。按上下键移动光标选择预加热选项，按"OK"键切换开/关状态，然后选择"开始加热"，打印机首先将平台升温至设定温度，然后再将喷头升温至设定温度。预加热的设定温度在设置选项中可以更改，如图2-117所示。

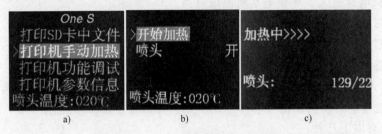

图 2-117　打印机预热温度设置过程

打印机开始加热后，LCD上会显示喷头与打印平台的实时温度。此时如果想进行其他操作，可按左键返回至"开始"菜单，加热过程会在后台继续。如果想中止打印机预热，可再次进入预热菜单，选择"停止加热"。

3. 打印机功能调试

（1）打印机温度 在"开始"菜单中选择"打印机功能调试"，进入二级菜单，选择"监控模式"，进入打印机温度实时监控界面。按左键返回上一层菜单，如图2-118所示。

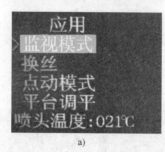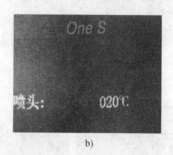

图 2-118 打印机温度实时监控界面

（2）更换料丝 在"开始"菜单中选择"打印机功能调试"，进入二级菜单，选择"换丝"，进入手动换丝界面。选择"喷头退丝"，按"OK"键进入退丝程序。喷头加热至预定温度，然后起动喷头电动机向后退丝。要中止退丝程序，按左键，选择"是"即可。选择"喷头进丝"，按"OK"键进入进丝程序。喷头加热至预定温度，然后起动喷头电动机向前进丝。要中止进丝程序，按下左键，选择"是"即可，如图2-119所示。

（3）打印机点动调试 在"开始"菜单中选择"打印机功能调试"，进入二级菜单，选择"点动模式"，进入打印机点动调试界面。点动调试界面分为三屏，分别对应X轴、Y轴和Z轴，可使用左右键进行切换，如图2-120所示。在每个轴的调试界面中，按上下键可控制打印机轴电动机的双向运行。按"OK"键可返回上一层菜单。

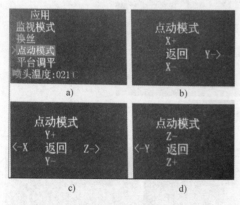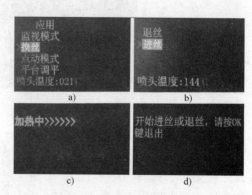

图 2-119 打印机实时换丝过程界面　　　　图 2-120 打印机点动调试界面

4. 打印机参数信息

（1）查看累计运行时间 在"开始"菜单中选择"打印机参数信息"，进入二级菜单，选择"打印机信息"，进入打印机运行时间统计界面。在该界面中会显示累计打印时间、前一次打印耗时和料丝使用长度等信息，如图2-121所示。

（2）中英文字幕切换 在"开始"菜单中选择"打印机参数信息"，进入二级菜单，

选择"一般设置",进入三级菜单,选择"Language",如图 2-122 所示。按"OK"键选定
该选项,按上下键切换中英文字幕。按"OK"键→左键可返回上一级菜单。

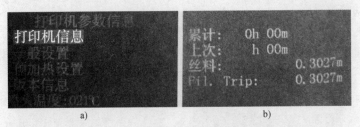

图 2-121　打印机运行时间统计界面

图 2-122　中英文字幕切换界面

(3)温度偏置设置　当喷头实际打印温度与设定温度不匹配时,可通过"温度偏置"
选项来调节打印温度。在"开始"菜单中选择"打印机参数信息",进入二级菜单,选择
"一般设置",进入三级菜单,选择"温度偏置",按"OK"键选定该项,按上下键修改温
度偏置数值,如图 2-123 所示。数值加大,实际打印温度降低;数值减小,实际打印温度升
高。按 OK 键→左键,可返回上一级菜单。

图 2-123　温度偏置设置界面

(4)常用打印参数设置　在"开
始"菜单中选择"打印机参数信息",
进入二级菜单,选择"一般设置",进
入打印机参数设置界面,如图 2-124 所
示。此界面的常用项中,"声音""LED
颜色"和"Accelerate"等出厂时默认
为开启状态,"底板加热"默认为关闭
状态。若出现开机没有声音、LED 灯条
不亮、打印阻力变大、喷头移动迟缓以
及喷头达到预设温度不吐丝不打印等现

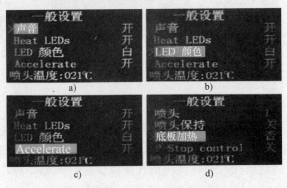

图 2-124　打印参数设置界面

象，应检查相应参数设置是否处于正常状态。

（5）预加热温度设置 在"开始"菜单中选择"打印机参数信息"，进入二级菜单，选择"预加热设置"，进入预加热温度设置界面。在此界面中可以设定喷头/平台预加热温度，如图2-125所示。按"OK"键选定喷头或平台，按上下键调节温度。按"OK"键→左键，可返回上一级菜单。

图2-125 预加热温度设置界面

5. 打印中途常用参数的设置

（1）取消打印/暂停打印 按操作面板上的左键，弹出选项菜单，往下翻，选择"取消打印"或者"暂停"即可，如图2-126所示。

图2-126 打印中途取消打印/暂停打印设置界面

（2）开启/关闭喷头左侧风扇 按操作面板上的左键，弹出选项菜单，往下翻，选择"开启风扇"/"关闭风扇"即可，如图2-127所示。

图2-127 打印中途开启/关闭喷头左侧风扇设置

（3）修改打印喷头的温度 按操作面板上的左键，弹出选项菜单，往下翻，选择"温度重设"，进入打印喷头温度重设界面，按上下键调节温度，如图2-128所示。按左键可返回打印界面。

（4）修改打印速度 按操作面板上的左键，弹出选项菜单，往下翻，选择"速度重设"，进入打印速度重设界面，按上下键调节速度，如图2-129所示。按左键可返回打印界面。

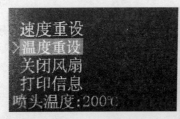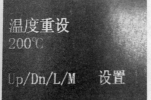

图 2-128　打印中途修改打印喷头温度设置界面

图 2-129　打印中途修改打印速度设置界面

注意：打印速度过快会损坏打印机，应谨慎使用提速功能。

任务 2-3　鸟巢的造型设计及打印

 **任务导入**

鸟巢是 2008 年北京奥运会的主体育场，2022 年冬奥会开幕式的举办地。奥运健儿在这里洒下辛勤的汗水，竞技场上奋勇拼搏，为国争光。奥运会后鸟巢成为著名的旅游景点。

艺术外观类零件"鸟巢"如何用软件建模并进行 3D 打印？

任务描述

完成鸟巢的建模、模型修复及 3D 打印。

知识目标

1. 使用三维软件 UG、SolidWorks 进行建模。
2. 模型切片修复软件 Magics 的应用。
3. 用 FDM 打印机打印模型。

技能目标

1. 用三维软件完成鸟巢的建模。
2. 使用模型切片修复软件处理切片修复鸟巢模型。
3. 设置 FDM 打印机参数，操作打印机打印鸟巢模型，打印完成后修磨模型。

素养目标

学习奥运健儿顽强拼搏、为国争光、超越自我的精神。

任务实施

一、鸟巢的三维建模

用三维软件创建如图 2-130 所示的鸟巢的模型。

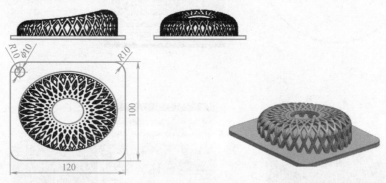

图 2-130　鸟巢图样

（一）用 UG 创建鸟巢模型

（1）创建直径 80mm、高度 50mm 的圆柱体

方法一：单击"主页"→"草图"命令 ，"草图类型"选择"在平面上"，"草图平面"下的"平面方法"选择"创建平面"，"指定平面"选择" "，距离设为 0，即 XY 平面。单击 按钮，进入草图绘制环境。在"曲线"菜单下选择"圆"命令 ，绘制 φ80mm 圆，如图 2-131a 所示。单击 按钮，退出草图环境。单击 ，图形显示为立体。单击"主页"→"拉伸"命令 ，拉伸高度 50mm，设置"体类型"为"实体"，如图 2-131b 所示，得到高 50mm、直径 80mm 的圆柱体，如图 2-131c 所示。

方法二：单击"主页"→"更多"→"设计特征"→"圆柱体"，进入"圆柱"对话框。"类型"选择"轴、直径和高度"。"轴"下的"指定矢量"选择 ZC 轴，"指定点"选"自动"进入"点"对话框，选择原点。"尺寸"下的"直径"输入"80"，"高度"输入"50"，如图 2-131d 所示。

（2）创建拉伸片体　单击"主页"→"草图"命令 ，"草图类型"选择"在平面上"，"草图平面"下的"平面方法"选择"创建平面"，"指定平面"选择" "距离设为 0，即 XZ 平面，单击 按钮，进入在草图绘制环境。在"曲线"菜单下选择圆弧命令 ，起点和终点设在圆柱体外侧随意位置，绘制直径 200mm 圆，如图 2-132a 所示。单击 按钮，退出草图环境。单击 ，图形显示为立体。单击"主页"→拉伸命令 ，如图 2-132b 所示，拉伸方向设为 Y 轴，"限制"下的"开始"输入"50"，"结束"输入"-50"，"设置"下的"体类型"选择"片体"，拉伸得到的片体如图 2-132c 所示。

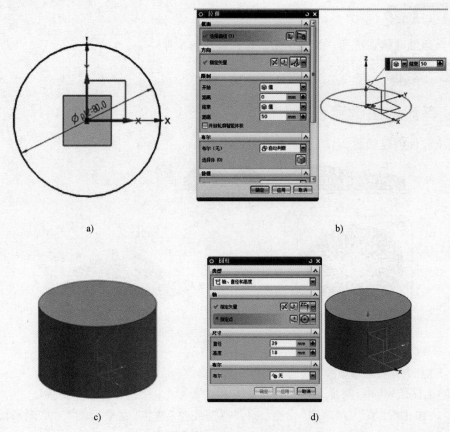

图 2-131　创建 ϕ80mm×50mm 的圆柱体

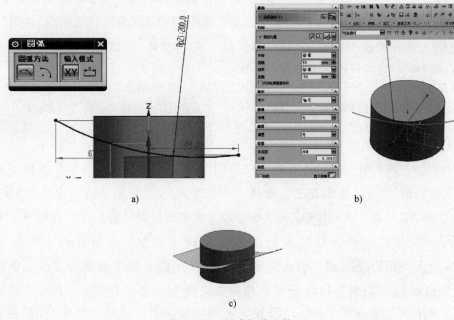

图 2-132　创建拉伸片体

（3）修剪体 单击"曲面"→"修剪体"命令，弹出"修剪体"对话框，如图2-133a所示。"目标"选择圆柱体，"工具"选项选择"面或平面"，选择上一步生成的片体，保留圆柱体下部，如图2-133b所示。

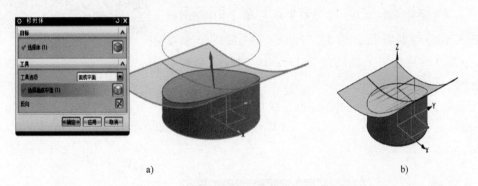

a)   b)

图 2-133　修剪体

选中图2-133b所示的曲面，在草图曲线上单击鼠标右键并选择"隐藏"，结果如图2-134所示。

（4）倒圆角 单击"主页"→"边倒圆"命令，选择裁剪体的上棱边，如图2-135a所示，"半径1"输入"10"，然后单击"确定"按钮，结果如图2-135b所示。

图 2-134　修剪后的实体

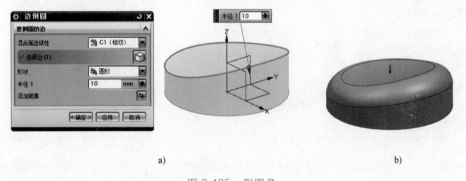

a)   b)

图 2-135　倒圆角

（5）抽壳 单击"主页"→抽壳命令 ，"类型"选择"移除面，然后抽壳"，"要穿透的面"选择圆柱体下部底面，"厚度"输入"3"，结果如图2-136所示。

图 2-136　抽壳

（6）画尺寸、角度自定过原点的一条直线 单击"主页"→"草图"命令 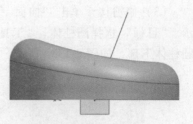，"草图类型"选择"在平面上"，"草图平面"下的"平面方法"选择"创建平面"，"指定平面"选择 YC 距离为 0，即 XZ 平面。单击 <确定> 按钮，进入草图绘制环境。单击"曲线"→"直线"命令，过原点画一条与 Y 轴夹角为 15°~30°的任一角度直线，如图 2-137 所示。

图 2-137　任一角度直线

（7）拉伸 选择上一步绘制的直线进行拉伸，设置"对称"偏置，距离设为 1mm，"体类型"设为"实体"，"布尔"运算设为"无"，如图 2-138a 所示，结果如图 2-138b 所示。

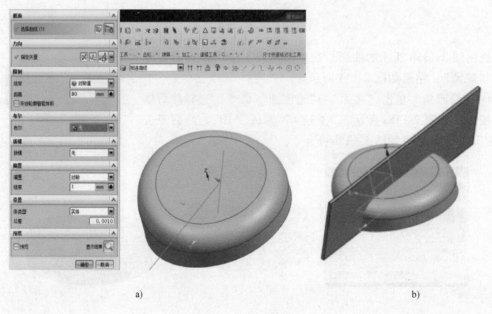

a)　　　　　　　　　　　　　　　b)

图 2-138　直线拉伸

（8）镜像 单击"主页"→"更多"→"关联复制"→"镜像特征"，打开"镜像特征"对话框。"要镜像的特征"选择上一步由直线生成的拉伸体，"镜像平面"选 XZ 面，如图 2-139 所示。

（9）生成 30 个绕 Z 轴旋转的板状体 单击"主页"→"阵列特征"命令 ，"要生成的阵列特征"选择两个拉伸体，"布局"选择 圆形；"旋转轴"指定矢量 Z 轴，"指定点" 为坐标原点；"角度方向"下的"间距"选择"数量和节距"，"数量"设置

图 2-139　镜像

为"30","节距角"设置为"12",单击"确定"按钮。参数设置及结果如图 2-140 所示。

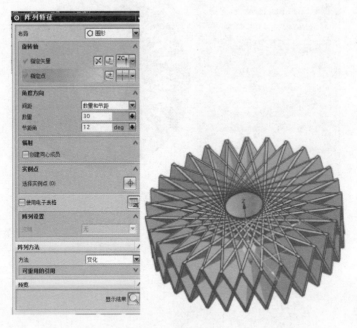

图 2-140 阵列

（10）求交 单击"主页"→"相交"命令 ，"目标"选择最开始拉伸的圆柱，如图 2-141a 所示，"工具"选择镜像生成的所有体。结果如图 2-141b 所示。

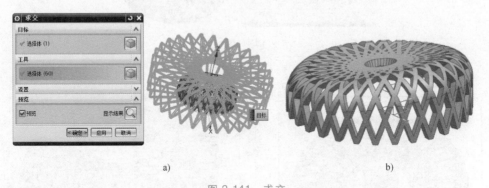

a)

b)

图 2-141 求交

（11）求差 在中心插入直径为 25mm 的圆柱体，与上一步的生成体求差，如图 2-142 所示。

（12）缩放体 单击"主页"→"更多"→"偏置缩放"→"缩放体"，打开"缩放体"对话框，"类型"选择"常规"，比例因子"X 向"设为 1.3，"Y 向"设为 1，"Z 向"设为 1，如图 2-143 所示。

（13）加上底板 在 XY 面创建草图，单击"主页"→"草图"，绘制 120mm×100mm 的矩形，圆角半径为 10mm。再绘制一个半径为 5mm 的同心圆，如图 2-144a 所示。退出草图，进行拉伸，开始距离设为 1mm，结束距离设为−3mm，"布尔"运算设为"求和"，结果如图 2-144b 所示。

图 2-142 求差

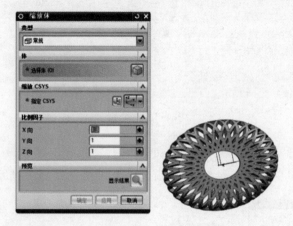

图 2-143 缩放体

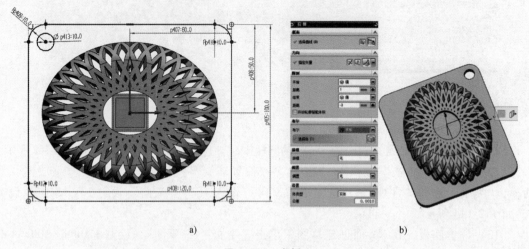

a)   b)

图 2-144 底板

保存文件，文件名为"鸟巢.prt"。

（二）用 SolidWork 创建鸟巢模型

（1）新建文件　单击"文件"→"新建"命令，弹出"新建 SolidWorks 文件"对话框，如图 2-145 所示。单击  图标，单击"确定"按钮，创建文件名为"鸟巢"的零件图。

（2）选择基准面并绘制草图

1）在 FeatureManager 设计树中单击"前视基准面"，从出现的快捷工具栏中单击"草图绘制"命令 ，如图 2-146a 所示，进入草图绘制环境。

2）单击"草图"工具栏中的"直线"命令，选择"中心线"，如图 2-146b 所示，过坐标原点沿水平（X 轴）和竖直（Y 轴）方向绘制两条中心线，如图 2-146c 所示。

图 2-145　新建文件

3）以原点为顶点，单击"草图"工具栏中的"矩形"命令 ，选择"3 点边角矩形"命令 绘制矩形，如图 2-146d 所示。矩形竖直高度 50mm，宽为 1mm，偏转角度自定。

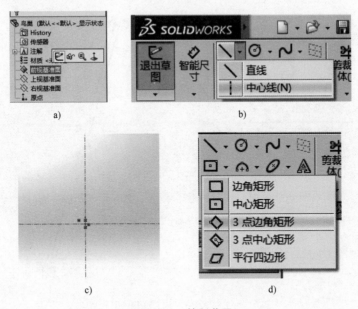

a)　　　　b)

c)　　　　d)

图 2-146　绘制草图

（3）标注尺寸，完成草图

1）单击"草图"工具栏中的"智能尺寸"命令 ，进行尺寸标注，完成草图绘制，如图 2-147 所示。

2）退出草图。

（4）镜像实体　单击"草图"工具栏中的"镜向实体"命令 ，弹出如图 2-148a 所

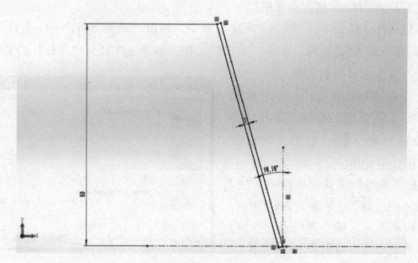

图 2-147　标注

示对话框。选择要镜像的实体，勾选"复制"复选项，镜像点选择中心线，单击 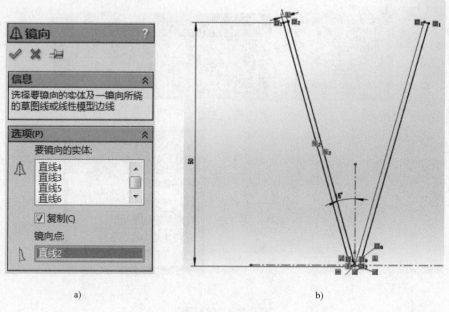 按钮，完成镜像，如图 2-148b 所示。

a)　　　　　　　　　　　b)

图 2-148　镜像

（5）拉伸实体

1）单击"特征"工具栏中的"拉伸凸台/基体"命令 ，弹出"凸台-拉伸"属性管理器，如图 2-149a 所示。

2）"从"选择"草图基准面"，"方向 1"选择"两侧对称"，给定深度 100mm，"所选轮廓"选择"草图 1"，单击 按钮，如图 2-149b 所示。

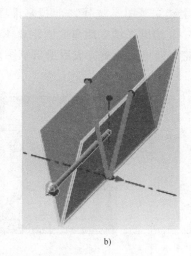

a)　　　　　b)

图 2-149　拉伸

（6）画中心线

1）单击"草图"，右键单击"前视基准面"，弹出如图 2-150a 所示的快捷工具栏。单击"正视于"命令按钮 ，然后单击"草图绘制"命令 ，进入草图绘制环境。

2）使用"直线"命令 绘制一条过原点的竖直中心线，如图 2-150b 所示。

（7）圆周阵列

1）单击"特征"工具栏中的"圆周阵列"命令 ，弹出圆周阵列对话框，如图 2-151 所示。

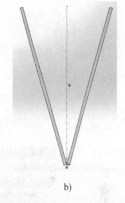

a)　　　　　b)

图 2-150　绘制中心线

2）阵列轴选择步骤（6）中绘制的草图-竖直中心线，角度设为15°，数量设为30，选择要阵列的实体，单击 按钮，完成圆周阵列，如图 2-152 所示。

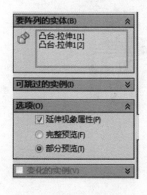

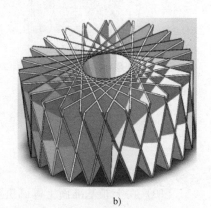

a)　　　　　b)

图 2-151　阵列设置　　　　　　　　图 2-152　圆周阵列

（8）在基准面上建立草图　选择"前视基准面"绘制草图，尺寸如图2-153所示。圆弧半径设为200mm，左边圆弧端点距离底面距离46mm，右边圆弧端点距离底面距离19mm，其余尺寸超出实体轮廓即可。绘制完成后退出草图。

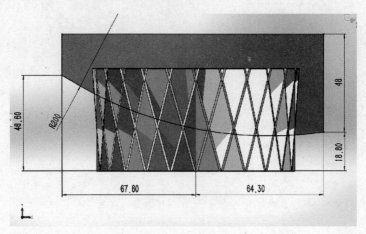

图2-153　在基准面上建立草图

（9）拉伸切除

1）单击"特征"工具栏中的"拉伸切除"按钮 ，弹出"拉伸切除"属性管理器，如图2-154a所示。

2）"从"选择"草图基准面"，"方向1"选择"两侧对称"，"距离"设置为150mm，单击 按钮，完成切除，如图2-154b所示。

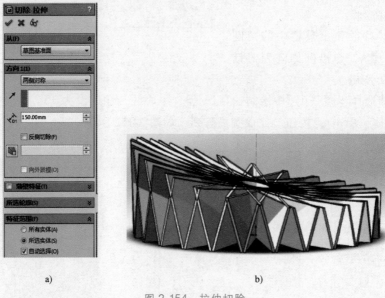

a)　　　　　　　　　　　　b)

图2-154　拉伸切除

（10）在上视基准面上画圆进行拉伸切除

1）选择"上视基准面"绘制草图，使用"圆"命令 ⊙ 绘制一个半径小于实体半径的圆，比如 ϕ96mm，如图 2-155 所示。退出草图。

2) 单击"特征"工具栏中的"拉伸切除"按钮 ，进行拉伸切除。如图 2-156 所示，"从"选择"草图基准面"，"方向 1"选择"到离指定面指定距离"，"面"选择上一步骤切除后的顶部曲面，距离设为 3mm，单击"确定"按钮。结果如图 2-157 所示。

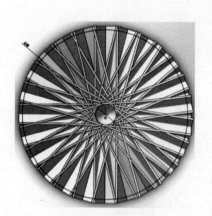

图 2-155 绘制草图

图 2-156 设置拉伸

图 2-157 拉伸切除后的实体

（11）在上视基准面上绘制矩形草图进行拉伸

1) 选择"上视基准面"进行草图绘制。在"上视基准面"使用"中心矩形"命令绘制草图，如图 2-158 所示，长 170mm，宽 110mm。

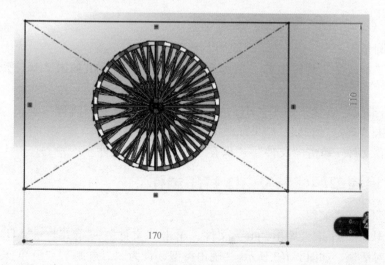

图 2-158 绘制矩形草图

2）使用"绘制圆角"命令倒圆角，圆角半径10mm，如图2-159所示。

3）单击"特征"工具栏中的"拉伸凸台/基体"命令按钮进行拉伸，如图2-160所示，两侧拉伸，3mm。

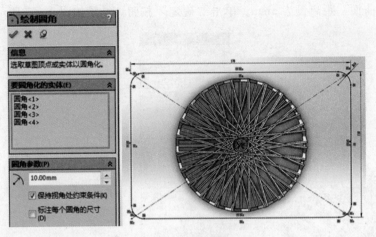

图2-159 倒圆角

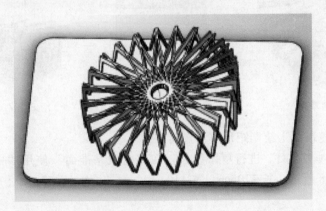

图2-160 拉伸

（12）倒圆角

1）单击"特征"工具栏中的"倒圆角"命令按钮，弹出如图2-161所示的"圆角"属性管理器。

2）"圆角类型"选择"恒定大小"，"圆角项目"选择要倒圆角的面，"圆角参数"设为10mm，单击"确定"按钮，结果如图2-162所示。

（13）保存文件 单击"文件"→"保存"命令，保存文件。

二、鸟巢模型的修整及3D打印制作

1. 生成STL格式文件

启动UG软件，打开"鸟巢.prt"文件，单击"文件"→"导出"→"STL格式"，打开"快速成型"对话框，如图2-163所示。"输出类型"设为"二进制"，"三角公差"和"相邻公差"设为"0.025"，勾选"自动法向生成"和"三角显示"复选框，单击"确定"按钮。

图 2-161　设置倒圆角参数

图 2-162　倒圆角结果

选择导出快速成型 STL 格式文件的路径，弹出"类选择"对话框，如图 2-164 所示，选择鸟巢模型，弹出提示信息，包括"继续显示错误"和"不连续"两个选项，如图 2-165 所示，一直单击"确定"按钮，直到完成，导出的 STL 格式文件如图 2-166 所示。

图 2-163　快速成型设置

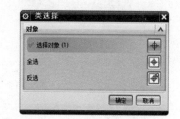

图 2-164　类选择

图 2-165　提示信息

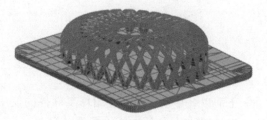

图 2-166　导出 STL 格式文件

2. 在 magic 软件中对模型进行修整

多数 3D 打印机不具有自动生成支撑的功能，模型导出为 STL 格式后，需要用切片软件对模型缺陷进行修复，添加辅助支撑、模型切片分层、成型加工和后处理。

打印前的模型数据处理步骤如下：

1）造型与数据模型转换。先利用计算机辅助设计软件绘制出产品三维模型。CAD 系统的数据模型以 STL 格式传输到光固化成型系统中。STL 文件用大量的小三角形平面来表示三维模型，小三角形平面数量越多，分辨率越高，STL 格式的模型越精确。因此高精度的三维模型对零件精度有重要影响。

2）确定摆放方位。摆放方位的处理十分重要。一般情况下，如果考虑缩短原型制作时间和提高制作效率，则应当选择尺寸最小的方向作为叠层方向。但是有时为了提高原型制作质量、提高某些关键尺寸和形状的精度，需要将较大尺寸的方向作为叠层方向摆放。有时为了减少支撑量、节约材料以及方便后处理，也会采用倾斜摆放的方式。总的来说，对于不同的模型需要综合考虑成型效率、成型质量、成型精度以及支撑等方面的因素，最终确定模型的摆放方位。

3）设计支撑。光固化成型过程中，未被激光照射的部分材料仍为液态，它不能使制件截面上的孤立轮廓和悬臂轮廓定位，因此对于这样的结构，必须施加支撑。支撑的添加可以手工进行，也可以由软件自动生成，对于复杂模型软件生成的支撑，一般需要人工删减和修改。支撑可选择多种形式，例如点支撑、线支撑和网状支撑等。支撑的设计与施加应考虑可使支撑容易去除，并能保证支撑面的光洁度。常见的支撑结构如图2-167所示。直支撑主要用于腿部结构（图2-167a）。斜支撑主要用于悬臂结构，它在成型过程中不但为悬臂提供支撑，同时也约束悬臂的弯曲变形（图2-167b）十字壁板主要用于孤立结构部分的支撑（图2-167c）。腹板结构主要用于大面积内部支撑（图2-167d）。

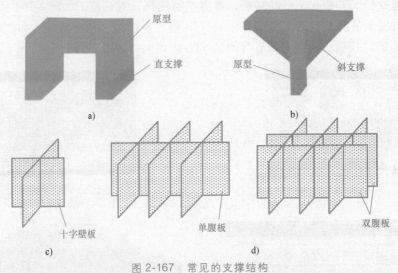

图 2-167　常见的支撑结构

a）直支撑　b）斜支撑　c）十字壁板　d）腹板

下面以鸟巢模型为例介绍修复软件的使用方法。

启动 Magics 软件，导入文件"鸟巢.stl"。

1）检查模型。单击"文件"→"加载"→"导入零件"→"鸟巢.stl"，单击"修复"→"修复向导"，进入"修复向导"对话框。单击 诊断 按钮，如图2-168所示，勾选"全分析"复选项，发现红色 X 25 处交叉三角面片，绿色的项目为不需要修复的。

单击"修复向导"对话框左侧的 按钮，进入"三角面片"对话框，如图2-169所示。单击"自动修复"按钮后，单击 更新 按钮，结果如图2-170所示。回到诊断界面再次诊断，如图2-171所示，直到所有的项目前都是绿色对勾。

2）调整零件位置。一次打印多个零件时，为了便于清除零件支撑，应将零件倾斜40°~50°摆放，这时需要调整零件在平台上的位置。单击"位置"→"旋转"，进入"旋转"对话框。"旋转角度"下的"X"输入"40"，则整个零件绕 X 轴旋转40°，如图2-172所示。同

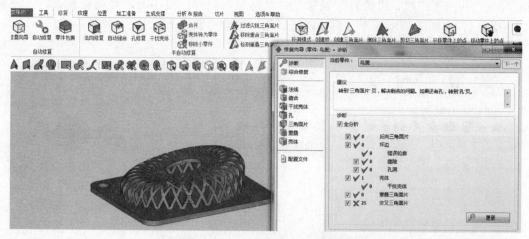

图 2-168　用切片软件修复分析

图 2-169　"三角面片"对话框

图 2-170　自动修复

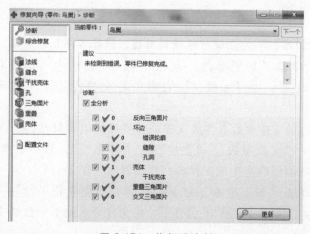

图 2-171　修复后诊断

时打印多个相同零件时，可执行"镜像""复制"等操作。打印前需要调整位置，一种是"自动摆放"，如图 2-173a 所示；另一种是采用"平移至默认 Z 位置"，如图 2-173b 所示。

图 2-172　绕 X 轴旋转 40°

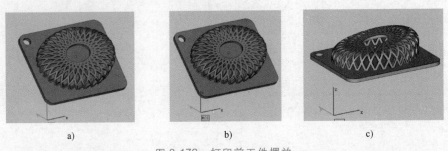

a)　　　　　　　　　　　b)　　　　　　　　　　　c)

图 2-173　打印前工件摆放

注意：鸟巢单独打印，不需要调整成倾斜放置，只需要摆正就可以，如图 2-173c 所示。

3）设置机器。单击"加工准备"→"我的机器"，选中打印采用的机器型号，单击"确认"按钮（注意：也可加载系统自带的一个机器用于生成支撑），如图 2-174 所示。

4）设置机器属性的支撑参数。生成支撑前需要设置机器属性的支撑参数。单击"机器属性"→"机器信息"→"支撑参数"→"常规"→"支撑类型"，选中右侧"支撑类型"下的"面支撑"单选项。机器属性是生成支撑前必须设置的（图 2-175）。

5）导入平台。单击"加工准备"→"从设计者视图创建新平台"→"机器属性"命令，弹出如图 2-176 所示的对话框，显示平台外形，将文件导入到工作台板中，显示在打印机的位置。

图 2-174　选择打印机机器型号

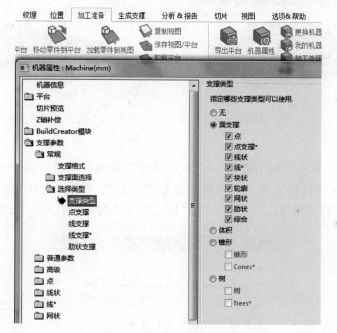

图 2-175　设置机器属性的支撑参数

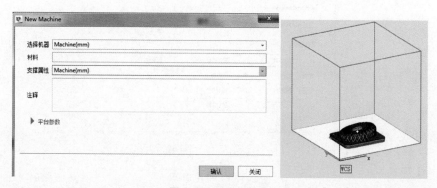

图 2-176　导入平台

6）生成支撑。单击"生成支撑"命令 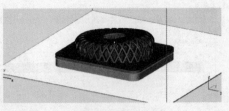，结果如图 2-177 所示。支撑一般为网状。

图 2-177　生成支撑

7）切片预览。图 2-178 所示为两个不同高度显示的切片文件里切片和支撑，通过拖动 进度按钮可以动态显示切片成型加工过程，查看是否有可靠支撑。

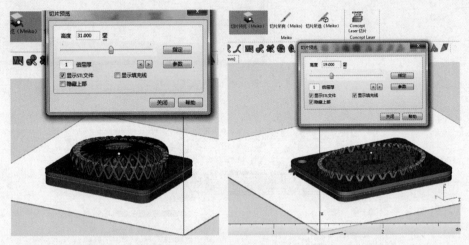

图 2-178　切片预览

8）导出平台。单击"加工准备"→"导出平台"命令，弹出"导出平台"对话框，如图 2-179 所示。选择目标文件夹，设置导出结果，单击"导出切片"命令按钮，弹出如图 2-180 所示的"机器属性"对话框。在"格式"下拉列表框中选择"STL"。

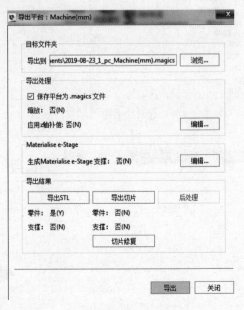

图 2-179　导出平台

图 2-180 导出平台切片设置

保存文件的文件名为"鸟巢 . magics"。

3. FDM 打印设置

将 STL 格式的文件导入到打印软件 UP 中，自动摆放位置，设置"层片厚度"为"0.15"，"填充方式"为实体 80%，"质量"为默认，其他参数默认，如图 2-181 所示，打印预览如图 2-182 所示。自动生成支撑。

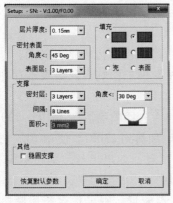

图 2-181 打印软件 UP 设置

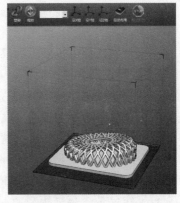

图 2-182 打印预览

4. FDM 打印过程中容易出现的问题及处理

在 FDM 打印过程中容易出现的问题是：底层出现翘边，在工作台上粘不住。处理方法一是预热工作台板 15min，方法二是勾选"稳定支撑"复选项。

1. 产生翘边的原因

1）喷嘴离工作台距离太远：调整工作台和喷嘴距离，其距离最好控制在刚好可以通过一张薄名片的厚度。第一层打印的线宽大约应在 1mm 左右，并分布均匀且平整。

2）打印平台温度太高或者太低。打印 ABS 材料时，工作台温度应为 100~120℃；打印 PLA 材料时，工作台温度应为 40~60℃。

3）打印耗材的问题：不同厂家的打印耗材熔点不同，需根据耗材最佳打印温度设定。优造智能 1.75mm 专用 PLA 耗材熔点为 185~205℃，适合远程送料，低熔点有极好的熔融

1111

指数，在高速打印中能打印出更好的效果。

打印 ABS 材料时，一般要在工作台上贴高温膜。打印 PLA 材料时，一般在工作台上贴美纹纸（在粘贴美纹纸后，会出现模型不好取下的问题，可以在打印完毕后，将打印平台加热到80℃左右）。优造智能的机器配置了专用的磨砂耐高温3D打印平台贴膜，黏结度好，坚固耐磨、耐剐蹭，无需反复粘贴，可重复使用，比一次性的贴纸更美观方便。

4）模型接触面打印平台面积太小，可以通过降低打印速度、更改模型效果、添加底座或者增加沿线圈数等方法来改善。

2. 预防翘边的措施

1）倾角打印。将模型旋转至一定角度，使模型与平台接触面达到最大，并且不会有大量悬空结构，或在模型底部手动添加一个较大的打印底座。

2）尽量避免底面有尖角。如果模型与底面接触的地方如果有尖角，则更容易翘边，而圆角则不易翘边。

3）可将固体胶棒少量涂抹在打印平台上，可在一定程度上避免翘边问题，但受打印速度、模型形状等客观因素影响，也有可能会无法黏结，应视情况而定。

4）使用带有专用磨砂耐磨打印平台贴膜的3D打印机。专用贴膜为磨砂表面设计，黏结度强，可防翘边，结实耐磨、耐剐蹭、易清理，无需反复更换纸胶带，可重复使用，美观方便。

5）注意打印时的环境情况，空气流动或者温度变化都会对翘边的产生有所影响。打印时切勿吹风，保持3D打印机稳定；尽量选择全封闭型的3D打印机，以保证良好的打印环境。

6）加宽第一层打印的线宽。此参数一般在切片软件的高级设置里面修改。

3. 喷嘴不出丝

1）检查送丝器。加温进丝，如果是外置齿轮结构送丝，观察齿轮是否转动；如果是内置步进电动机送丝，观察进丝时电动机是否轻微震动并发出工作响声。如果不存在以上情况，检查送丝器及其主板的接线是否完整，不完整及时维修。

2）查看温度。ABS 打印喷嘴温度为210~230℃，PLA 打印喷嘴温度为195~220℃。

3）查看喷嘴是否堵头。加热喷嘴，使用 ABS 材料时加热到230℃，使用 PLA 材料时加热到220℃，丝上好后用手稍微用力推动，看喷嘴是否出丝；如果出丝，则喷嘴没有堵头；如果不出丝，则拆下喷嘴，清理喷嘴内积屑或者更换喷嘴。

4）查看工作台是否离喷嘴较近。如果工作台离喷嘴较近，则工作台挤压喷嘴不能出丝。调整喷嘴与工作台之间距离，距离为刚好放下一张名片为宜。

4. 打印模型错位

1）切片模型错误。目前最常见的软件是 Cura、Repetier。大多是开源的，所以软件的稳定性、专业性无法保证，还有每个模型图不一定刚设计出来就是完美适合软件的，所以打印出现错位，首先模型图保持不变，把模型图重新切片，移动模型，换个位置，让软件重新生成 GCode 打印。

2）模型图样问题。出现错位换切片后模型还是一直错位，尝试更换以前打印成功的模型图，如果无误，重新做图样。

3）打印中途喷嘴被强行阻止路径。首先，打印过程中不能用手触碰正在移动的喷嘴。其次，如果模型图打印最上层有积屑瘤，则下次打印将会继续增大积屑，一定坚硬程度的积屑瘤会阻挡喷嘴的正常移动，使电动机丢步导致错位。

4）电压不稳定。打印错位时，先观察是否为大功率电器被关闭了电闸，比如下班后空调电闸被关闭，因为电压不稳定导致打印错位。如果有，则应在打印电源上加稳压设备；如果没有，观察是否在每次喷嘴走到同一点出现行程受阻，喷嘴卡位后都出现错位，如果是，说明X、Y、Z轴电压不均匀，调整主板上X、Y、Z轴的电流，使通过三轴的电流基本均匀。

5）主板问题。上述问题都解决不了打印模型错位问题，而且出现最多的是打印任何模型都在同一高度错位，则应更换主板。

实操评价

鸟巢的建模、打印实施评价表见表2-5。

表2-5 鸟巢的建模、打印实施评价表

项目	项目二	图样名称		任务		指导教师	
班级		学号		姓名		成绩	
序号	评价项目	考核要点	配分	评分标准		扣分	得分
1	建模	创建鸟巢主体	10	操作是否正确			
		生成镂空板	10	操作是否正确			
		生成30个板状体	10	操作是否正确			
		布尔求交	10	操作是否正确			
		缩放体	5	操作是否正确			
		生成底板	5	操作是否正确			
2	切片	生成STL格式文件	15	"相邻公差"设置是否合理			
3	打印	打印参数设置	15	层厚设置是否合理			
4	修磨	修磨	10	安全操作			
5	安全生产	1)安全正确操作设备 2)工作场地整洁,打印机、工件等摆放整齐规范 3)做好事故防范措施,签写交接班记录,并将出现的事故发生原因、过程及处理结果记录档案 4)做好环境保护	10	每违反一项从总分中扣2分,扣分不超过10分			
合计			100	实际得分			

实操练习

上网搜索2022年冬奥会吉祥物冰墩墩、冬残奥会吉祥物雪容融模型，用3D打印机合理选用打印参数，打印、制作出成品模型。

延伸阅读

冬奥会吉祥物冰墩墩的设计灵感来自我国的国宝大熊猫，将熊猫形象与富有超能量的冰晶外壳相结合，头部外壳造型取自冰雪运动头盔，装饰彩色光环，整体形象酷似航天员。冰墩墩将熊猫形象与冰晶外壳相结合，体现了冬季冰雪运动的特点。熊猫是中国的国宝，形象友好可爱、憨态可掬。熊猫头部装饰彩色光环，其灵感源自于北京冬奥会的国家速滑馆——"冰丝带"。冰墩墩名字中的"冰"象征纯洁、坚强；而"墩墩"则意喻敦厚、健康、活泼、可爱，契合熊猫的整体形象，象征着冬奥会运动员强壮的身体、坚韧的意志和鼓舞人心的奥林匹克精神。

冬残奥会吉祥物雪容融是以灯笼为原型进行设计的。顶部的如意造型象征吉祥幸福，和平鸽和天坛构成的连续图案寓意着和平友谊，装饰图案融入了中国传统剪纸艺术。"雪"象征洁白、美丽。"容"意喻包容、宽容、交流互鉴。"融"意喻融合、温暖，相知相融。图案符号方面，雪容融的整体设计与其灵感来源——灯笼的主要特征高度契合，并融入了大量中国传统文化符号和冬季的季节性要素。从正面看，雪容融最突出的特点为面部的雪块，其样式是拍打积雪而形成的自然脸部形态，可在不同场景下作出丰富的表情变化。细节方面，雪容融头顶有一个如意环，被雪覆盖住的一段纹样是长城的城墙图案；下一层为剪纸图案，采用正负形的设计手法，正形是北京"京鸽"图案，表示欢迎世界各地的运动员来到中国参加体育盛会，负形则为北京地标性建筑——天坛的剪影。吉祥物的双足上还围绕有一圈如意纹。

设计产品就是将设计意图用图形或者语言文字表达出来，阅读了冰墩墩和雪容融的寓意，你受到了哪些启示？

任务 2-4 "福"字钥匙链的造型设计及打印

任务导入

刻字钥匙链类零件如何用软件建模并进行 3D 打印？

任务描述

完成"福"字阴刻、阳刻的建模及 3D 打印。

知识目标

1. 使用三维软件 UG 的进行建模。
2. 用 FDM 打印机打印模型。

技能目标

用三维软件完成"福"字或者其他字的建模，设置字体尺寸大小与字体样式。

素养目标

接受中华优秀传统文化教育，传承以汉字为代表的中华民族宝贵的文化遗产。

任务实施

"福"字钥匙链实体图如图 2-183 所示，用 UG 进行造型的步骤如下：

1) 单击"曲线"→"文本"命令,打开"文本"对话框,如图 2-184 所示。"类型"选择"平面的","属性"输入"福"字,"线型"选择"宋体","脚本"选择"GB2312","字型"选择"常规";"文本框"下的"锚点位置"选择"中心",单击"锚点放置"下的"指定点",弹出如图 2-185 所示的"点"对话框,输入坐标"XC"为"0","YC"为"0","ZC"为"0",或者单击世界坐标系原点,单击"确定"按钮,返回到图 2-184 所示的界面。单击定向视图到俯视图 ,如图 2-186 所示。设置尺寸,在长度后用键盘输入数值,也可以用鼠标左键单击圆点左右拖拽

图 2-183 "福"字钥匙链实体图

来改变长度,上下拖拽来改变高度,调整好文字尺寸后,单击"确定"按钮,得到如图 2-187 所示的"福"字。

2) 单击"主页"→"拉伸"命令。弹出"拉伸"对话框。"截面"选择"福"字线架,方向默认,"限制"下的开始距离输入"0",结束距离输入"4",单击"确定"按钮,设置及预览结果如图 2-188 所示,结果如图 2-189 所示。

图 2-184 "文本"对话框

图 2-185 "点"对话框

图 2-186 俯视图显示

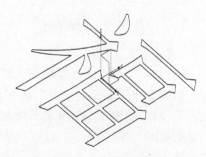

图 2-187 正三轴测显示

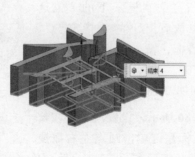

图 2-188　拉伸设置及预览　　　　　　　　　图 2-189　拉伸结果

3）设计圆盘。单击"主页"→"更多"→"圆柱体"命令，弹出"圆柱"对话框，如图 2-190 所示。"类型"选择"轴、直径和高度"方式，"轴"选择 Z 轴负向；指定点设置如图 2-191 所示，输出坐标参考为绝对坐标（WCS），输入坐标，"XC"为"0"、"YC"为"0"、"ZC"为"0"，单击"确定"按钮回到图 2-190 所示的界面，尺寸下的"直径"设为 35 ~ 40mm，"高度"设为 5mm，布尔运算选择"无"，单击"确定"按钮，结果如图 2-192 所示。

图 2-190　"圆柱"对话框

图 2-191　"点"对话框

4）进行布尔运算，求差得阴刻，即凹下去的字。"目标"选择圆盘，如图 2-193 所示。"工具"处用鼠标框选"福"字，如图 2-194 所示，结果如图 2-195 所示。合并得阳刻，即凸出来的字，设置及结果如图 2-196 所示，"目标"选择圆盘，"工具"处用鼠标框选福字。

图 2-192　凸出的"福"字

图 2-193　目标选择圆盘

图 2-194　工具用鼠标框选"福"字

图 2-195　求差结果

图 2-196　合并的设置及结果

5）创建圆孔。在圆盘上打个孔，作为钥匙链用，用草图拉伸方式或者"打孔"命令都可以，下面介绍用草图拉伸方式创建圆孔。选择圆盘顶面创建草图，如图 2-197 所示。进入草图环境，绘制如图 2-198 所示的圆，直径为 6mm。退出草图，单击"主页"→"拉伸"命令 ，弹出"拉伸"对话框，设置如图 2-199 所示，"截面"选择直径为 6mm 的圆，"限制"下的"开始"选择"贯通"，"布尔"选择"求差"，结果如图 2-200 所示。

6）倒圆角。棱边倒圆角，半径为 1mm。单击"主页"→"边倒圆"命令 ，弹出"边倒圆"对话框，设置如图 2-201 所示，要倒圆的边选择圆盘的上下两条边界线，半径为 1mm，结果如图 2-202 所示。

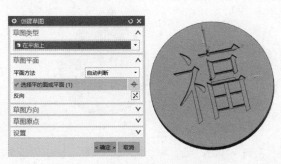

图 2-197　选择圆盘顶面创建草图

图 2-198　绘制圆

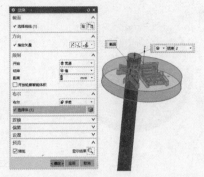

图 2-199 拉伸设置

图 2-200 创建圆孔

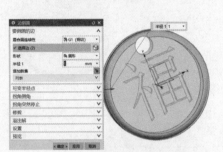

图 2-201 倒圆角设置

图 2-202 倒圆角

7）如果感觉圆盘厚度不合适，可以直接双击特征树下的"圆柱"，如图 2-203 所示，重新打开"圆柱"对话框，调整高度为 4mm，此时将出现警告信息，更新倒圆角失败，特征树"边倒圆"显示灰色显示，后面出现红色×，如图 2-204 所示，需要重新倒圆角。

图 2-203 在特征树中双击"圆柱"

图 2-204 特征树显示更新错误信息

8）设置不同字体可得到不同的"福"字效果，如图 2-205 所示。

a)

b)

c)

图 2-205 不同字体的"福"字

a）华文行楷效果 b）华文隶书效果 c）方正舒体效果

9）生成快速成型文件及打印。导出 STL 文件，如图 2-206 所示设置快速成型参数，如图 2-207 所示选择成型文件模型。图 2-208 所示为三角化的 STL 格式文件，保存该三角化文件。在打印机软件中打开该文件，设置打印参数后进行打印（步骤略）。

图 2-206 "快速成型"对话框

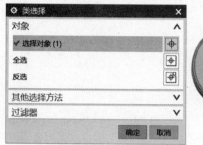

图 2-207 "类选择"对话框　　　　图 2-208 三角化文件

 实操评价

"福"字钥匙链的建模、打印实施评价表见表 2-6。

表 2-6 "福"字钥匙链的建模、打印实施评价表

项目	项目二	图样名称		任务		指导教师	
班级		学号		姓名		成绩	
序号	评价项目	考核要点	配分	评分标准		扣分	得分
1	建模	生成文本	10	操作是否正确			
		拉伸文本	5	操作是否正确			
		创建圆盘	10	操作是否正确			
		拉伸、求差	10	操作是否正确			
		创建圆孔、倒圆角	5	操作是否正确			
2	切片	生成 STL 格式文件	20	"相邻公差"设置是否合理			
3	打印	打印参数设置	20	层厚设置是否合理			
4	修磨	修磨	10				
5	安全生产	1）安全正确操作设备 2）工作场地整洁,打印机、工件等摆放整齐规范 3）做好事故防范措施,签写交接班记录,并将出现的事故发生原因、过程及处理结果记录档案 4）做好环境保护	10	每违反一项从总分中扣 2 分,扣分不超过 10 分			
合计		100		实际得分			

任务 2-5　元宝的造型设计及打印

任务导入

中国古代货币有哪些？元宝如何用软件建模并进行 3D 打印？

任务描述

完成元宝的建模及 3D 打印。

知识目标

1. 使用三维软件 UG 的进行建模。
2. 用 FDM 打印机打印模型。

技能目标

用三维软件 UG 完成元宝的建模。

素养目标

培养学生诚实守信的意识。

任务实施

元宝零件图如图 2-209 所示。

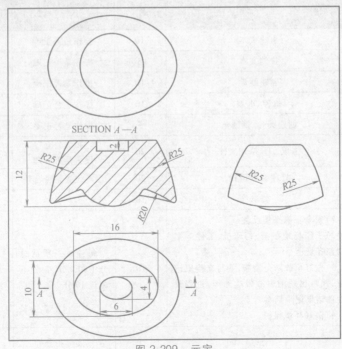

图 2-209　元宝

用 UG 软件创建元宝模型的过程如下：

1）单击"插入"→"任务环境"绘制草图，草图平面选 XY 平面，单击"椭圆"命令 ⊙，中心为（0，0），"大半径"设为 8mm，"小半径"设为 5mm，如图 2-210 所示。单击 ⚑ 按钮，完成草图的绘制。

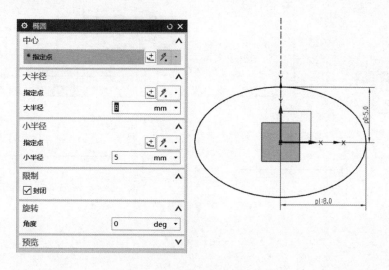

图 2-210　绘制椭圆草图

2）单击"菜单"→"插入"→"派生曲线"→"偏置"命令 ⬡ 选项，"偏置类型"选择"拔模"，高度设为 12mm，角度为 atangent（4/12），方向向外，如图 2-211 所示，偏置结果如图 2-212 所示。

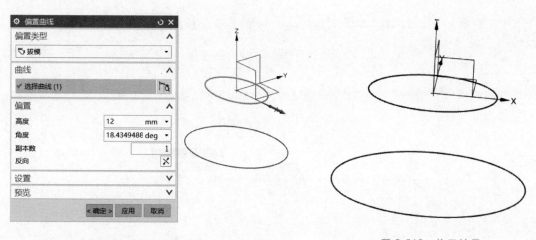

图 2-211　偏置曲线

图 2-212　偏置结果

3）在 XZ 平面绘制草图。用三点圆弧的方式绘制半径 25mm 圆弧，如图 2-213 所示。起点选择紫色的椭圆端点，终点选择蓝色端点，半径设为 25mm，绘制的对称圆弧如图 2-214 所示。也可以采用镜像功能，如图 2-215 所示。绘制半径 20mm 圆弧，如图 2-216 所示；绘制半径 40mm 圆弧，如图 2-217 所示。绘制矩形，如图 2-218 所示。绘制椭圆，如图 2-219 所示。裁剪椭圆，如图 2-220 所示。连接直线，如图 2-221 所示。转换矩形为参考曲线，如图 2-222 所示，进行全约束，草图绘制完成，如图 2-223 所示。

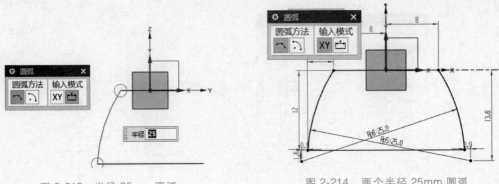

图 2-213　半径 25mm 圆弧

图 2-214　两个半径 25mm 圆弧

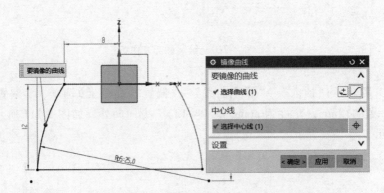

图 2-215　镜像半径 25mm 圆弧

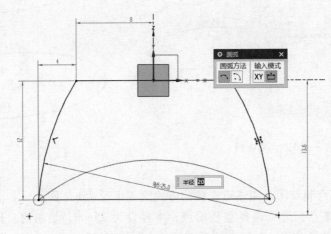

图 2-216　半径 20mm 圆弧

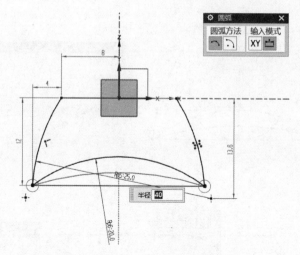

图 2-217　半径 40mm 圆弧

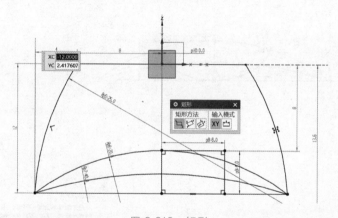

图 2-218　矩形

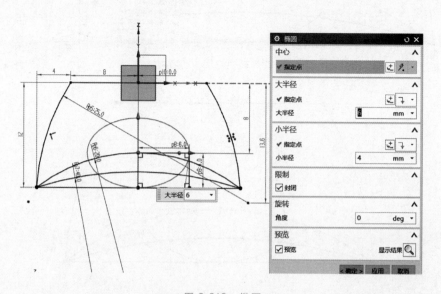

图 2-219　椭圆

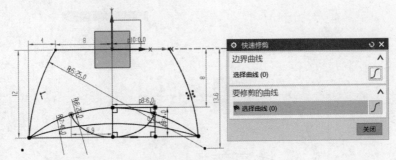

图 2-220　裁剪椭圆

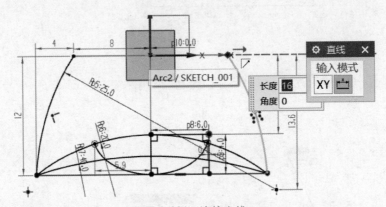

图 2-221　连接直线

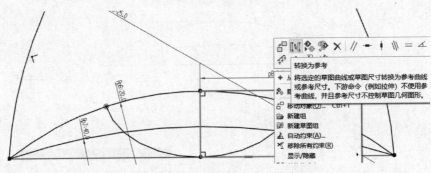

图 2-222　转换矩形为参考曲线

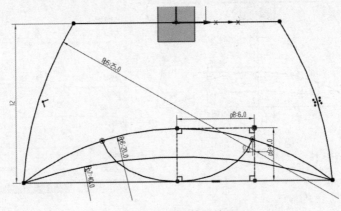

图 2-223　草图绘制结果

4）求空间曲线。单击"插入"→"来自曲线集的曲线"→"组合投影"命令 。"曲线1"选择半径40mm圆弧，"曲线2"选择紫色椭圆，求出的空间曲线如图2-224所示。把原椭圆隐藏，如图2-225所示。旋转视图显示，如图2-226所示。

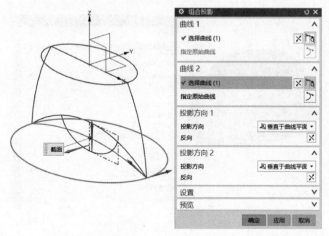

图 2-224　组合投影设置

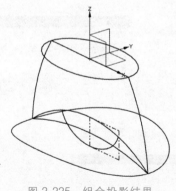

图 2-225　组合投影结果

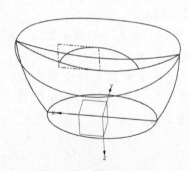

图 2-226　旋转视图显示

5）在YZ平面绘制草图。先在上面的紫色曲线做个交点，用"圆弧"命令连接上点和下点，绘制半径25mm圆弧，如图2-227所示。镜像圆弧，结果如图2-228所示。草图绘制完成。

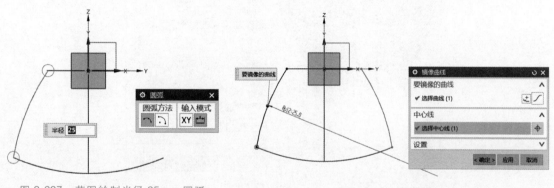

图 2-227　草图绘制半径 25mm 圆弧　　　　　图 2-228　镜像圆弧

6）单击"插入"→"网格曲面"→"通过曲线网格"命令 。"主曲线"选择竖向的4条曲线，依次选择，第一条曲线结束时要再选一次，主曲线一共5条。"交叉曲线"选择上下两个椭圆，如图2-229所示。

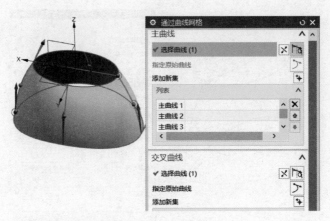

图2-229 设置网格曲面

7）单击"插入"→"曲面"→"有界平面"命令。给底面加个底，设置如图2-230所示。

8）单击"插入"→"网格曲面"→"N边曲面"命令。给上面加个面。"外环"选择上面紫色的空间曲线，"内部曲线"选择半径20mm圆弧，设置如图2-231所示。

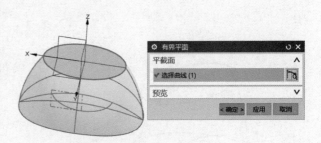

图2-230 设置底面封闭

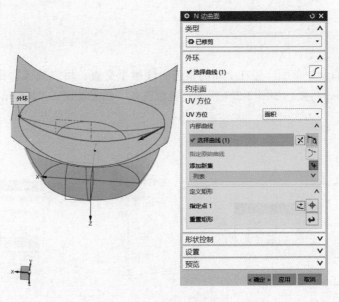

图2-231 设置顶面封闭

9）单击"插入"→"修剪"→"修剪片体"命令，设置如图 2-232 所示。

图 2-232 设置修剪片体

10）缝合片体。单击"插入"→"组合"→"缝合"命令📖，把上述各面缝合成实体，如图 2-233 所示。

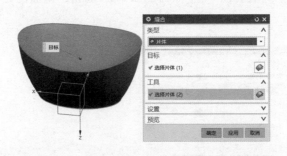

图 2-233 缝合片体

11）双击草图曲线，裁剪一半椭圆，并将椭圆延伸到矩形边界，如图 2-234 所示，退出草图。单击"主页"→"旋转"命令，打开"旋转"对话框，设置如图 2-235 所示。

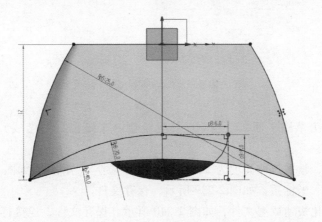

图 2-234 修改草图

图 2-235　设置旋转

12）倒圆角。隐藏草图曲线，上下曲面倒 0.5mm 圆角，里面的元宝倒 0.3mm 圆角，设置如图 2-236 所示。

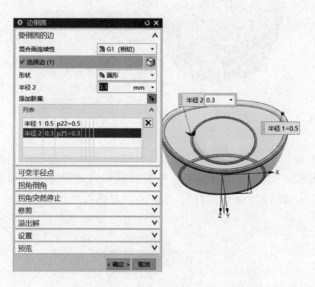

图 2-236　设置倒圆角

13）选底平面为草图平面，绘制草图。先绘制一个矩形（参考线），再绘制椭圆，如图 2-237 所示。

14）拉伸草图，设置拉伸高度为 2mm，"布尔"选择"求差"，如图 2-238 所示．

15）关闭草图、坐标系，如图 2-239 所示，保存文件。

16）导出三角化快速成型文件，如图 2-240 所示。保存文件，连接打印机进行打印（具体过程略）。

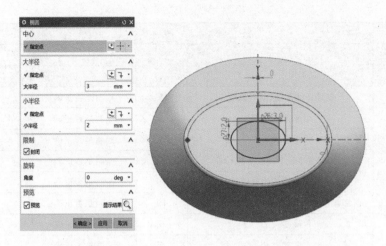

图 2-237 绘制底部椭圆草图

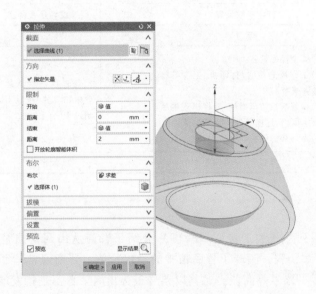

图 2-238 拉伸草图

图 2-239 元宝

图 2-240 三角化的快速成型文件

 实操评价

元宝建模、打印实施评价表见表 2-7。

表2-7　元宝建模、打印实施评价表

项目	项目二	图样名称		任务		指导教师	
班级		学号		姓名		成绩	
序号	评价项目	考核要点	配分	评分标准		扣分	得分
1	建模	创建椭圆草图,设置偏置	5	绘制是否正确			
		创建圆弧草图	5	绘制是否正确			
		组合投影	5	绘制是否正确			
		构建半径25mm圆弧	5	绘制是否正确			
		曲线网格构建曲面	10	绘制是否正确			
		创建有界平面,N边面构建曲面,缝合	10	绘制是否正确			
		旋转头部	5	绘制是否正确			
		底部打孔	5	绘制是否正确			
2	切片	生成STL格式文件	10	"相邻公差"设置是否合理			
3	打印	打印参数设置	20	层厚设置是否合理			
4	修磨	修磨	10				
5	安全生产	1)安全操作设备 2)工作场地整洁,打印机、工件等摆放整齐规范 3)做好事故防范措施,并将出现的事故发生原因、过程及处理结果记录档案 4)做好环境保护	10	每违反一项从总分中扣2分,扣分不超过10分			
	合计		100	实际得分			

⟳ 延伸阅读

　　中央电视台的系列片《关于晋商那些事》介绍了晋商从山西走向全国各地,展示晋商500年商业传奇的辉煌历程,阐释了晋商精神的当代价值。晋商通常指明清500年间的山西商人,晋商经营盐业、票号等商业,尤其以票号最为出名。晋商是指发端于明初、发达于清代的山西商人群体。至明末清初,集中晋商的足迹不仅遍及全中国,而且广布欧亚大陆。比如,晋商在康熙年间就开始了对俄贸易活动;雍正五年(1727年),中俄《恰克图条约》签订,在恰克图建立了中俄贸易口岸市场。凭借多元性、开放性的文化特征,晋商从18世纪30年代至20世纪20年代在恰克图维持了近200年的贸易垄断地位。晋商精神最核心的是开放和诚信。开放,是要在更大的空间配置资源,实现交易;诚信,是为了赢得信任,做强做大,基业长青。晋商一度在太谷、祁县、平遥一带的票号生意兴隆,也是其最辉煌的时期。晋商崛起于饱受中华传统文化浸润的晋中大地,其成功离不开栉风沐雨、不畏艰险的创业精神,离不开诚信笃实、义孚天下的商业文化,更离不开变中求新、变中求进的经营智慧。开放发展的商业意识、敏锐的商业洞察力、巨大的商业魄力和开拓进取精神、不拘泥于原有制度体系的固定模式,把握制度创新有利时机的前瞻眼光,这是晋商在历史上称雄商界的重要原因。晋商文化启示我们:敢为天下先,敢于创新,走出去,做诚信守信的人。

项目三 组合件的产品造型及3D打印
PROJECT 3

▼

任务 3-1　扁圆形香水瓶各部件造型及打印

任务导入

在工业造型产品设计赛项中，设计组合件的作品时，装配及配合需要考虑的因素有哪些？

任务描述

通过扁圆形香水瓶各部件的设计及打印，学习组合件设计的创意构思，完成组合件的制作及打印。

知识目标

1. 用三维软件设计组合件各组件。
2. 打印组合件各组件并装配。

技能目标

1. 使用三维软件 SolidWorks 设计一套实现某种功能的组合件模型。
2. 合理设置螺纹连接、动连接的间隙量，实现动连接、静连接。
3. 用立体光固化 SLA 打印机或者熔融沉积技术 FDM 打印机打印，并对打印后的零件进行修磨、SLA 打印清洗后处理。

素养目标

培养开拓进取的创新意识。

相关知识

一、SolidWorks 简介

1. 在 Windows 中启动 SolidWorks
启动 SolidWorks 的方式如下：

1）在桌面上双击 SolidWorks 快捷方式图标。

2）单击"开始"按钮，选择"所有程序"→"SolidWorks"→"SolidWorks 64 Edition"选项，SolidWorks 初始界面如图 3-1 所示。

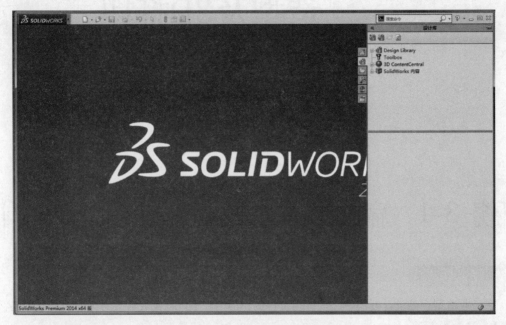

图 3-1　SolidWorks 初始界面

2. SolidWorks 主界面

SolidWorks 主界面及其组成如图 3-2 所示。主界面主要包括菜单栏、工具栏、命令管理

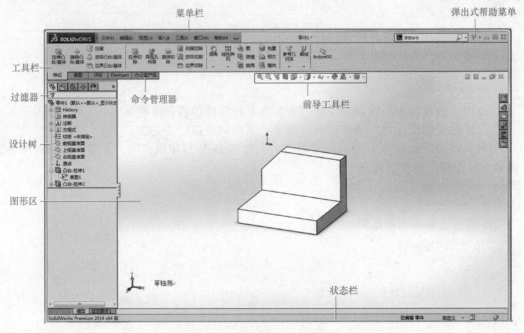

图 3-2　SolidWorks 主界面

器、设计树、过滤器、图形区、状态栏、前导工具栏及弹出式帮助菜单等。

3. 新建文件

1）单击标准工具栏中的"新建"按钮 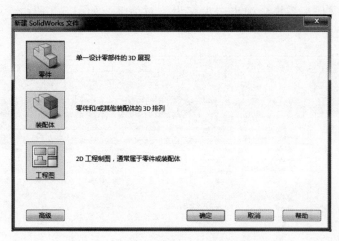，打开"新建 SolidWorks 文件"对话框，如图 3-3 所示。

2）在"新建 SolidWorks 文件"对话框中，单击"零件"按钮，单击"确定"按钮，进入 SolidWorks 零件设计环境。

图 3-3 "新建 SolidWorks 文件"对话框

4. 打开文件

1）单击"文件"→"打开"命令或单击标准工具栏中"打开"按钮 ，弹出"打开"对话框，如图 3-4 所示。

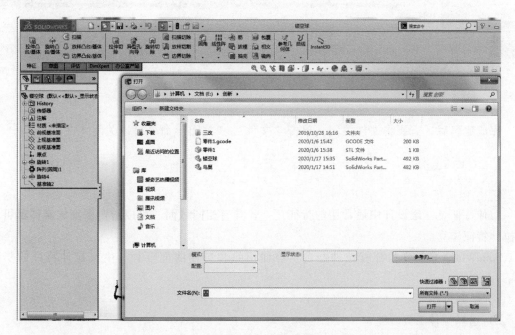

图 3-4 "打开"对话框

2）双击要打开的文件，或从文件列表框中选择文件并单击"打开"按钮。

3）如果已知文件名，在"文件名"下拉列表中输入文件名，然后单击"打开"按钮。

5. 保存文件

保存文件时，既可保存当前文件，也可以另存文件。

1）单击"文件"→"保存"命令或单击标准工具栏中"保存"按钮 ，直接对文件进行保存。

2）初次保存文件，系统会弹出"另存为"对话框，如图3-5所示。可以更改文件名，也可以沿用原有文件名称。

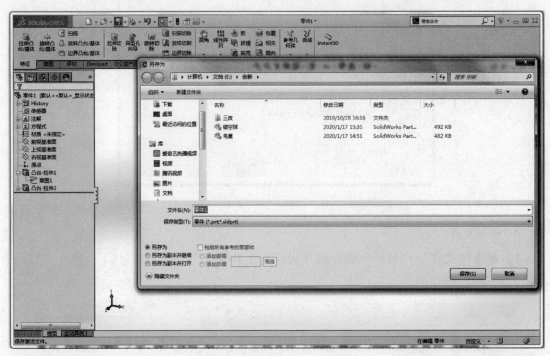

图 3-5 "另存为"对话框

6. 关闭文件

完成建模后，需要将文件关闭。单击"文件"→"关闭"命令可以关闭文件。

二、特征操作

1. 拉伸特征

拉伸特征是三维设计中最常用的特征之一，具有相同截面、可以指定深度的实体都可以用拉伸特征建立。

SolidWorks中拉伸特征有拉伸凸台、拉伸切除和拉伸曲面三种。生成拉伸特征的步骤如下：

1）绘制草图。

2）选择拉伸工具。

① 在"特征"工具栏中单击"拉伸凸台/基体"按钮 ，或者单击"插入"→"凸台/

基体"→"拉伸"命令。

②在"特征"工具栏中单击"拉伸切除"按钮 🔳，或者单击"插入"→"切除"→"拉伸"命令。

③在"曲面"工具栏中单击"拉伸曲面"按钮 💠，或者单击"插入"→"曲面"→"拉伸"命令。

3）设定属性管理器选项，单击"确定"按钮。

2. 旋转特征

旋转特征是截面绕一条中心轴转动扫过的轨迹形成的特征，适用于大多数轴类和盘类零件。

SolidWorks中旋转特征有旋转凸台、旋转切除和旋转曲面三种。生成旋转特征的步骤如下：

1）绘制草图。

2）选择旋转工具。

①在"特征"工具栏中单击"旋转凸台/基体"按钮 🔄，或者单击"插入"→"凸台/基体"→"旋转"命令。

②在"特征"工具栏中单击"旋转切除"按钮 🔟，或者单击"插入"→"切除"→"旋转"命令。

③在"曲面"工具栏中单击"旋转曲面"按钮 🔺，或者单击"插入"→"曲面"→"旋转"命令。

3）设定属性管理器选项，单击"确定"按钮。

3. 扫描特征

扫描特征是建模中常用的一类特征，该特征是通过沿一条路径移动轮廓（截面）来生成基体、凸台、切除实体或曲面等。生成扫描特征的步骤如下：

1）在一个基准面或平面上绘制一个闭合的非相交轮廓。

2）生成轮廓将遵循的路径。可以使用草图中的曲线、现有模型的边线或曲线。

3）选择扫描工具。

①在"特征"工具栏中单击"扫描"按钮 🟢，或者单击"插入"→"凸台/基体"→"扫描"命令。

②在"特征"工具栏中单击"扫描切除"按钮 🟢，或者单击"插入"→"切除"→"扫描"命令。

③在"曲面"工具栏中单击"扫描曲面"按钮 🟢，或者单击"插入"→"曲面"→"扫描"命令。

4）在PropertyManager中为轮廓 ⟳ 选择一个草图，为路径 ⟳ 选择一个草图。

5）设置其他属性管理器选项，单击"确定"按钮 ✓。

4. 螺旋特征扫描

生成螺旋线和涡状线曲线的步骤如下：

1）打开一个草图，绘制一个圆或选择一个包含圆的草图，此圆的直径将控制螺旋线或涡状线的开始直径。

2）在"曲线"工具栏中单击"螺旋线/涡状线"按钮 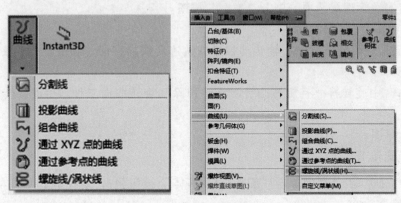，或单击"插入"→"曲线"→"螺旋线/涡状线"命令，如图3-6所示。

3）设定属性管理器选项，单击"确定"按钮 。

图3-6 "螺旋线/涡状线"命令

5. 抽壳

抽壳工具会使所选择的面敞开，并在剩余的面上生成薄壁特征。如果没有选择模型上的任何面，可抽壳一个实体零件，生成一个闭合的空腔。创建的空心实体可分为等厚度和不等厚度两种。

（1）等厚度抽壳（图3-7） 单击"特征"工具栏中的"抽壳"按钮 ，弹出"抽壳"属性管理器。"参数"选项组中的厚度微调设为10.00mm。激活"移除面"列表框，在图形区选择开放面。

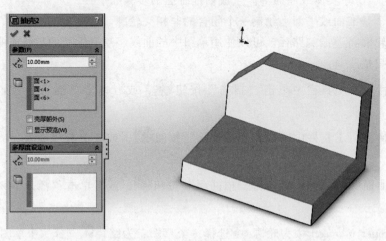

图3-7 等厚度抽壳

（2）不等厚度抽壳（图3-8） 单击"特征"工具栏中的"抽壳"按钮 ，弹出"抽壳"属性管理器。"参数"选项组中的厚度微调设为10.00mm。激活"移除面"列表框，在图形区选择开放面。在"多厚度设定"选项组中"多厚度微调"设为20.00mm。激活"多厚度面"列表框,在图形区选择欲设定不等厚的面。

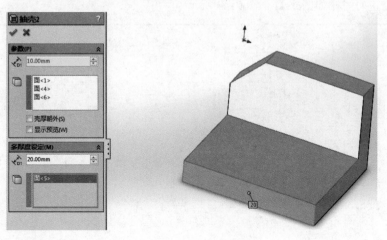

图 3-8 不等厚度抽壳

任务实施

参考图3-9、图3-10所示的常见香水瓶外形设计一个香水瓶,含2~5个零部件。该实例源自2018年度"百匠杯"工业产品创新设计与3D打印技术技能大赛。以图3-9所示的香水瓶零件为参考,设计一款香水瓶。香水瓶整体高度为98~102mm,容量为60~70ml,螺纹的公称直径为22mm、螺距为2mm、底孔直径为20mm。请根据《机械设计手册》自行调用和设计。

瓶盖

喷嘴

瓶身

图 3-9 常见的香水瓶外形(一)

图 3-10 常见的香水瓶外形(二)

香水瓶由4~5个零部件组装而成,喷嘴可以外购,或者自行设计。下面使用SolidWork进行的建模。

一、瓶身的三维建模

瓶身和瓶盖的图样如图 3-11、图 3-12 所示。

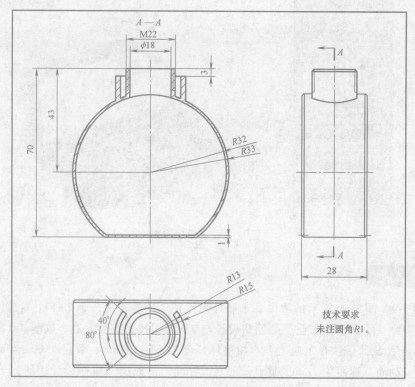

图 3-11 香水瓶的瓶身

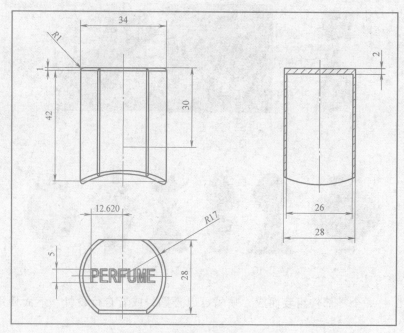

图 3-12 香水瓶的瓶盖

1）在上基准面上建立草图，绘制直径为 19mm 的圆，凸台拉伸，如图 3-13 所示。

2）在实体上端面建立草图，绘制直径为 21mm 的圆，使用"曲线"命令中的"螺旋线"命令，如图 3-14 所示。

3）在右视基准面上绘制如图 3-15 所示的草图。

4）利用"扫描"命令 创建扫描特征，如图 3-16 所示。

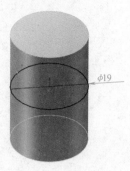

图 3-13　凸台拉伸

图 3-14　利用螺旋线建立草图

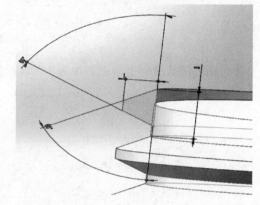

图 3-15　在右视基准面上绘制草图

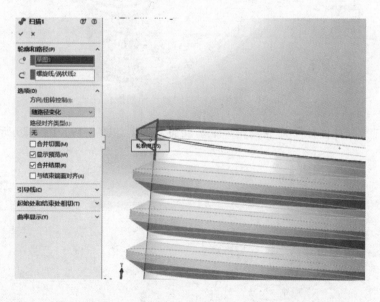

图 3-16　创建扫描特征

5）在前视基准面上绘制草图，创建拉伸切除特征，如图 3-17 所示。

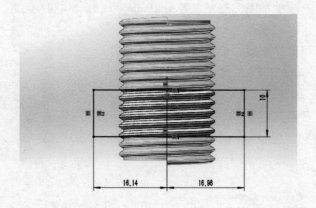

图 3-17　创建拉伸切除特征

6）在上视基准面上绘制直径为 18mm 的圆，创建拉伸切除特征，如图 3-18 所示。

图 3-18　绘制草图并创建拉伸切除特征

7）利用"参考几何体"命令创建 2 个基准面，数据如图 3-19、图 3-20 所示。

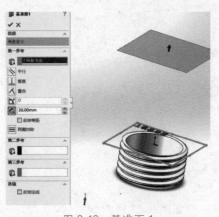

图 3-19　基准面 1

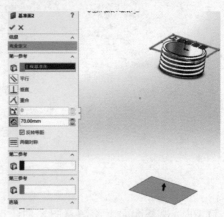

图 3-20　基准面 2

8）在前视基准面上绘制直径为66mm的圆，圆心距原点43mm，拉伸凸台，两侧拉伸，如图3-21所示。

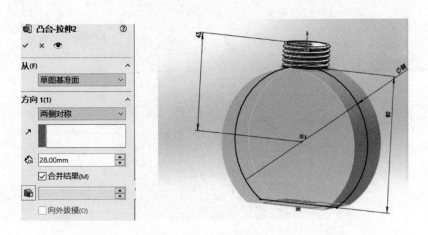

图3-21 绘制草图并创建拉伸凸台特征（一）

9）在上视基准面上绘制直径为21mm的圆，拉伸凸台，如图3-22所示。

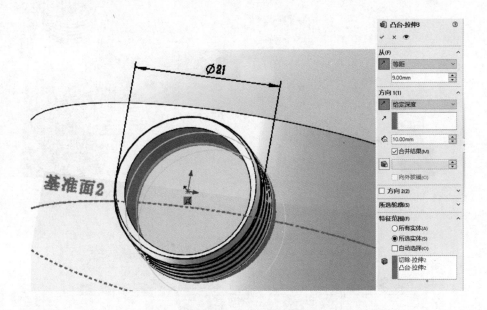

图3-22 绘制草图并创建拉伸凸台特征（二）

10）在上一步所得实体表面绘制草图，创建拉伸凸台特征，如图3-23所示。

11）倒R1mm圆角，如图3-24所示。

12）利用"抽壳"命令对实体进行抽壳，如图3-25所示。

13）在上视基准面上绘制直径为18mm的圆，创建拉伸切除特征，如图3-26所示。

14）在前视基准面上绘制四边形，绘制草图并创建旋转特征，如图3-27所示。

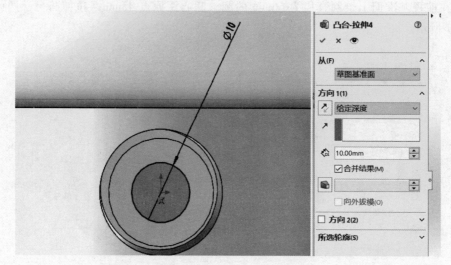

图 3-23　在实体表面绘制草图并创建拉伸凸台特征

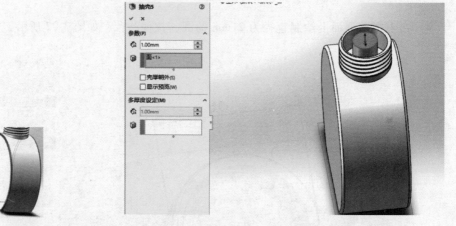

图 3-24　倒圆角

图 3-25　创建抽壳特征

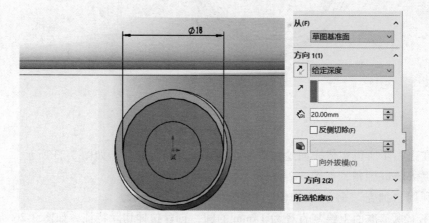

图 3-26　绘制草图并创建拉伸切除特征

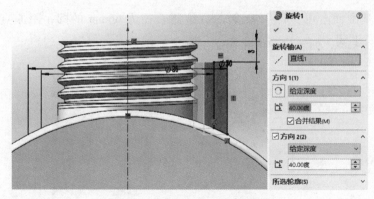

图 3-27　绘制草图并创建旋转特征

15）利用镜像命令镜像上一步所得实体。如图 3-28 所示。

至此得到瓶身模型，如图 3-29 所示，保存为"香水瓶瓶身"。

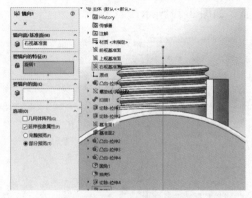

图 3-28　创建镜像特征

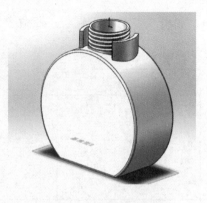

图 3-29　香水瓶瓶身

二、瓶盖的三维建模

1）单击"绘制草图"命令 ，绘制 X 轴和 Y 轴中心线。在 X 轴一侧绘制长 50mm、宽 17mm 的矩形。单击"旋转"命令 ，创建圆柱，如图 3-30 所示。

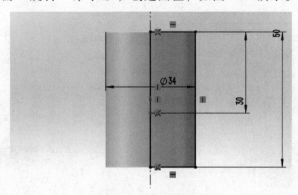

图 3-30　创建圆柱

2）在前视基准面上用"圆"命令 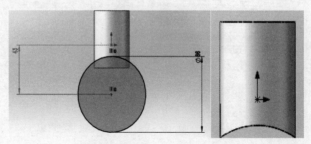 绘制直径为 66mm 的圆，距原点 43mm，单击"拉伸切除"命令 ，创建拉伸切除特征，如图 3-31 所示。

图 3-31　创建拉伸切除特征

3）在实体顶面绘制草图，如图 3-32 所示。单击"拉伸切除"命令 ，创建拉伸切除特征。

4）利用"参考几何体" 命令创建基准面，如图 3-33 所示。

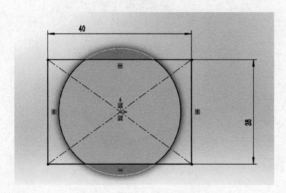

图 3-32　在实体顶面绘制草图

图 3-33　建立基准面

5）在新建基准面上利用"直线"命令 和"圆" 命令绘制与实体轮廓相似的草图，进行拉伸切除，如图 3-34 所示。倒圆角半径为 1mm 。

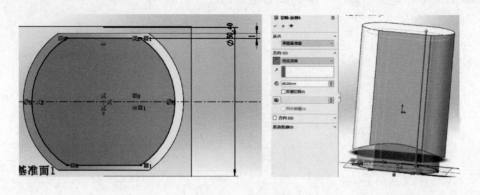

图 3-34　绘制草图并创建拉伸切除特征

6）在实体顶面创建草图，利用"文字"命令 进行编辑，尺寸如图 3-35 所示。创建拉伸切除特征，深度为 1mm。

至此最终得到瓶盖模型，如图 3-36 所示。

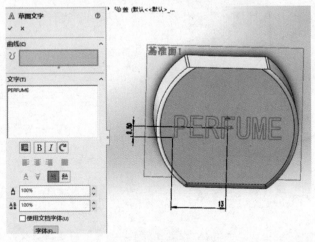

图 3-35　编辑文字

图 3-36　瓶盖

三、香水瓶的装配

固定瓶体，利用"配合"命令 确定瓶盖和瓶体间的配合关系，如图 3-37 所示。得到的装配体如图 3-38 所示。

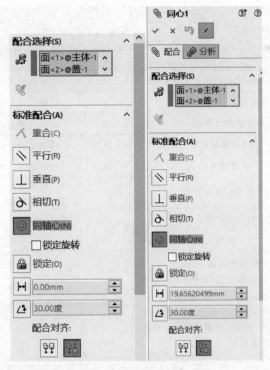

图 3-37　设置配合

图 3-38　香水瓶装配体

四、香水瓶各部件打印

参考项目二中任务 2-2 和任务 2-3 设置，具体步骤略。

扁圆形香水瓶建模、打印考核评价见表 3-1、表 3-2。

表 3-1　瓶身建模、打印实施评价表

项目	项目三	图样名称			任务		指导教师	
班级		学号			姓名		成绩	
序号	评价项目	考核要点	配分		评分标准		扣分	得分
1	瓶身建模	创建瓶体半径 33mm、半径 32mm 草图	10		绘制是否正确			
		创建直径 18mm 内腔	10		绘制是否正确			
		创建 M22 螺纹	15		绘制是否正确			
		创建瓶口环形口	5		绘制是否正确			
		创建倒圆角	5		绘制是否正确			
2	切片	生成 STL 格式文件	15		"相邻公差"设置是否合理			
3	打印	打印参数设置	20		层厚设置是否合理			
4	修磨	修磨	10		是否光滑			
5	安全生产	1）安全正确操作设备 2）工作场地整洁，打印机、工件等摆放整齐规范 3）做好事故防范措施，并将出现的事故发生原因、过程及处理结果记录档案 4）做好环境保护	10		每违反一项从总分扣 2 分，扣分不超过 10 分			
	合计	100			实际得分			

表 3-2　瓶盖建模、打印实施评价表

项目	项目三	图样名称		任务		指导教师	
班级		学号		姓名		成绩	
序号	评价项目	考核要点	配分	评分标准		扣分	得分
1	瓶盖建模	创建草图并旋转得到直径 34 圆柱	20	绘制是否正确			
		头部圆柱切边并倒圆角	15	绘制是否正确			
		头部刻字	15	绘制是否正确			
2	切片	生成 STL 格式文件	15	"相邻公差"设置是否合理			
3	打印	打印参数设置	20	层厚设置是否合理			
4	修磨	修磨	5	是否光滑			
5	安全生产	1）安全正确操作设备 2）工作场地整洁,打印机、工件等摆放整齐规范 3）做好事故防范措施,并将出现的事故发生原因、过程及处理结果记录档案 4）做好环境保护	10	每违反一项从总分扣 2 分,扣分不超过 10 分			
	合计		100	实际得分			

任务 3-2　钻石形香水瓶各部件造型及打印

任务导入

工业造型产品设计赛项作品要求,组合件设计需要考虑装配及配合,其功能有哪些新要求?

任务描述

通过钻石形香水瓶各部件的设计及打印,学习组合件设计的创意构思,完成组合件的制作及打印。

知识目标

1. 用三维设计软件设计组合件各组件。
2. 打印组合件各组件并装配。

技能目标

1. 用 UG 设计一套实现某种功能的组合件模型。
2. 合理设置螺纹连接、动连接的间隙量,实现动连接、静连接。

3. 用立体光固化 SLA 打印机或者熔融沉积技术 FDM 打印机打印，并对打印后的零件进行修磨、SLA 打印清洗后处理。

素养目标

培养创新意识、团队合作精神。

任务实施

用三维建模软件完成香水瓶建模及打印，图 3-39 所示为瓶盖实体，图 3-40 所示为瓶身实体，图 3-41 所示为装配图，图 3-42 所示为瓶盖零件图，图 3-43 所示为瓶身零件图。造型提示如下：

图 3-39　瓶盖实体图

图 3-40　瓶身实体

图 3-41　装配图

1）瓶盖：八边形内切圆半径依次为 14mm、16mm、18mm、12mm；各截面间距依次为 0mm、20mm、28mm 和 33mm，如图 3-42 所示。

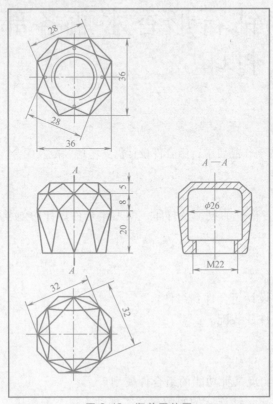

图 3-42　瓶盖零件图

2）瓶身：八边形内切圆半径依次为 14mm、33mm、25mm 和 15mm，各截面间距分别为 0、−40mm、−56mm 和−66mm，如图 3-43 所示。

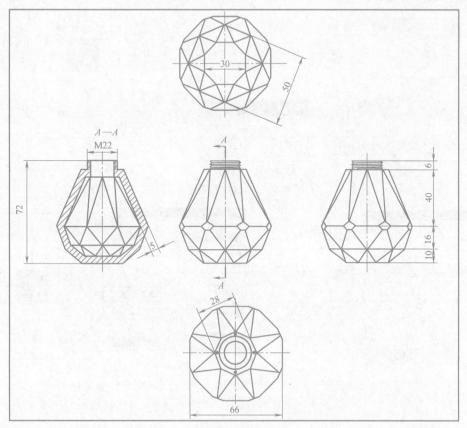

图 3-43   瓶身零件图

一、瓶盖的 UG 建模

1）创建草图，绘制瓶盖底部外形。单击"主页"→"草图"命令 ，"草图类型"选择"在平面上"，"草图平面"中的"平面方法"选择"创建平面"，"指定平面"选择" "，距离设为 0（即 XY 平面），单击 按钮，进入草图绘制环境。选择"正多边形"命令 ，绘制内切圆直径为 28mm 的正八边形，设置如图 3-44a 所示，起始边与 X 轴夹角设为 22.5°。选择"圆"命令 ，如图 3-44b 所示，绘制直径为 26mm 和 19.5mm 的两个同心圆，如图 3-44c 所示。对草图约束正多边形中心，圆心在坐标原点。单击 按钮，退出草图环境。

2）单击"主页"→"草图"命令 ，"草图类型"选择"在平面上"，"草图平面"中的"平面方法"选择"创建平面"，"指定平面"选择 ，距离设为 20mm，如图 3-45a 所示。单击 按钮，进入草图绘制环境。选择"正多边形"命令 ，绘制内切圆直径为 36mm 正八边形，设置如图 3-45b 所示，起始边与 X 轴夹角设为 0°。单击 按

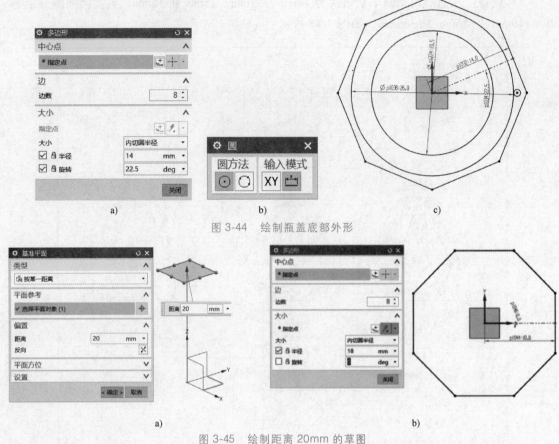

图 3-44 绘制瓶盖底部外形

图 3-45 绘制距离 20mm 的草图

钮,退出草图环境。

3)单击"主页"→"草图"命令，"草图类型"选择"在平面上"，"草图平面"中的"平面方法"选择"创建平面"，"指定平面"选择，选择基准 XY 面，距离为28mm，如图 3-46a 所示。单击 <确定> 按钮，进入草图绘制环境。选择"正多边形"命令

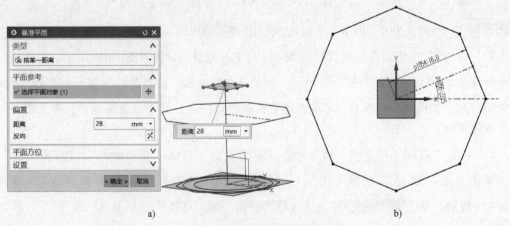

图 3-46 绘制距离 28mm 的草图

，绘制内切圆直径为 32mm 正八边形，设置如图 3-46b 所示，起始边与 X 轴夹角设为 22.5°。单击 █ 按钮，退出草图环境。

4）单击"主页"→"草图"命令 📷，"草图类型"选择"在平面上"，"草图平面"中的"平面方法"选择"创建平面"，"指定平面"选择 ▢ █ ，选择基准 XY 面，距离设为 33mm，如图 3-47a 所示。单击 █确定█ 按钮，进入草图绘制环境。选择"正多边形"命令 ⬡，绘制内切圆直径为 24mm 正八边形，设置如图 3-47b 所示，起始边与 X 轴夹角设为 22.5°，单击 █ 按钮，退出草图环境。完成的四个草图如图 3-47c 所示。

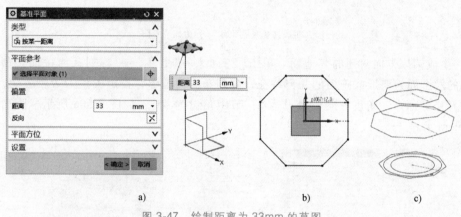

a)   b)   c)

图 3-47   绘制距离为 33mm 的草图

5）连接各个顶点。单击"曲线"→"直线"命令，将顶点两两连接，如图 3-48a 所示。连接后各个八边形顶点如图 3-48b 所示。

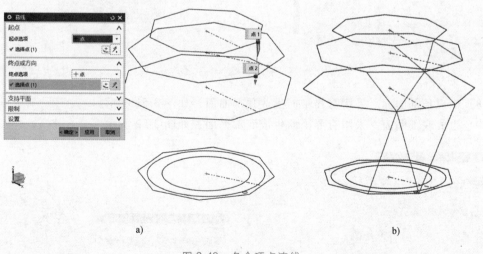

a)   b)

图 3-48   各个顶点连线

6）构造边界面。单击"曲面"→"有界平面"命令，选择三个边构成一个平面，快捷方式选取单条曲线，点选草图的一个边，两条空间直线如图 3-49a 所示。六个曲面构造后如图 3-49b 所示。

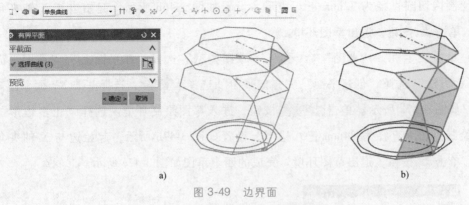

图 3-49　边界面

a）生成设置有界平面　b）生成边界面

7）生成圆周方向封闭的其他面。单击"主页"→"更多"→"阵列几何特征"命令，选择生成的六个面为要形成阵列的几何特征，阵列布局为圆形，指定矢量为 Z 轴方向，"指定点"选择坐标原点，角度方向数量设为 8，节距角设为 45°，如图 3-50a 所示，阵列结果如图 3-50b 所示。

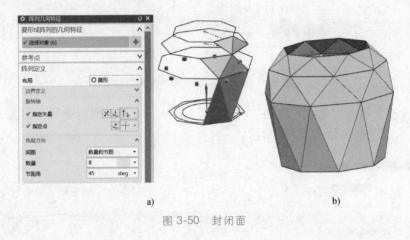

图 3-50　封闭面

8）生成顶部曲面。采用有界平面生成顶部曲面，如图 3-51 所示。
9）生成底部曲面。采用有界平面生成底部平面，如图 3-52 所示。

图 3-51　生成顶部平面　　　　　　　图 3-52　生成底部平面

10）缝合曲面，使所有曲面封闭。单击"菜单"→"插入"→"组合"→"缝合"命令，选择其中一个面作为目标，框选其余面，单击"确定"按钮，得到一个实体，如图 3-53 所示。

11）生成螺纹孔。单击"主页"→"拉伸"命令，选择第一步绘制的直径为 19.5mm 的圆，"限制"下的"距离"设为 0，"结束"设为 6，"布尔"选择"求差"，如图 3-54 所示。

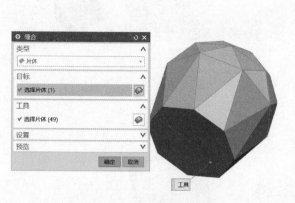

图 3-53　缝合曲面

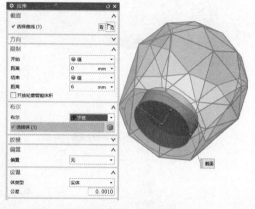

图 3-54　生成螺纹孔

12）生成内腔体。单击"主页"→"拉伸"命令，选择第一步绘制的直径为 26mm 的圆，"限制"下的"开始"设为 6，"结束"设为 30，"布尔"选择"求差"，设置如图 3-55 所示，结果如图 3-56 所示。

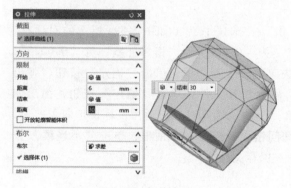

图 3-55　拉伸内腔

图 3-56　拉伸求差生成内腔体

13）倒圆角。内腔分别倒半径为 4mm 和 1mm 的圆角。内腔直径为 26mm，顶部倒圆角，半径为 4mm，如图 3-57a 所示。底部直径为 22mm，拉伸体倒圆角，半径为 1mm，如图 3-57b 所示。倒圆角结果如图 3-57c 所示。为了显示内腔，单击"视图"→"编辑截面命令 ⬛"、"剪切截面"命令 ⬛，调整剖切平面，显示剖切体。

14）生成内螺纹。单击"主页"→"更多"→"螺纹"命令，选中直径 19.5mm 内孔，"螺纹类型"选择"详细"，"螺距"设为 2.5mm，右旋，如图 3-58a 所示。单击"确定"按钮，生成螺纹。为了显示内腔，单击"视图"→"编辑截面"命令 ⬛、"剪切截面"命令 ⬛ 调整剖切平面，显示剖切体，如图 3-58b 所示。

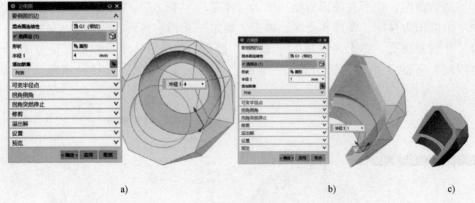

图 3-57 倒圆角

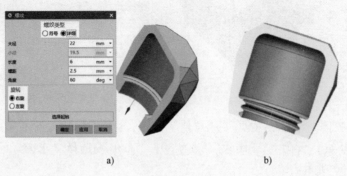

图 3-58 生成内螺纹

15）生成 STL 文件。单击 "文件"→"导出"→"STL"，弹出如图 3-59a 所示的对话框，设置 "输出类型" 为 "二进制"，"三角公差" 为 "0.0025"，"相邻公差" 为 "0.0025"，勾选 "正常显示" "三角形显示" 和 "自动法向生成" 复选项，单击 "确定" 按钮，弹出选择文件保存路径对话框，如图 3-59b 所示，输入切片文件名单击 "确定" 按钮，弹出如图 3-59c 所示的 "类选择" 对话框，在 "对象" 下的 "选择对象" 后用鼠标框选瓶盖实体，单击 "确定" 按钮，弹出如图 3-59d 所示的询问错误及连续性对话框，单击 "不连续" 按钮，生成的 STL 格式切片文件如图 3-59e 所示。保存文件。

图 3-59 生成 STL 格式的切片文件

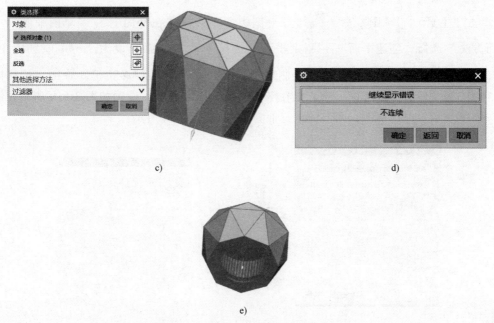

c)   d)

e)

图 3-59　生成 STL 格式的切片文件（续）

二、瓶身的 UG 建模

1）在 XY 面创建草图。绘制内切圆半径为 14mm 的正八边形。单击"主页"→"草图"命令 ，"草图类型"选择"在平面上"，"草图平面"中的"平面方法"选择"创建平面"，"指定平面"选择 ，距离设为 0（即 XY 平面），单击 按钮，进入草图绘制环境，如图 3-60a 所示。

选择"正多边形"命令 ，绘制内切圆半径为 14mm 的正八边形，多边形设置如图 3-60b 所示。单击 按钮，退出草图环境，生成的多边形如图 3-60c 所示。

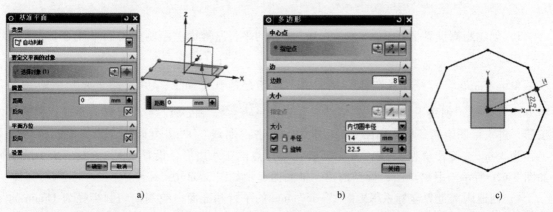

a)   b)   c)

图 3-60　绘制草图

2）创建距离世界坐标系 XY 面"-40"mm 的平行基准面，绘制内切圆半径为 33mm 的正八边形。

单击"主页"→"草图"命令 ，"草图类型"选择"在平面上"，"草图平面"中的"平面方法"选择"创建平面"，"指定平面"选择 ，距离设为"-40"，如图 3-61a 所示，单击 < 确定 > 按钮，进入草图绘制环境。单击"曲线"→"多边形"命令，绘制内切圆半径为 33mm、旋转角为 0°、中心点在坐标原点的正八边形，设置如图 3-61b 所示，结果如图 3-61c 所示。退出草图，图形的正三轴测显示如图 3-61d 所示。

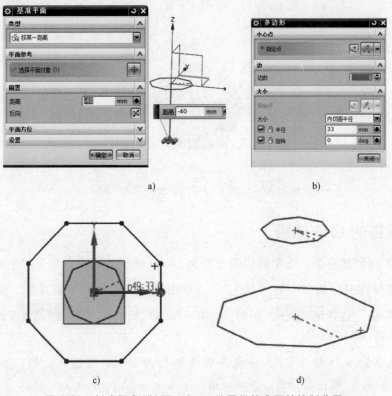

a)   b)

c)   d)

图 3-61　创建距离 XY 面 -40mm 的平行基准面并绘制草图

3）创建距离世界坐标系 XY 面"-56"mm 的平行基准面，绘制内切圆半径为 25mm 的正八边形。

单击"主页"→"草图" ，"草图类型"选择"在平面上"，"草图平面"中的"平面方法"选择"创建平面"，"指定平面"选择 ，距离设为"-56"，单击 < 确定 > 按钮，进入草图绘制环境，如图 3-62a 所示。单击"曲线"→"多边形"命令，绘制内切圆半径为 25mm、旋转角为 22.5°、中心点在坐标原点的正八边形，设置如图 3-62b 所示，结果如图 3-62c 所示。退出草图，模型的正三轴测图显示如图 3-62d 所示。

4）创建距离世界坐标系 XY 面"-66"mm 的平行基准面，绘制内切圆半径为 15mm 的正八边形。单击"主页"→"草图"命令 ，"草图类型"选择"在平面上"，"草图平面"中的"平面方法"选择"创建平面"，"指定平面"选择 ，距离设为"-66"，单击

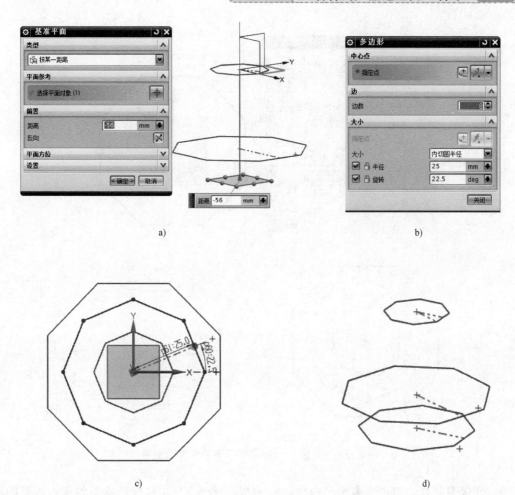

a)   b)

c)   d)

图 3-62　创建距离 XY 面 "-56" mm 的平行基准面并绘制草图

<确定>按钮，进入草图绘制环境，如图 3-63a 所示。单击 "曲线"→"多边形" 命令，绘制内切圆半径为 15mm、旋转角为 0°、中心点在坐标原点的正八边形，设置如图 3-63b 所示，结果如图 3-63c 所示。退出草图，模型的正三轴测图显示如图 3-63d 所示。

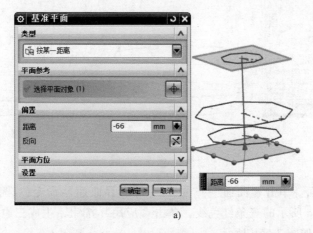

a)

图 3-63　创建距离 XY 面 -66mm 的平行基准面并绘制草图

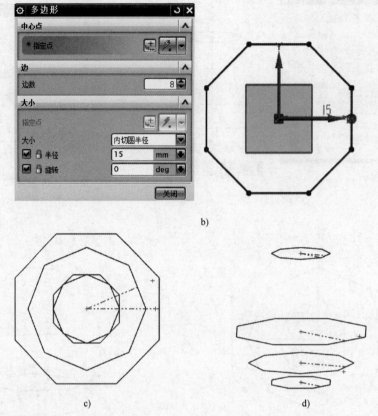

b)

c)

d)

图 3-63　创建距离 XY 面 -66mm 的平行基准面并绘制草图（续）

5）连接空间线。单击主菜单"曲线"→"直线"命令 ，选择已绘制的正八边形的端点为起点和终点绘制空间线，如图 3-64a 所示，分别绘制 9 条空间曲线，如图 3-64b 所示。

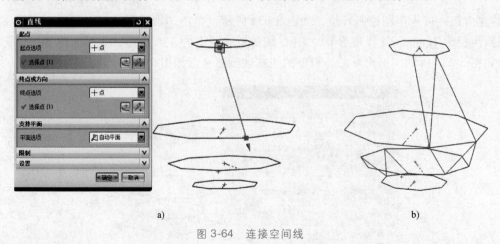

a)

b)

图 3-64　连接空间线

6）生成有界曲面。单击"曲面"→"更多"→"有界曲面"命令，选择首尾相连的三条线，依次选择图 3-65a 所示的三条红色线，单击"应用"按钮，生成三边面。重复依次选取三条边，生成九个面如图 3-65b 所示。

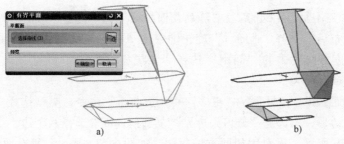

a)   b)

图 3-65　构造曲面

7）生成阵列曲面。

方法一：单击"主页"→"阵列特征"命令 ，"选择对象"选择"上一步生成的九个面"，"布局"选择"圆形"，旋转轴中的"指定矢量"选择 Z 轴，"指定点"选择坐标原点，"角度方向"中的"间距"选择"数量和节距"，"数量"设为 8，"节距角"设为 45°，如图 3-66a 所示。

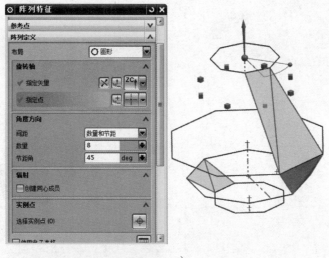

a)

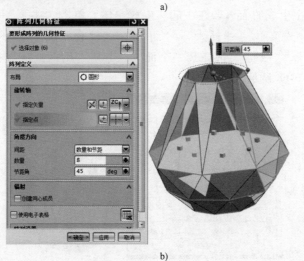

b)

图 3-66　阵列曲面

方法二：单击"主页"→"更多"→"阵列几何特征"命令 ，"选择对象"选择上一步生成的九个面，"布局"选择"圆形"，旋转轴中的"指定矢量"选择Z轴，"指定点"选择坐标原点，"角度方向"中的"间距"选择"数量和节距"，"数量"设为8，"节距角"设为45°，如图3-66b所示。

8）封闭上下面。单击"曲面"→"更多"→"N边曲面"命令，类型选择"已修剪"，选择底面未封闭的正八边形，勾选上"修剪到边界"复选框，依次选择八个边，设置如图3-67a所示，结果如图3-67b所示。顶面用相同方法封闭，如图3-67c所示。所有面封闭后的结果如图3-67d所示。

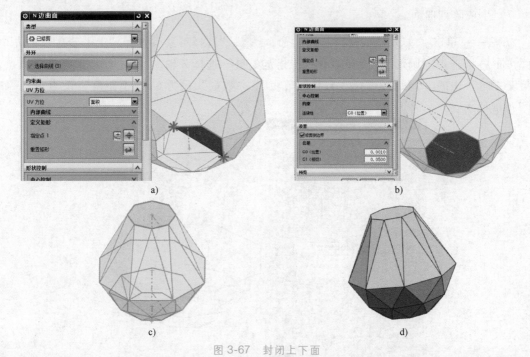

a)　　　　　　　　b)

c)　　　　　　　　d)

图3-67　封闭上下面

9）将上面几步中生成的面缝合在一起，生成实体。单击"主页"→"更多"→"组合"→"缝合"命令，或者单击"菜单"→"插入"→"组合"→"缝合"命令，弹出"缝合"对话框。"类型"选择"片体"，"目标"选择某一个面，"工具"用框选法选择其余所有面，单击"确定"按钮。如图3-68所示。

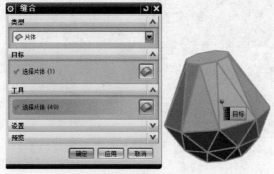

图3-68　缝合设置

10）抽壳。单击"主页"→"抽壳"命令，弹出"抽壳"对话框，"类型"选择"对所有面抽壳"，"要抽壳的体"选择上一步缝合得到的实体，"厚度"设为5mm，单击"确定"按钮，如图3-69所示。

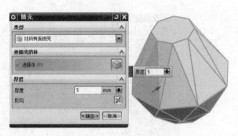

图 3-69 抽壳

11）绘制瓶口圆草图。选择如图3-70a所示的顶部平面为草图平面，绘制两个直径分别为22mm和16mm的同心圆，如图3-70b所示。

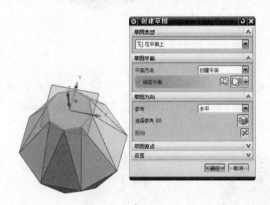

a)

b)

图 3-70 绘制瓶口圆草图

12）拉伸得到瓶身的瓶口。如图3-71所示，选择直径22mm的圆，拉伸长度为6mm，方向为Z轴正向，"布尔"选择"无"。

13）合并瓶口和瓶体。单击"主页"→"合并"命令，"目标"选择上一步拉伸的圆柱，"工具"选择抽壳体，结果如图3-72所示。或者在上一步中的"布尔"选择"求和"。

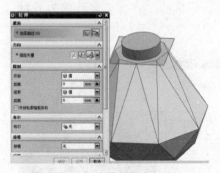

图 3-71 拉伸得到瓶身的瓶口

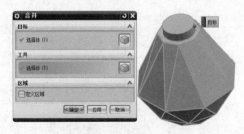

图 3-72 合并瓶口和瓶体

14）拉伸瓶口。如图3-73a所示，选择直径为16mm的圆，"限制"下的开始"距离"设为"-6"mm，结束"距离"设为6mm，方向为Z轴正向，"布尔"选择"求差"，结果如图3-73b所示。

注意：在本步骤中，选择直径为16mm的圆，需要模型显示为"静态线框"，在快捷菜单中选择"单条曲线"。单条曲线

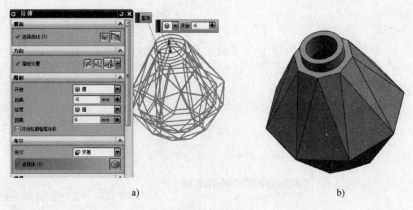

a)　　　　　　　　　　　　　　b)

图 3-73　拉伸瓶口

15）创建瓶口螺纹。单击"主页"→"更多"→"设计特征"→"螺纹"命令，弹出"螺纹"对话框。"螺纹类型"选择"详细"，"螺距"设为 2.5mm，"角度"设为 60°，"长度"设为 6mm，"大径"为 22mm，"小径"设为 19.5mm，如图 3-74 所示。

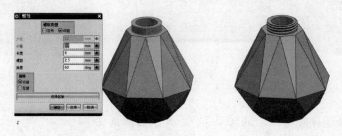

图 3-74　创建瓶口螺纹

16）旋转体。在 ZY 平面创建草图，如图 3-75a 所示，绘制长 2mm、宽 8mm 的矩形，与世界坐标系距离分别为 35mm、34mm。单击"主页"→"旋转"命令，旋转轴为 Z 轴，"布尔"选择"求差"，结果如图 3-75b 所示。

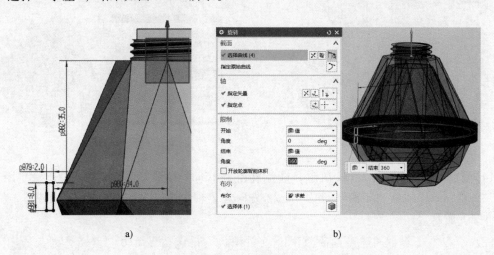

a)　　　　　　　　　　　　　　b)

图 3-75　创建旋转体

17）倒圆角。所有的棱边倒半径为2mm圆角，结果如图3-76所示。保存文件，命名为"香水瓶瓶身.prt"。

图3-76 棱边倒圆角

18）导出瓶身STL格式文件。如图3-77a所示，设置快速成型文件输出类型。在图3-77b所示的对话框中设置文件存储路径。如图3-77c所示，选择需要快速成型的文件模型，单击"确定"按钮，生成三角化的快速成型切片文件，如图3-77d所示。

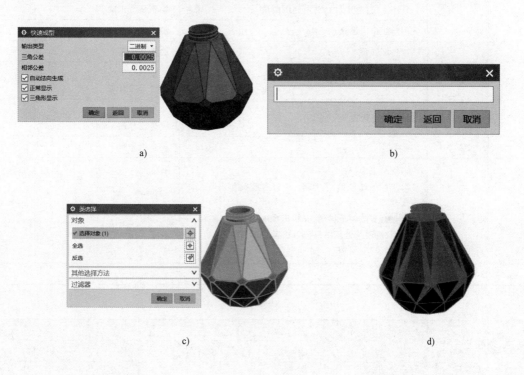

图3-77 切片文件

三、装配

两个零件为螺纹连接，打印完成后直接用螺纹装配即可，具体操作步骤略。

实操评价

钻石形香水瓶建模、打印考核评价见表3-3和表3-4。

表 3-3　瓶盖建模、打印实施评价表

项目	项目三	图样名称		任务		指导教师	
班级		学号		姓名		成绩	
序号	评价项目	考核要点	配分	评分标准		扣分	得分
1	瓶盖建模	八边形内切圆半径为 12mm,草图基准面距离 XY 基准面的间距为 0	10	绘制是否正确			
		八边形内切圆半径为 14mm,草图基准面距离 XY 基准面的间距为 20mm	5	绘制是否正确			
		八边形内切圆半径为 18mm,草图基准面距离 XY 基准面的间距为 28mm	5	绘制是否正确			
		八边形内切圆半径为 13mm,草图基准面距离 XY 基准面的间距为 33mm	5	绘制是否正确			
		空间线连接及构造面、阵列面、曲面缝合成实体	10	绘制是否正确			
		草图及拉伸生成内腔,内腔倒圆角	10	绘制是否正确			
		创建瓶口内螺纹	5	绘制是否正确			
		棱边倒圆角	5	绘制是否正确			
2	切片	生成 STL 格式文件	15	"相邻公差"设置是否合理			
3	打印	打印参数设置	10	层厚设置是否合理			
4	修磨	修磨	10	是否光滑			
5	安全生产	1)安全正确操作设备 2)工作场地整洁,打印机、工件等摆放整齐规范 3)做好事故防范措施,并将出现的事故发生原因、过程及处理结果记录档案 4)做好环境保护	10	每违反一项从总分扣 2 分,扣分不超过 10 分			
合计			100	实际得分			

表 3-4　瓶身建模、打印实施评价表

项目	项目三	图样名称		任务		指导教师	
班级		学号		姓名		成绩	
序号	评价项目	考核要点	配分	评分标准		扣分	得分
1	瓶盖建模	八边形内切圆半径为 14mm,草图基准面距离 XY 基准面的间距为 0	10	绘制是否正确			
		八边形内切圆半径为 33mm,草图基准面距离 XY 基准面的间距为 "−40" mm	5	绘制是否正确			
		八边形内切圆半径为 25mm,草图基准面距离 XY 基准面的间距为 "−56" mm	5	绘制是否正确			
		八边形内切圆半径为 15mm,草图基准面距离 XY 基准面的间距为 "−66" mm	5	绘制是否正确			

（续）

项目	项目三	图样名称		任务		指导教师	
班级		学号		姓名		成绩	
序号	评价项目	考核要点	配分	评分标准		扣分	得分
1	瓶盖建模	空间线连接及构造面、阵列面、曲面缝合成实体、内部抽壳	10	绘制是否正确			
		拉伸得到瓶身的瓶口、瓶口和瓶体合并	10	绘制是否正确			
		创建瓶口外螺纹	5	绘制是否正确			
		瓶身修棱及棱边倒圆角	5	绘制是否正确			
2	切片	生成 STL 格式文件	15	"相邻公差"设置是否合理			
3	打印	打印参数设置	15	层厚设置是否合理			
4	修磨	修磨	5	是否光滑			
5	安全生产	1）安全正确操作设备 2）工作场地整洁,打印机、工件等摆放整齐规范 3）做好事故防范措施,并将出现的事故发生原因、过程及处理结果记录档案 4）做好环境保护	10	每违反一项从总分扣2分;扣分不超过10分			
	合计		100	实际得分			

任务 3-3 算盘各部件造型、装配及打印

任务导入

算盘是古老的计算工具，如何设计？能否整体打印呢？

任务描述

通过算盘组件设计、装配及打印，学习组合件用软件整体装配后直接打印成品的一种快捷的产品制造方式。

知识目标

1. 用三维设计软件设计组合件各组件。
2. 在软件中装配组合件后打印装配体。

技能目标

1. 用 UG 设计一套实现某种功能的组合件模型。
2. 合理设置静连接、动连接的间隙量，实现动连接、静连接。

3. 用立体光固化 SLA 打印机或者熔融沉积技术 FDM 打印机打印，并对打印后的零件进行修磨、SLA 打印清洗后处理。

素养目标

继承和发扬中华民族的优秀传统，通过火箭、神州系列飞船研发及成功发射，中国空间站的建设以及探月等案例的学习，培养团结协作创新、无私奉献、不怕牺牲、迎难而上的科学精神。

任务实施

算盘是中国古代劳动人民发明创造的一种计算工具，几千年来一直被普遍使用，即使现代最先进的电子计算器也不能完全取代算盘。现存的算盘形状不一、材质各异，普通的算盘多为木制（或塑料制品），矩形木框内排列有一串串等数目的算珠，中间有一道横梁把算珠分为上下两部分，算珠内贯直柱，俗称"档"，一般为 9 档、11 档或 13 档。档中横以梁，梁上有两珠子，每珠子代表 5；梁下有 5 个珠子，每个珠子代表 1。用算盘计算称为珠算，珠算有对应四则运算的相应法则，统称为珠算法则。

图 3-78 所示为常见算盘中的一种，由带横梁、底托的框架以及杆、珠子组成。本任务介绍十三档算盘的建模、装配及打印。图 3-79 ~ 图 3-81 所示分别为算盘框架、珠子和算盘杆图样。

图 3-78　常见的算盘

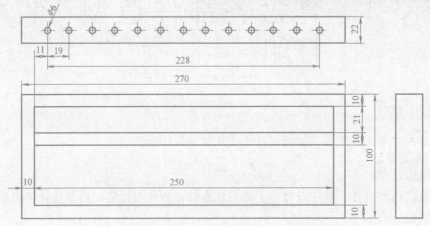

图 3-79　算盘框架

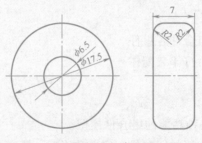

图 3-80　珠子

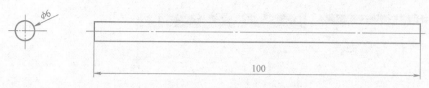

图 3-81 算盘杆

一、算盘框架的 UG 建模

1）打开 UG 软件，单击 "主页"→"更多"→"设计特征"→"块" 命令，打开如图 3-82a 所示的 "块" 对话框。"类型" 选择 "原点和边长"，"尺寸" 下的 "长度" 设为 270mm，"宽度" 设为 "100mm"，"高度" 设为 22mm，"原点" 选择 "指定点" 🔝弹出如图 3-82b 所示的界面。输入坐标 X 为 −135mm，Y 为 −50mm，Z 为 0mm，单击 "确定" 按钮，返回到图 3-82a 所示的界面。单击 "确定" 按钮，生成如图 3-82c 所示的长方体。

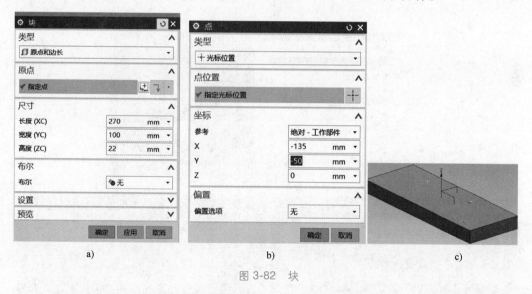

a)   b)   c)

图 3-82 块

2）单击 "块" 命令，设置块。如图 3-83a 所示，长度为 250mm，宽度为 80mm，高度 22mm，"布尔" 选择 "求差"，块定位角点设置如图 3-83b 所示，坐标 X 为 −125mm，Y 为 −40mm，Z 为 0mm，结果如图 3-83c 所示。

3）在 XY 基准面上创建并打开草图，如图 3-84a 所示单击 "主页"→"投影曲线" 命令 🔔投影曲线，如图 3-84b 所示，"要投影的对象" 下的 "选择曲线或点" 选择框架内侧上部边界，生成草图曲线如图 3-84c 所示。单击 "偏置曲线" 命令 🔲偏置曲线，如图 3-84d 所示，"要偏置的曲线" 选择投影得到的边界线，"偏置距离" 设为 21mm，单击 "应用" 按钮。选择刚偏置得到的线为 "要偏置的曲线"，设置 "距离" 为 10mm，如图 3-84e 所示，结果如图 3-84f 所示。选择图 3-84f 中的蓝色线，单击鼠标右键弹出快捷菜单，选择 🔳转换至/自参考对象转为参考，然后单击 🔳完成草图按钮，完成草图的绘制，如图 3-84g 所示。

图 3-83 框架

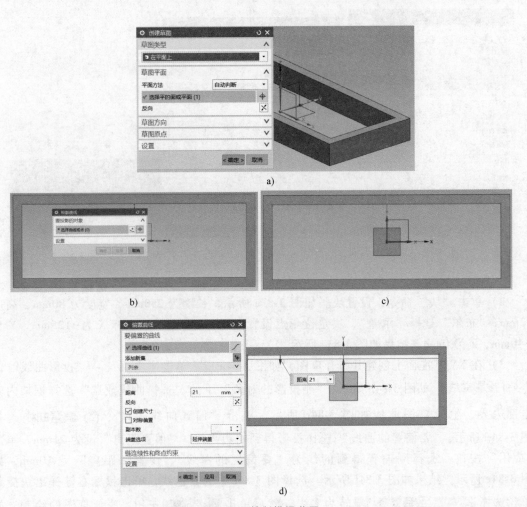

图 3-84 绘制横梁草图

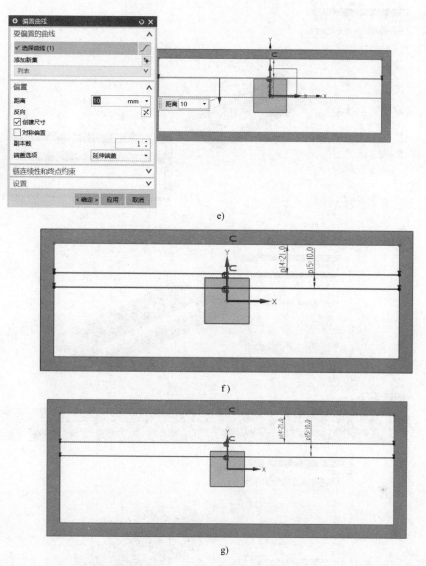

e)

f)

g)

图 3-84　绘制横梁草图（续）

4）拉伸求和。单击"主页"→"拉伸"命令，弹出"拉伸"对话框。快捷菜单设置为"单条曲线"（在相交处停止）单条曲线，如图 3-85a 所示的拉伸对话框中，"截面"中的"选择曲线"选择草图偏置得到的两条直线，如图框架中和上一步绘制草图相交的实体边界，"限制"下的开始距离设为 2mm，结束距离设为 20mm，"布尔"选择"求和"，结果如图 3-85b 所示。

5）打孔。创建草图，如图 3-86a 所示，选择框架前面为草图平面，绘制圆形，距离 Y 边界 21mm、X 边界 11mm，半径为 6mm。阵列出其余 12 个孔，各孔间距为 19mm，如图 3-86b 完成草图，退出草图。单击"主页"→"拉伸"命令，弹出"拉伸"对话框，设置如图 3-86c 所示，"限制"下的开始距离设为 0，结束距离设为 100mm，"布尔"选择"求差"，结果如图 3-86d 所示。

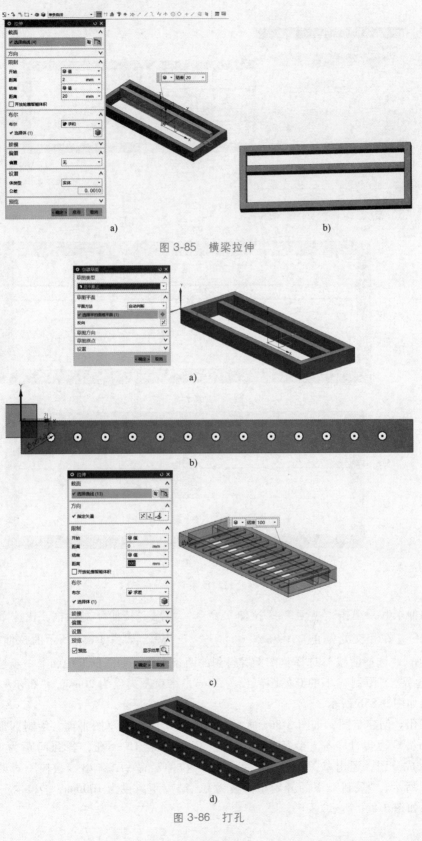

图 3-85 横梁拉伸

图 3-86 打孔

6）倒圆角。需要倒圆角的边及设置如图 3-87 所示。

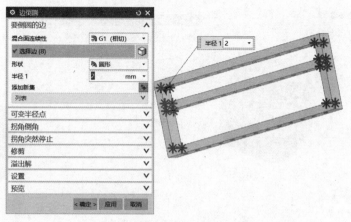

图 3-87　倒圆角

算盘框架模型如图 3-88 所示，保存文件名为"算盘.prt"。

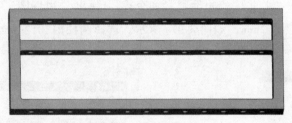

图 3-88　算盘框架模型

二、珠子的 UG 建模

1）在 ZX 面上创建草图，如图 3-89a 所示。单击"圆"命令，绘制直径分别为 6.5mm、17.5mm 的两个同心圆，如图 3-89b 所示。

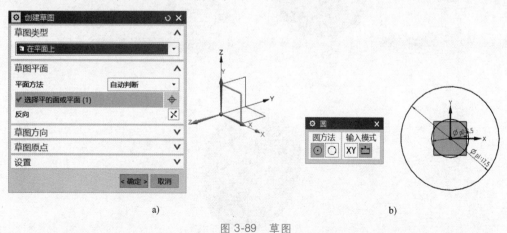

a)　　　　　　　　　　　　　　　　　　b)

图 3-89　草图

2）拉伸珠子。设置"限制"下的开始距离为 3.5mm，结束距离为-3.5mm，如图 3-90a 所示。按键盘上的<CTRL+W>键，打开"显示"和"隐藏"对话框，如图 3-90b 所示。单击"草图"→"基准"→"坐标系"后面的"－"，隐藏草图、坐标系和基准平面，结果如图 3-90c 所示。

a)　　　　　　　　　　　b)　　　　　　　　　　　c)

图 3-90　珠子

3）倒圆角。单击"主页"→"边倒圆"命令 ，弹出"边倒圆"对话框。选择圆柱外侧的两条边界，半径设为 2mm，如图 3-91a 所示。选择圆柱内孔两条边界，半径设为 2mm，如图 3-91b 所示。结果如图 3-91c 所示。

a)　　　　　　　　　　　　　　　　　　b)

c)

图 3-91　倒圆角

a) 外圆倒圆角　b) 内圆倒圆角　c) 珠子

4）改变珠子的颜色，以便于装配识别。单击"视图"→"编辑对象显示"命令 ，弹出"类选择"对话框，如图3-92a所示。"选择对象"选择需要改变颜色的珠子，弹出"编辑对象显示"对话框，如图3-92b所示。单击"颜色" ███，弹出"颜色"对话框，如图3-92c所示。选择颜色图框，单击"确定"按钮，打开"编辑对象显示"对话框，如图3-92d所示，颜色为 ███，单击"确定"按钮，结果如图3-92e所示。保存文件名为"珠子.prt"。

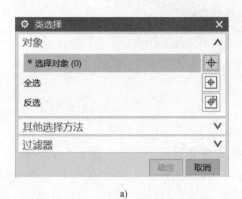

a)

b)

c)

d)

e)

图3-92　改变珠子的颜色

三、杆的 UG 建模

单击"主页"→"圆柱体"命令，打开"圆柱"对话框，如图 3-93a 所示。设置轴矢量为 Y 轴正向，点为坐标原点，"尺寸"下的"直径"设为 6mm，"高度"设为 100mm，单击"确定"按钮。改变轴显示颜色为蓝色，如图 3-93b 所示。保存文件名为"杆.prt"。

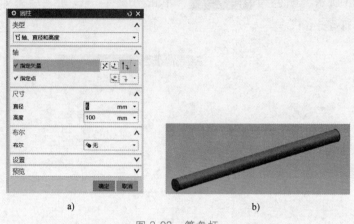

a)　　　　　　　　　　　　　　　　　b)

图 3-93　算盘杆

四、算盘各部件的装配

算盘装配图如图 3-94 所示。算盘各部件的 UG 装配步骤如下：

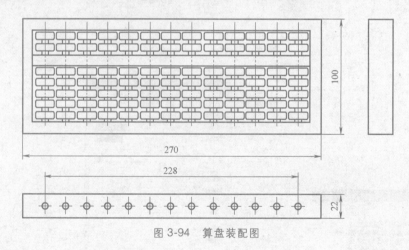

图 3-94　算盘装配图

1）新建装配文件，如图 3-95 所示，文件名为"算盘装配.prt"。打开 UG 软件的装配模块。

2）单击"添加组件"命令🔧⁺，打开"添加组件"对话框，"已加载的部件"选择"算盘.prt"，"放置"下的"定位"选择"绝对原点"。单击"应用"按钮，把算盘部件加载到装配文件里，如图 3-96 所示。

3）添加杆。算盘框添加完后，由于之前是单击"应用"按钮，所以"添加组件"对话框还是启用状态。接着在"已加载的部件"选择杆.prt，"放置"下的"定位"选择"通过约束"，单击"应用"按钮，把杆部件加载到装配文件里，如图 3-97 所示。如果"杆．prt"文件没有加载，则需要单击"打开"命令，从文件夹里选择文件进行加载。

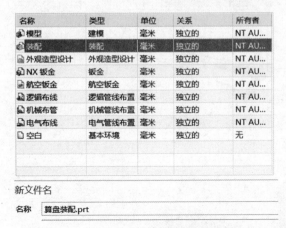

名称	类型	单位	关系	所有者
模型	建模	毫米	独立的	NT AU...
装配	装配	毫米	独立的	NT AU...
外观造型设计	外观造型设计	毫米	独立的	NT AU...
NX 钣金	钣金	毫米	独立的	NT AU...
航空钣金	航空钣金	毫米	独立的	NT AU...
逻辑布线	逻辑管线布置	毫米	独立的	NT AU...
机械布管	机械管线布置	毫米	独立的	NT AU...
电气布线	电气管线布置	毫米	独立的	NT AU...
空白	基本环境	毫米	独立的	无

新文件名

名称　算盘装配.prt

图 3-95　新建装配文件

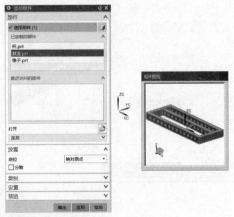

图 3-96　添加组件

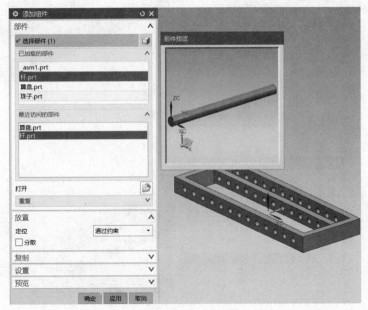

图 3-97　添加杆

4）调整杆在装配里位置。通过装配约束放置算盘杆到算盘框的第一个孔位置，上一步单击"应用"按钮后，弹出如图 3-98a 所示的"装配约束"对话框。在"预览"下勾选"预览窗口"和"在主窗口中预览组件"复选框，装配约束"类型"选择"同心"，在组件预览窗口中选择杆端部圆，如图 3-98b 所示。算盘框架选择左侧第一个孔的圆如图 3-98c 所示，单击"确定"按钮，如图 3-98a 所示，装配结果如图 3-98d 所示。

5）添加珠子。上一步单击"确定"按钮后，出现添加组件对话框。选择已经保存的"珠子．prt"文件，"放置"下的 定位选择"移动"，单击"确定"按钮，把珠子部件加载到装配文件里，如图 3-99 所示。

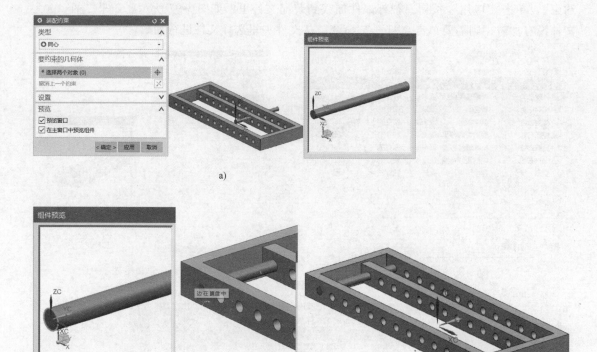

图 3-98　杆装配

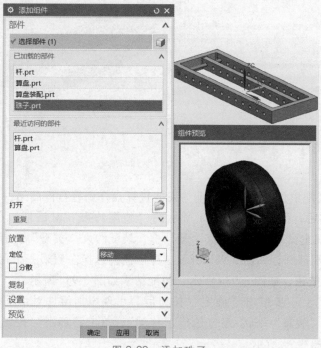

图 3-99　添加珠子

6）珠子的装配。在"移动组件"对话框中，上一步单击"确定"按钮后，弹出"点"对话框，如图 3-100a 所示。"类型"选择"自动判断的点"，"输出坐标"下的"参考""选择绝对-工作部件"，X 为 0，Y 为 0，Z 为 0，把珠子先放置在世界坐标系的原点。系统弹出如图 3-100b 所示的"移动组件"对话框，"变换"下的"运动"选择"点到点"，"指定出发点"的设置如图 3-100c 所示。"指定目标点"选择如图 3-100d 所示的杆轴线与横梁上圆孔的交点，单击"应用"按钮，珠子放置到杆轴线上，如图 3-100e 所示。

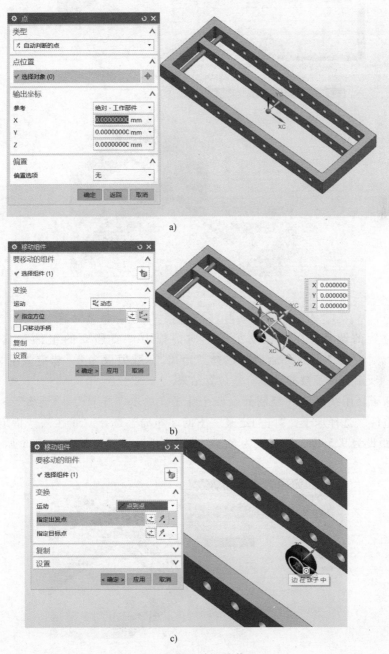

图 3-100 珠子的装配

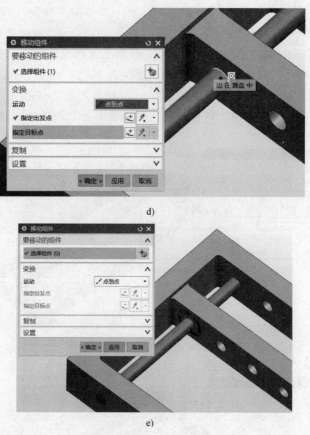

d)

e)

图 3-100　珠子的装配（续）

7）珠子位置的调整。在"移动组件"对话框中"要移动的组件"选择珠子。如图 3-101a 所示，"变换"下的"运动"选择"距离"，数值设为 0，指定矢量为 Y 轴负向，如图 3-101b、c 所示，珠子被移动到合适位置结果。

8）复制珠子。用线性阵列复制其余四个珠子。单击"主页"→"更多"→"阵列特征"命令，"阵列组件"选择珠子，"阵列定义"下的"布局"选择"线性"，"指定矢量"选择 Y 轴负向，节距设为 9.5mm，数量设为 5，单击"应用"按钮，如图 3-102a 所示。

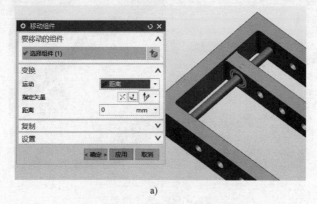

a)

图 3-101　珠子位置的调整

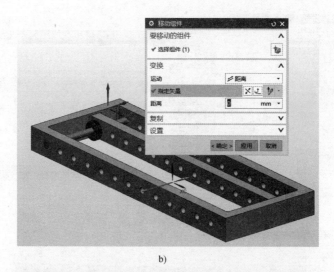

b)

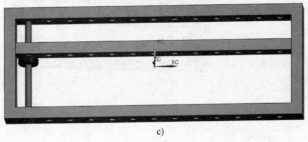

c)

图 3-101　珠子位置的调整（续）

　　用阵列组件的方式复制算盘上部的珠子，设置"数量"为 2，节距为 21mm，矢量选择 Y 轴正向，单击"应用"按钮，如图 3-102b 所示。再复制另一个珠子，在"阵列组件"对话框中，设置"数量"为 2，节距为 10mm，矢量为 Y 轴正向，单击"应用"按钮，如图 3-102c 所示。结果如图 3-102d 所示。

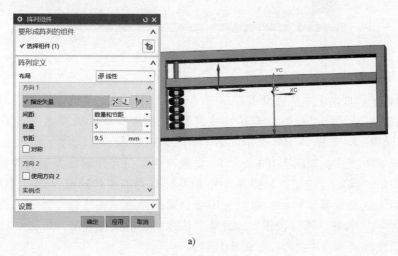

a)

图 3-102　复制珠子

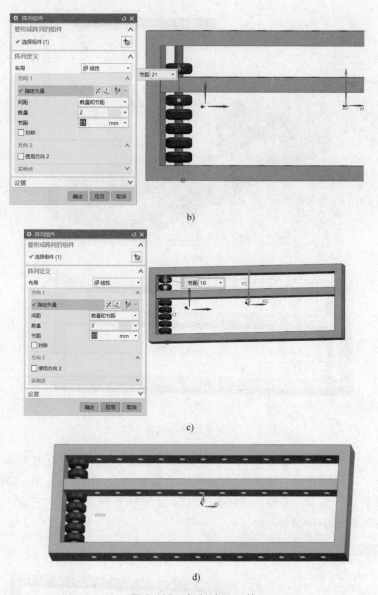

图 3-102　复制珠子（续）

9）复制珠子和杆。上一步阵列组件单击"应用"按钮后，"选择组件"选择七个珠子和杆，"阵列定义"下的"布局"选择"线性"，"指定矢量"选择 X 轴正向，节距设为19mm，数量设为 13，如图 3-103a 所示。结果如图 3-103b 所示。

10）生成 STL 文件。如图 3-104a 所示，设置快速成型文件输出类型及参数。设置文件存储路径后单击"确定"按钮，如图 3-104b 所示。选择需要快速成型的"类选择"选项，如图 3-104c 所示。错误显示对话框如图 3-104d 所示，单击"不连续"按钮。询问是否继续如图 3-104e 所示，单击"否"按钮，选择需要快速成型的文件模型，单击"确定"按钮后生成三角化的快速成型切片文件，如图 3-104f 所示。

保存文件，打开打印机，传输到打印机上，设置打印机的参数进行打印。

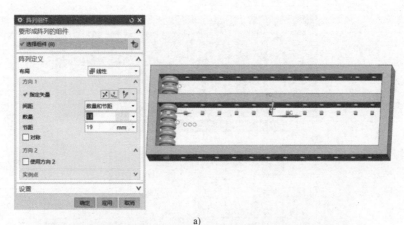

a)

b)

图 3-103 复制珠子和杆

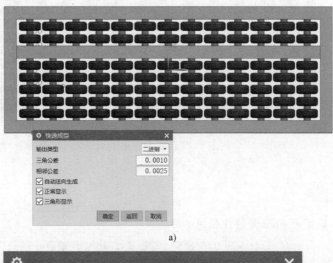

a)

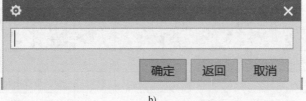

b)

图 3-104 切片文件

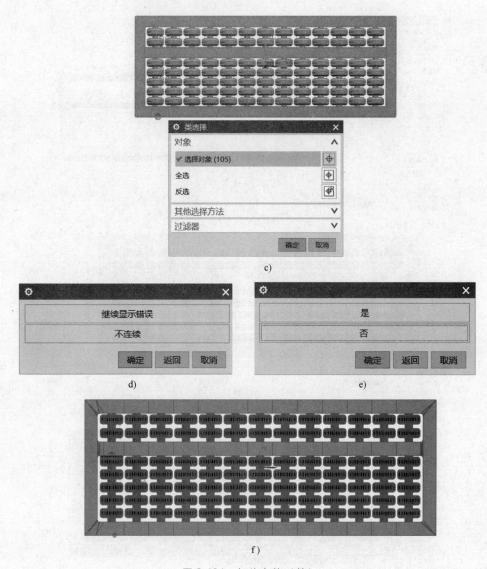

图 3-104 切片文件（续）

实操评价

算盘建模、装配及打印考核评价见表 3-5。

表 3-5 算盘建模、装配及打印考核评价表

项目	项目三	图样名称			任务		指导教师	
班级		学号			姓名		成绩	
序号	评价项目	考核要点		配分	评分标准		扣分	得分
1	算盘各组件建模及装配	算盘框架建模		5	绘制是否正确			
		珠子建模		5	绘制是否正确			
		杆建模		5	绘制是否正确			

（续）

项目	项目三	图样名称			任务		指导教师	
班级		学号			姓名		成绩	
序号	评价项目	考核要点		配分	评分标准		扣分	得分
1	算盘各组件建模及装配	各组件的装配	添加算盘框架	5	绘制是否正确			
			添加杆	10	绘制是否正确			
			添加珠子	10	绘制是否正确			
			复制珠子	5	绘制是否正确			
			复制12组珠子和杆	5	绘制是否正确			
2	切片	生成STL格式文件		15	"相邻公差"设置是否合理			
3	打印	打印设置	打印机操作	15	操作规程是否合理			
			打印材料		打印材料选用是否合适			
			层厚		层厚设置是否合理			
4	修磨	修磨		10	是否光滑			
5	安全生产	1）安全正确操作设备 2）工作场地整洁，打印机、工件等摆放整齐规范 3）做好事故防范措施，并将出现的事故发生原因、过程及处理结果记录档案 4）做好环境保护		10	每违反一项从总分扣2分，扣分不超过10分			
合计		100			实际得分			

延伸阅读

2023年5月30日9时31分，长征二号F遥十六运载火箭托举着载有景海鹏、朱杨柱和桂海潮3名航天员的神舟十六号载人飞船在酒泉卫星发射中心点火发射。航天六院将3D打印最新技术应用于航天发动机隔板夹层内流通道的关键构件——加强肋等零部件制造，推动了航天液体发动机研制和生产的转型升级。航天发动机需要大量采用高温合金、钛合金等难加工材料，设计结构复杂、工艺流程长，其轻量化、低成本及快速研制的迫切需求与3D打印成型自由度高且快等特点高度契合。火箭发动机采用3D打印技术制造相关零件，实现了发动机更可靠，效率速度双提升。3D打印技术突破了传统制造技术的局限，解决了航天液体动力研制中的零部组件研制问题，产品合格率、制造流程和可靠性等显著提升，实现了航天液体动力制造技术的升级换代。

实操练习

完成手机支架各组件的建模、装配及打印。

手机支架装配实体如图 3-105 所示，支架框架实体图及零件图如图 3-106~图 3-111 所示。

图 3-105 手机支架装配实体

图 3-106 手机支架件 1 实体

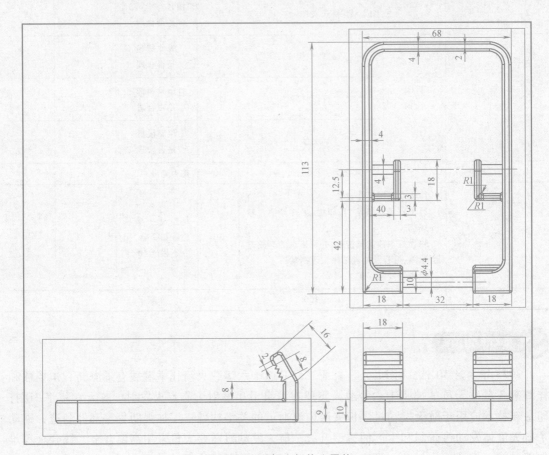

图 3-107 手机支架件 1 零件

图 3-108 手机支架件 2 实体

图 3-109 手机支架件 3 实体

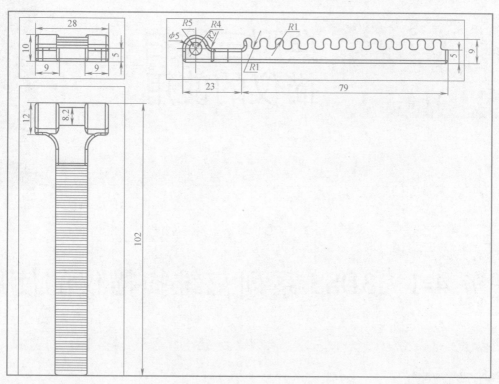

图 3-110　手机支架件 2 零件

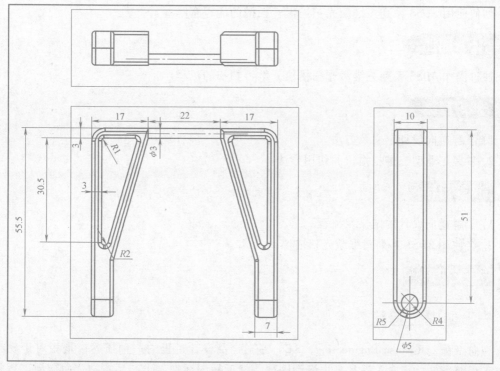

图 3-111　手机支架件 3 零件

项目四 典型三维扫描仪的使用
PROJECT 4

任务 4-1　3DSS 系列三维扫描仪的使用

任务导入

如何使用 3DSS 系列三维激光扫描仪？扫描的流程有哪些？

任务描述

通过操作 3DSS 系列三维激光扫描仪，学习扫描的流程。

知识目标

1. 了解逆向设计定义及方法。
2. 掌握工业型三维扫描仪的使用方法。

技能目标

1. 了解逆向设计的定义及流程。
2. 会使用 3DSS 系列三维激光扫描仪。

相关知识

一、逆向工程简介

逆向工程（Reverse Engineering，RE）是对产品设计过程的一种描述，是相对于现在的正向工程而言的。正向工程就是先设计图样，然后按图样加工出产品实物；而逆向工程是以目前已有的实物通过三维激光扫描及逆向软件处理，还原为计算机模型，并且可以修改和改进。

在工程技术人员的一般概念中，产品设计过程是一个从无到有的过程，即设计人员首先在大脑中构思产品的外形、性能和大致的技术参数等，然后通过绘制图样建立产品的三维数字化模型，最终将这个模型转入到制造流程中，完成产品的整个设计制造周期。这样的产品设计过程称为正向设计过程。

逆向工程产品设计可以认为是一个"从有到无"的过程。简单地说，逆向工程产品设计就是根据已经存在的产品模型，反向推出产品设计数据（包括设计图样或数字模型）的过程。从这个意义上说，逆向工程在工业设计中的应用已经很久了。早期在船舶工业中常用的船体放样设计就是逆向工程的很好实例。随着计算机技术在制造领域的广泛应用，特别是数字化测量技术的迅猛发展，基于测量数据的产品造型技术成为逆向工程技术关注的主要对象。通过数字化测量设备（如坐标测量机、激光测量设备等）获取的物体表面的空间数据，需要利用逆向工程技术建立产品的三维模型，进而利用 CAM 系统完成产品的制造。因此，逆向工程技术可以认为是将产品样件转化为三维模型的相关数字化技术和几何建模技术的总称。

逆向工程的实施过程是多领域、多学科的协同过程。逆向工程的整个实施过程包括了从测量数据采集、处理到常规 CAD/CAM 系统，最终与产品数据管理系统（PDM 系统）融合的过程。逆向工程的实施需要人员和技术的高度协同、融合。

二、逆向工程在 CAD/CAM 体系中的应用

逆向工程技术并不是孤立的，它与测量技术、CAD/CAM 技术有着密切的联系。从理论角度分析，逆向工程技术能按照产品的测量数据建立与现有 CAD/CAM 系统完全兼容的数字模型，这是逆向工程技术的最终目标。但凭借目前人们掌握的技术，包括工程上的和理论上的（如曲面建模理论），尚无法满足这种要求。特别是针对目前比较流行的大规模"点云"数据建模，更是远没有达到直接在 CAD 系统中应用的程度。

"点云"数据的采集有两种方法：一种是使用三坐标测量机对零件表面进行探测，另一种是使用激光扫描仪对零件表面进行扫描。采集到的数据经过 CAD/CAM 软件处理后，可以获得零件的数字化模型和用于加工的 CNC 程序。以使用激光扫描仪测量的摩托车发动机砂型排气道点云图为例，在实际工作中，先采用 LACUS150B 激光扫描仪采集上百万个点数据，形成摩托车发动机砂型排气道外形轮廓，再用 Surfacer 逆向软件进行由点到面的处理，生成摩托车发动机砂型排气道的曲面几何形状。

数据采集完成后，用户可利用 CAD 软件加快逆向工程的处理过程。在理想情况下，CAD 软件可用于：以任何格式输入虚拟的几何尺寸数据；处理采集到的点数据，有时甚至需要处理数亿个点数据序列；通过修改和分析，处理产生的轮廓曲面；将几何形状输出到下一级处理过程中；分析几何形状，估算整体形状与样品的差异。最重要的是，软件允许用户以三维透视图的方式显示工件，它完整地定义了工件的形状，不再需要多个视角的投影图，设计者可直接对曲面轮廓进行再加工，而加工工人可以利用电子模型加工工件。后处理软件可以缩短逆向工程的时间，通过平滑连续的曲线网络提高曲面的质量。

三、逆向工程系统的组成

1. 数据采集技术（产品实物几何外形的数字化）

实物的数字测量是指通过特定的测量设备和测量方法获得实物三维几何数据，用于获取

物体三维数据的测量，基本上可以分为接触式与非接触式两大类。

（1）接触式测量——三坐标测量机（CMM，图4-1） 三坐标测量机的组成部分如下：

1）主机机械系统（X、Y、Z三轴或其他）。

2）测头系统。

3）电气控制硬件系统。

4）数据处理软件系统（测量软件）。

三坐标测量机是测量和获得尺寸数据的最有效的方法之一，它可以代替多种表面测量工具及昂贵的组合量规，并把复杂测量任务所需的时间大大减少。三坐标测量机的功能是快速、准确地评价尺寸数据，为操作者提供关于生产过程状况的有用信息，这与所有的手动测量设备有很大的

图4-1 三坐标测量机

区别。将被测物体置于三坐标测量空间中，可获得被测物体上各测点的坐标位置，根据这些点的空间坐标值，经计算可求出被测物体的几何尺寸、形状和位置。

三坐标测量机主要用于机械、汽车、航空、军工、家具、工具原型、机器等中小型配件、模具等行业中的箱体、机架、齿轮、凸轮、蜗轮、蜗杆、叶片、曲线、曲面等的测量，还可用于电子、五金、塑胶等行业中，可以对工件的尺寸、几何公差进行精密检测，从而完成零件检测、外形测量和过程控制等任务。

三坐标测量机基于力—变形原理，通过接触式探头沿样件表面移动，并与表面接触时发生变形检测出接触点的三维坐标，按采样方式又可分为单点触发式和连续扫描式两种。

三坐标测量机的特点如下：

1）优点：精度高，重复性好，不受物体表面颜色和光照的限制。

2）缺点：速度慢，需要预先进行路径规划和探针补偿；对于几何特征少、大面积自由曲面的零部件测量困难；数据密度低，限制了对零件整体拓扑连接和细节的辨识。高精度化（结构、材料）、自动化（自动路径规划）程度低。

（2）非接触式测量——激光扫描仪

由于扫描法以时间为计算基准，故又称为时间法。它是一种十分准确、快速且操作简单的仪器，可装置于生产线上，作为边生产边检验的仪器。激光扫描仪的基本结构包括激光光源及扫描器、受光感（检）测器、控制单元等部分。激光光源为密闭式，不易受环境的影响，且容易形成光束，常采用低功率的可见光激光，如氦氖激光、半导体激光等。扫描器为旋转多面棱规或双面镜，光束射入扫描器后即快速转动，使激光光束反射成一个扫描光束。光束扫描全程中，若有工件挡住光线，即可测得直径的大小。测量前，必须先用两支已知尺寸的量规进行校正，所有测量尺寸若介于此两支量规之间，可以经电子信号处理后得到待测尺寸，因此又称为激光测规。激光源采用MOVPE（金属氧化物气相外延）技术制造的可见光半导体激光器，具有低功耗、可直接调制、体积小、重量轻、固体化、可靠性高以及效率高等优点，一出现即迅速替代了原来使用的He-Ne激光器。半导体激光器发出的光束为非轴对称的椭圆光束。出射光束垂直于P-W截面方向的发散角约等于30°，平行于截面方向的发

散角约等于10°。如采用传统的光束准直技术，光束会聚焦，两边的椭圆光斑的长、短轴方向将会发生交换，显然这将使扫描器只有小的扫描景深。Jay M. Eastman 等提出采用光束准直技术，克服了这种交换现象，大大地提高了扫描景深范围。这种椭圆光束只能应用在单线激光扫描仪上。

激光扫描仪的特点如下：

1）优点：价格实惠，但它仍有极佳的精确度和采集速度；自定位，不需要外部跟踪或定位设备；创新性定位目标可以使操作人员根据需要以任何方式360°移动物体；便携，可装入一只手提箱大小的箱子，携带到作业现场或者车间，转移十分方便；精确度高，可实现激光扫描技术的一些最高数据质量；具有真正的自动多解析度，新型滑动装置可在需要时保持较高的解析度，同时在平面上保持较大的三角形，生成较小的 STL 文件；它属于手持式设备，其形状和重量分布有利于长时间使用，可避免发生肌肉骨骼问题；功能多样，方便用户使用，可在狭小空间内扫描几乎任何尺寸、形状或颜色的物体；学习时间极短，不需大量培训；测量速度快，而且可达到较高的精度（$\pm10\mu m$）。

2）缺点：对被测表面的表面粗糙度、漫反射率和倾角过于敏感，存在由遮挡造成的阴影效应，对突变的台阶和深孔结构易于产生数据丢失。

图 4-2 所示为常用的手持式激光扫描仪。利用被测物体的特征或者标记点自动拼接获得点云数据；从点云数据中提取特征线和边界线，利用专业的逆向处理软件（surfacer Geomagic studio）对点数据进行处理建模，并对逆向件分析检验或利用 3D 软件（UG、Creo 等）进行逆向建模。

a)

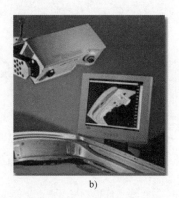
b)

图 4-2 常用的手持式激光扫描仪

激光扫描直接生成的 STL 文件很容易导入检测软件并快速进行处理。在多种环境下扫描和测量任意大小的物体，生成检测和比色报告，以及对非接触式检测、首件检测、供应商质量检测、部件到 CAD 检测、3D 模型与原始部件/生产工具间的一致性评估。

2. CAD 建模技术（数据处理与 CAD 模型重建）

产品的三维 CAD 建模是指从一个已有的物理模型或实物零件产生出相应的 CAD 模型的过程，包含物体离散测点的网格化、特征提取、表面分片和曲面生成等，是整个逆向工程中最关键、最复杂的一环，也为后续的工程分析、创新设计和加工制造等应用提供数学模型支持。

传统 3D 建模和快速建模对比如图 4-3 所示。

传统曲面造型方式主要表现为由点→线→面，也是经典的逆向建模流程，它使用 NURBS 曲面直接由曲线或测量点来创建曲面。图 4-4 所示为基于曲面片直接拟合的曲面重建处理流程。图 4-5 所示为基于特征曲线的曲面重建流程，其代表软件有 Imageware，ICEM Surf 和 CopyCAD 等。

快速曲面造型方式是通过对点云的网格化处理，建立多面体化表面来实现的，图 4-6 所示为快速曲面造型的流程，其代表软件有 Geomagic 和 RE-SOFT 等。

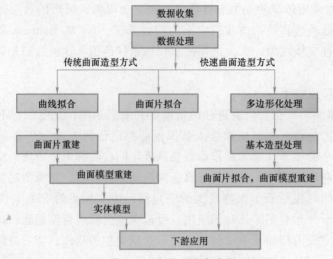

图 4-3 传统 3D 建模和快速建模对比图

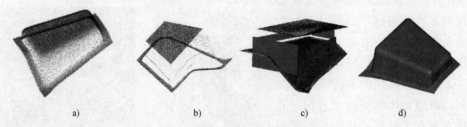

图 4-4 基于曲面片直接拟合的曲面重建流程

a）原始点云 b）特征点云区域提取 c）曲面基元拟合 d）CAD 模型构造

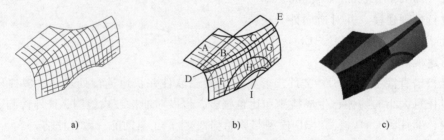

图 4-5 基于特征曲线的曲面重建流程

a）原始点云 b）特征线提取与区域分割 c）曲面片拟合与曲面重建

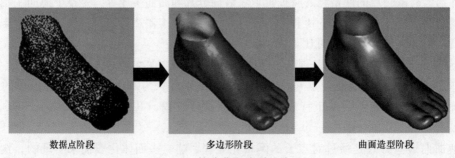

图 4-6 快速曲面造型的流程

根据重建的模型可进行产品加工和模具的制造。

四、逆向工程技术在模具行业中的应用

逆向工程的应用领域主要是飞机、汽车、玩具和家电等行业。近年来，随着生物、材料技术的发展，逆向工程技术也开始应用在人工生物骨骼等医学领域。但是其最主要的应用领域还是在模具行业。由于模具制造过程中经常需要反复试冲和修改模具型面。若测量符合要求的模具并反向求出其数字化模型，在重复制造该模具时就可运用这一备用数字模型生成加工程序，可以大大提高模具生产效率，降低模具制造成本。

逆向工程技术在我国，特别是以生产各种汽车、玩具配套件的地区、企业，有着十分广阔的应用前景。这些地区、企业经常需要根据客户提供的样件制造出模具或直接加工出产品。测量设备和 CAD/CAM 系统软件产品是必不可少的。

五、逆向工程软件

逆向工程的实施需要逆向工程软件的支持。逆向工程软件的主要作用是接收来自测量设备的产品数据，通过一系列的编辑操作，得到品质优良的曲线或曲面模型，并通过标准数据格式将这些曲线、曲面数据输送到现有 CAD/CAM 系统中，在这些系统中完成最终的产品造型。由于无法完全满足用户对产品造型的需求，因此逆向工程 CAD 软件很难与现有主流 CAD/CAM 系统（如 CATIA、UG、Creo 和 SolidWorks 等）抗衡。很多逆向工程软件成为这些 CAD/CAM 系统的第三方软件，如 UG 采用 ImageWare 作为 UG 系列产品中完成逆向工程造型的软件，Creo 采用 ICEM Surf 作为逆向工程模块的支撑软件。此外，还有一些独立的逆向工程软件（如 GeoMagic 等），这些软件一般具有多元化的功能。例如，GeoMagic 除了可以处理几何曲面造型以外，还可以处理以 CT、MRI 数据为代表的断层界面数据造型，从而使软件在医疗成像领域具有相当的竞争力。另外一些逆向工程软件作为整体系列软件产品中的一部分，无论数据模型还是几何引擎均与系列产品中的其他组件保持一致，这样做的好处是逆向工程软件产生的模型可以直接进入 CAD 或 CAM 模块中，实现了数据的无缝集成，这类软件的代表是 DELCAM 公司的 CopyCAD。下面介绍几种比较著名的逆向工程软件。

（1）GeoMagic　GeoMagic 是美国 RainDrop 公司的逆向工程软件，具有丰富的数据处理手段，可以根据测量数据快速构造出多个连续的曲面模型。该软件的应用包括从工业设计到医疗仿真等诸多领域，用户包括通用汽车、BMW 等大制造商。

（2）ImageWare　作为 UG NX 中的逆向工程造型软件，ImageWare 具有强大的测量数据处理、曲面造型和误差检测功能，可以处理几万至几百万的点云数据。根据这些点云数据构造的 A 级曲面（CLASS A）具有良好的品质和曲面连续性。ImageWare 的模型检测功能可以方便、直观地显示所构造的曲面模型与实际测量数据之间的误差以及平面度、圆度等几何公差。

（3）CopyCAD　CopyCAD 是英国 DELCAM 公司系列 CAD 产品中的一个，主要用于处理测量数据的曲面造型。DELCAM 公司的产品涵盖了从设计到制造、检测的全过程，包括 PowerSHAPE、PowerMILL、PowerINSPECT、ArtCAM、CopyCAD 和 PS-TEAM 等多款软件产品。作为系列产品中的一部分，CopyCAD 与其他软件可以很好地集成。

（4）RapidForm　RapidForm 是由韩国 INUS 公司开发的逆向工程软件，主要用于处理测量、扫描数据的曲面建模以及基于 CT 数据的医疗图像建模，还可以完成艺术品的测量、建

模以及高级图形生成。RapidForm 提供了一整套模型分割、曲面生成和曲面检测的工具，用户可以方便地利用以前构造的曲线网格经过缩放处理后应用到新的模型重构过程中。

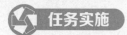 **任务实施**

这里主要介绍 3DSS 系列三维激光扫描仪及其操作方法。

一、设备结构简介

3DSS 系列三维激光扫描仪是上海数造机电科技有限公司研发生产的三维数字化设备，该产品分成单目和双目两大类。3DSS（Three Dimentional Sensing System）是一种对实物进行坐标扫描的数字化建模设备，可对物体进行高速高密度扫描，在很短的时间内把整个空间曲面的三维点云同时计算出来并输出，供进一步后处理用。3DSS 系列三维激光扫描仪是一种非接触扫描设备，能对任何材料的物体表面进行数字化扫描，如工件、模型、模具、雕塑和人体等，可用于逆向工程、工业设计、检测、三维动画以及文物数字化等领域。如果把逐点扫描称为第一代扫描技术，激光线扫描称为第二代扫描技术，则 3DSS 可称为第三代扫描技术。

3DSS 系统包含硬件和软件。硬件包括电脑、摄像头、数字光栅发生器和三脚架。软件的操作系统是 win2000/XP，软件对摄像头和光栅发生器进行实时采集和控制，对采集的图像进行软件处理，生成三维点云，并能进行三维显示，输出各种格式（ASC，WRL，IGS，STL 等）的点云文件，可用 Surfacer、Geomagic 等软件进行进一步处理。扫描仪外形及各部分名称如图 4-7 和图 4-8 所示。

图 4-7　3DSS 扫描仪前视图

图 4-8　扫描仪后视图

二、如何连接和安装系统

连好显示器、鼠标和键盘等，把扫描仪安装到三脚架上。先把六边形卡盘用随机配的内六角螺钉固定到扫描仪圆柱形支架端部。注意：螺钉要拧紧，六角卡盘的边应与机身面板平行，这样扫描仪才不会歪。然后在三脚架稳定撑开放置的情况下，把卡盘卡入三脚架云台的卡座内并锁紧。确认安装稳定后方可松手，防止跌落。线路连接如图4-9所示。

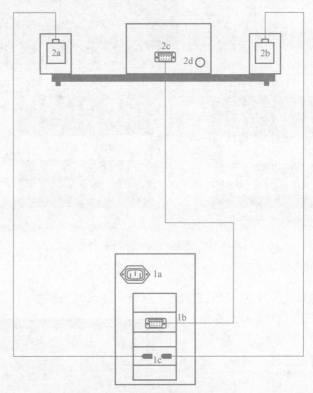

图 4-9　3DSS 线路连接示意图

1a—PC 电源插座　1b—显卡 VGA（或 HDMI）接口　1c—USB 接口

2a—左 CCD 插口　2b—右 CCD 插口　2c—光栅发生器 VGA 插口　2d—光栅发生器电源线插口

图 4-10 所示为扫描控制软件的主界面。客户区被固定分成四个区域，其中第一象限是参考点管理区，第二象限是扫描点云显示区，第三象限是左摄像头图像显示区，第四象限是右摄像头图像显示区。

三、系统基本操作

1. 开机

连接好所有电缆插头，打开镜头盖，按如下步骤开机：

1）打开计算机，启动 WINDOWS。

2）按下光栅发生器电源按钮，点亮投影光栅灯泡。

3）双击 3DSS 软件快捷方式，启动扫描软件，进入软件界面点。

注意：若 CCD 连接电缆没插好，会提示"No Camera"。

参考点管理区　　　　　　　　　　　　　　　扫描点云显示区

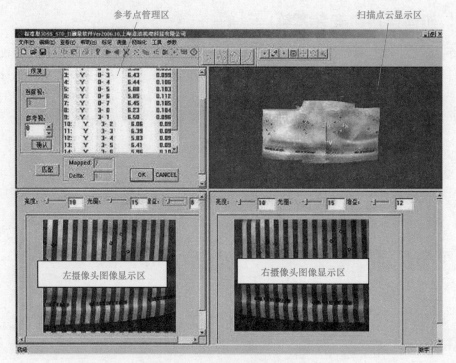

图 4-10　扫描控制软件的主界面

2. 条纹控制

单击主菜单"初始化"下的"条纹控制"命令,进入"条纹控制"对话框,如图 4-11
所示。通过上面的按钮,可以对光栅投影器进行相应的操作。"开灯""关灯"按钮可以打开或关闭投影灯;其余的按钮"十字""Gray5""白""Gray4""Gray3""Gray2""Gray1""Gray0""PHS0""PHS1""PHS2"和"PHS3"依次是不同模式,扫描时会自动投影到物体上。在此可以单击任意一个按钮投影其中的一个,供检查或实验用。

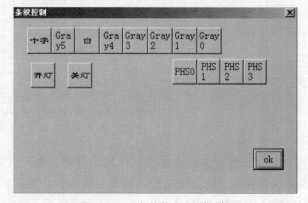

图 4-11　"条纹控制"对话框

3. 打开摄像功能

单击"主菜单"→"工具"→"CCD控制"→"拍摄",即可开启实时摄像功能。在左右摄像头对应的视图窗口内,动态显示各自的拍摄内容。

4. 关闭摄像功能

单击"CCD 控制"→"取消拍摄",或直接单击工具条中的 ⊗ 图标,即可关闭摄像功能。

5. 打开投影

单击"直接控制"→"开灯",或直接单击工具条中的 图标,即可打开投影。

6. 关闭投影

单击"直接控制"→"关灯",或直接单击工具条中的 ◻✕ 图标,即可关闭投影(只是关闭投影输出,灯泡并未关闭)。

7. 投影十字线

单击"直接控制"→"开灯",或直接单击工具条中的+图标,即可投影中间带十字、四角有边框的矩形光窗,如图 4-12 所示。在投影光窗口中,中间是一个红色的十字架,四个角有红色的边框标志。如果十字线不在中间,或四个边框标志不全,则显示设置有问题。

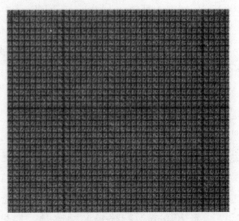

图 4-12 投影十字线效果

8. 调节 CCD 参数

在左右两个 CCD 视图区内分别有电子亮度、电子光圈和电子增益三个拉动杆,在摄像功能打开的情况下,可调节相应的参数,调节效果会立即在窗口中显示出来。可根据环境、灯泡亮度和扫描材质调节这三个参数。注意:两个 CCD 应尽量调节成一样的参数。调到最佳值后,可在 "参数"→"CCD 参数" 中进行设置,作为下次启动软件时两个 CCD 的统一默认参数。扫描时,根据待测物体材质的不同,可以调整增益,使亮度适宜。亮度适宜的标准是动态图像窗口中刚刚出现一点红色,红色图像太多表示图像太亮,会使扫描结果变差,此时应该调低增益;图像太暗也不利于扫描,应调高增益。电子光圈(默认 15)不宜随便调节,否则可能会使图像出现滚动的横条纹,导致扫描结果大为劣化。

9. 确认左右摄像头的位置

不要颠倒左右摄像头的位置。辨别方法是:让扫描仪的镜头对着 3DSS 控制软件运行的计算机屏幕,打开镜头盖,启动摄像功能,

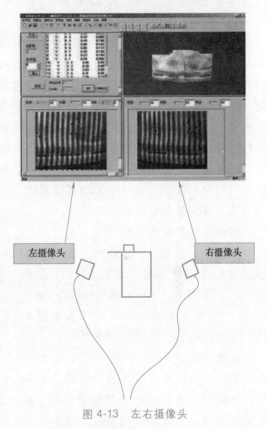

左摄像头　　右摄像头

图 4-13 左右摄像头

左下窗口应为左摄像头的显示区域(图 4-13),可用手在镜头前晃动帮助辨别。另一种辨别方法是:让一个物体由远及近朝镜头移动,观察屏幕中视频窗口中相应的两个图像,如果两个图像相互接近,则安装正确;如果发现不正确,则要互换两个摄像头数据线 USB 插头在电脑侧的位置。在扫描前应确认左右摄像头是否插反。

10. 调整摄像头

不同扫描范围的结构参数

3DSS 可以灵活调成多种扫描范围,如标准型(400mm×300mm)、精密型(120mm×

100mm）、以及 800mm×600mm、200mm×150mm 等。

1）标准型：基距＝500mm，扫描标准距离≈1000mm，镜头焦距＝16mm。

2）精密型：基距≈250mm，扫描距离≈500mm，镜头焦距＝25mm。

3）800mm×600mm：基距＝500mm，扫描标准距离≈1600mm，镜头焦距＝12mm。

4）200mm×150mm：基距＝250mm，扫描标准距离≈500mm，镜头焦距＝16mm。

安装摄像头时，要调整的是角度 α。调整时，把标定板放在摄像头前的扫描距离处，并把十字线投影到标定板上的中心，仔细调整两个摄像头的角度，观察屏幕图像，令十字线处于左右图像窗口的中心，此时标定板的图像位于两个窗口的中间位置。设备安装好后，该角度一般就不要调整了。扫描时，要保证扫描距离基本在规定的范围内。这个距离也不是固定的，根据实际情况而变，一般而言，扫描较小物体时，若想让点距小一些，可适当减少扫描距离，如 700mm；扫描较大物体时，如果一次要获得较大的扫描范围，而点距不是很重要，可以适当增加扫描距离，如 1200mm，但不宜超过太多。

11. 调整光栅发生器

光栅发生器有聚焦环及变焦杆两个调节部件。这两个紧邻的部件靠近投影镜头，聚焦环靠前，用于调整投影出的光栅清晰度；变焦杆靠后，上面有一个短拨杆，用于调整投影窗口的大小。投影镜头的变焦杆通常要调整到使投影的画面达到最小的位置，然后再调整投影焦距，在无法聚焦的情况下，可适当调整一下变焦杆。把十字线投影到位于扫描距离位置的白色物体上（可以放一张白纸），调节投影镜头的聚焦环，使投影的十字线图案达到最清晰。在扫描过程中，光栅投影器的镜头是可以调整的，不会影响扫描精度。

注意：十字线模糊会使投影出的光栅边界不清晰，扫描时会使点云出现周期性的条状空缺。所以在扫描前应确认十字线是清晰的。

12. 调整摄像头镜头

摄像头镜头如图 4-14 所示。

调整前，启动 3DSS 软件，按如下数据设置默认 CCD 参数：①亮度：10；②光圈：15；③增益：10；④灯泡电流：通常为 100%。使用精密型时，由于投影距离近，亮度过高，可设置为 70% 左右。

关闭并重新启动 3DSS 软件，启动摄像功能，观察图像。CCD 摄像头镜头的聚焦必须调整得非常清晰。调整聚焦时，较大的光圈有利于观察聚焦程度，因此应先把摄像头镜头的光圈调成较大，并且不要

图 4-14　摄像头镜头外形

开投影光，只利用环境光照明（因为如果此时打开投影光，图像会过亮，无法观察），在标准扫描距离处放一张报纸，松开焦距锁紧螺钉，转动调整圈，观察屏幕上的图像，使图像中的文字调到最清楚，然后紧固锁紧螺钉。焦距调好后，再把光圈调到合适的值。通常在标准扫描距离处放一个喷有白色显像剂的物体（因为这是扫描时最常见的颜色），打开投影灯，并投影出十字线，观察图像，调整光圈，使图像上最亮处的红色刚刚消失。调好一个镜头后，再调另外一个镜头，两个镜头的光圈（包括软件光圈）必须调整得非常接近。

最后确认如下内容：

1）环境光：首先把房间里的灯都关闭，因为采用交流电的光源都是闪烁的，会影响扫描效果。然后确认环境光是否比较亮，如果仍然较亮，则应想办法屏蔽环境光。

2）打开光栅发生器灯泡，打出十字线，将白光照射在待测物体上，确认十字线是否清晰；观察屏幕图像中待测物体上是否有红色出现，若有，则需调整增益，直至红色刚好消失，当然，某些反光点或非扫描区域的过量红色可以不理会；如果图像较暗，则应调高增益，使图像亮度适中。

3）太暗、反光或透明的材质必须在表面喷涂显像剂。

13. 如何标定摄像头

借助于标定装置，利用软件算法计算出摄像头的所有内外部结构参数，才能正确计算扫描点的坐标。该算法采用平面模板五步法进行标定，所谓五步法就是依次采集 5 个不同方位的标定板模板图像，进行标定计算。不同的扫描范围要用不同的标定板进行标定。在下列情况下摄像头需要标定：

1）摄像头重新安装后。

2）任意一个摄像头镜头调整后。

3）扫描时参考点扫描不出来时。

4）扫描大型物体时反复搬动扫描仪后。

5）室温显著变化后（比如超过 10℃）。

6）怀疑摄像头有变动时。

注意：投影镜头调过后不需要重新标定。

当然，如果不怕麻烦，每次进行扫描前可以重新标定，标定功能通过菜单项"标定"→"标准法"进入。

（1）标定板　标定板是一块印有白色点阵的平板，如图 4-15 所示。扫描范围不同，点的大小和点距也不同，其中有 5 个大点，这是标识方向的，有两个紧邻的大点必须总在上方。标定时，标定板不能侧放或颠倒。标定板需保持干净，不能污损，圆点的边界不能缺损。通常标定板的参数会标在标定板后面。

（2）标定参数　单击"参数设置"→"参考点参数"，打开参考点参数设置对话框。"横向大点距离"表示的是 5 个大点

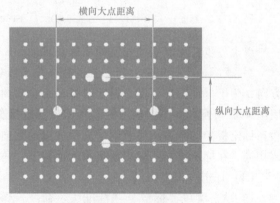

图 4-15　标定板

中横向的两个点之间的精确距离，"纵向大点距离"是其中纵向两个大点之间的精确距离。这两个参数通常会标记在标定板的背面。标定前，要根据采用的标定板的实际尺寸设置标定参数，不正确的参数会导致扫描误差。

（3）标定方法　标定前，必须确认摄像头的镜头已经调好并紧固。一般情况下，标定时要打开投影灯泡，计算机会自动打白光到标定板上，投影光窗口要覆盖所有的白点。打开摄像功能，观察屏幕上的图像，如果太暗，要增加增益，先使最亮点的图像变成红色，然后

再略微减少图像亮度，使红色刚好消失。要注意的是，标定板及背景要干净，不可有多余的圆形图案出现，可用一块干净黑布做背景。根据摄像头的姿态，通常采用两种标定方法：水平前倾和垂直向下。其区别在于摄像头的姿态不同，标定板的摆放方法也有所不同。选用标定方法的原则是：扫描用什么姿态，则标定用什么姿态。

1）水平前倾标定法：当扫描的物体位于摄像头的前方时，如扫描汽车油泥模型的侧面，摄像头处于前倾或水平方向，为了保证扫描精度，标定时摄像头前倾，标定板正对摄像头。如图4-16所示，辅助工具实现标定板的摆放，如可借助椅子或装标定板的工具箱。摆放时要观察两个图像窗口，尽量使左右图像对称，图像尽量居于窗口的中央位置，点阵尽量平行于窗口。注意图中五个大点的方向。

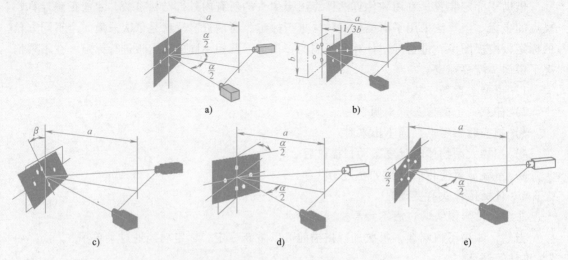

图4-16　水平前倾标定法标定板摆放方位示意

a）STEP1（标准）　b）STEP2（拉近或远离）　c）STEP3（上倾）　d）STEP4（左倾）　e）STEP5（右倾）

以上各步并无严格的先后顺序的要求。

2）垂直向下标定法：当扫描的物体位于摄像头的下方时，摄像头处于大致垂直朝下的方向，为了保证扫描精度，标定时摄像头也要向下，此时标定板可放在地板上标定，并可采用图4-17所示的5个摆放位置。具体做法是摄像头的位置不动，找一块高度合适的方块来垫高标定板的四个边。注意图中五个大点的方向。倾斜的角度与水平前倾标定法中的角度大致相同，在标定点能匹配识别出来的前提下，角度尽量大一些。

（4）标定操作步骤

1）单击菜单"标定"→"标准法"命令，弹出标定"Wizard"界面。

2）单击"下一步"，进入"STEP1"对话框，如图4-18所示。

页面中有两个并排的小窗口，分别用于显示左、右摄像头的模板匹配效果，匹配出的点都显示在上面。标定时，并不要求所有的点都找到，但为了保证标定效果，每次缺失的点应少于5个。刚进入此界面时，不会进行匹配，先观察屏幕摄像机显示窗口，观看左、右摄像头是否覆盖标定板，如果没有，可调整标定板或三脚架，使之覆盖。还要看亮度是否合适，如果不合适，则要调整软件增益或投影灯亮度。然后单击"模板匹配"按钮，计算机开始匹配，并把结果显示在标定"Wizard"界面上。

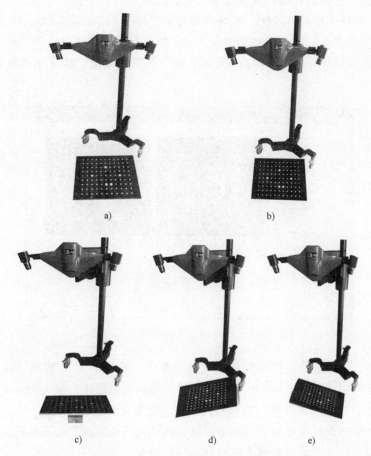

图 4-17 垂直向下标定法标定板摆放位置

a）第一步：标定板平放 b）第二步：垫高标定板后边 c）第三步：垫高标定板前边
d）第四步：垫高标定板左边 e）第五步：垫高标定板右边

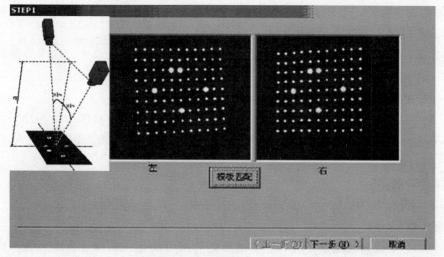

图 4-18 "STEP1" 对话框

3）如果绝大部分的点都能匹配并显示出来，就单击"下一步"按钮，进入第二步。如果结果不满意，重新调整后再匹配，直到满意为止。

4）依次进入第三步、第四步和第五步。标定板方位图如图4-16、图4-17所示。

5）第五步的界面稍有不同，多了"标定计算"按钮和按钮"接受标定结果"，如图4-19所示。

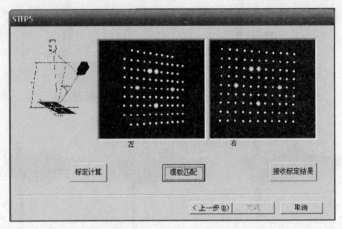

图4-19　"STEP5"界面

在这一步中，成功进行模板匹配后，就可以单击"标定计算"按钮，计算机即开始进行计算，在数秒内完成标定运算，然后会在屏幕上显示出极差来。极差越小，表示标定结果越准确。极差小于2就可以接受。如果极差太大，则要重新进行标定。

注意：如果某一步有较多的点匹配不出来，则把倾斜角度减小些再匹配。并不是所有的点都要匹配出来。倾斜角过小不利于获得好的标定效果。

6）如果标定误差符合要求，则单击"接受标定结果"按钮，新的标定结果就会起作用。单击此按钮后，下面的"完成"按钮自动激活。

7）标定结束，单击"完成"按钮。

8）取消标定。若标定结果不理想，则单击"取消"按钮，退出标定程序。在标定中的任何一步，都可单击"取消"按钮，退出标定程序。

标定结果以文件par.txt的形式保存在运行目录的\cali子目录中，这个参数将影响后续的扫描，直到重新标定后新的参数文件覆盖此文件为止。

14. 扫描前置处理

（1）表面处理　物体的表面质量对扫描结果影响很大，如果扫描结果不理想时，可考虑对物体做表面处理。虽然并不是所有的物体都需要做表面处理，但下面几种表面必须处理：

1）黑色表面。

2）透明表面。

3）反光面。

物体最理想的表面状况是亚光白色。通常的处理方法是在物体表面喷一薄层白色显像剂，这种物质跟油漆不一样，很容易清除，便于扫描完成后还物体以本来面目。喷涂显像剂时要注意如下几点：

1）该操作会造成误差。

2）不要喷得太厚，不要追求表面颜色的均匀而多喷，只要薄薄一层就可以。

3）不要喷到皮肤上，不要吸入人体内。

4）贵重物体最好先试喷一小块，确认不会对表面造成破坏后再喷。

5）喷涂现场注意通风，禁止吸烟。

实验表明，一般情况下人的皮肤可以不经过处理就能扫描出来，但摄像头软件增益要调高。对于颜色较深的皮肤，可以适当打一点白色粉底，但千万不要喷显像剂。

（2）利用参考点转换坐标 要完整地扫描一个物体，往往要进行多次、多视角扫描，不能让物体超过扫描范围。在扫描范围内的物体（例如一个瓶子）也需要在不同的视角下进行多次扫描，才能获得整体外形的点云。这时需要进行多视拼合运算，把不同视角下测得的点云转换到统一的坐标系下。参考点是用来协助坐标转换的，它实际上是一些贴在物体表面的圆点，黑底白点。为了可靠识别参考点，参考点需要一定的大小，但参考点（黑点）贴在物体表面会使表面的点云出现空洞，所以要尽量小。参考点的大小跟扫描范围有关，其关系见表 4-1。

表 4-1 不同扫描范围下的参考点大小

扫描范围	参考点直径
200mm×150mm	3mm
400mm×300mm	5mm
800mm×600mm	8mm

以上是用随机扫描软件进行拼合的情况，当采用专业软件（如 Geomagic）进行拼合时，由于参考点匹配是靠人工交互进行的，所以可以采用较小的参考点，甚至可以利用表面的一些自有特征来进行拼合。

参考点可以用打印机直接打印出来，可以用亚光不干胶纸打印。用不干胶纸打印的参考点，可以直接贴上去；用打印纸打印的参考点，只能用胶水粘贴。但对于喷了显像剂的物体，不要直接粘贴（会贴不牢），应该用湿布或纸把要贴参考点的地方擦一下。

关于参考点，应注意如下事项：

1）相邻两次扫描之间，至少要有三个重合的参考点才能进行拼合。

2）参考点贴在相邻扫描的重叠区域。

3）参考点的排列应避免在一条直线上。

4）参考点之间的距离应该互不相同，不要贴成规则点阵的形状。

5）高低应尽量错开。

6）参考点应帖在有效位置，即那些至少从两个角度扫描时都能扫描到的公共位置，某些死角里的参考点是没有任何用处的。

（3）扫描策略 物体大小不同，扫描的要求不同，采用的拼接方法不同，则扫描方法也不相同，应该灵活运用。例如，小物体和大物体的扫描方法就不同，小物体的概念是相对的，是指尺寸小于单次扫描范围的物体。一个电话机听筒对于标准型扫描仪来说是小物体，但对于精密型扫描仪而言就不是小物体；汽车车身就属于大物体。在实践中，应灵活运用各种扫描方法。

1）不粘贴参考点的扫描方法。如果对一个物体需要的部分在一个视角就可以全部扫描到，则不用拼接；或者操作者习惯利用 Surfacer 或 Geomagic 等软件来进行手动拼接，而物体上有明显的特征可供利用，那么可以不用粘贴参考点，直接扫描并保存扫描结果。但如果物体上无明显特征，还是应该在物体上粘贴参考点。

2）借助参考板的多视角自动拼接扫描。如果只需要扫描一个物体的顶面和侧面，底面不需要扫描，则可以借助一个参考板进行扫描。如图 4-20 所示，找一块参考板，最好是黑色的，在参考板上粘贴一些参考点。

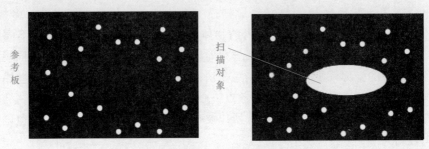

图 4-20　借助参考板的多视角扫描

扫描时，先不要把扫描对象放到参考板上，第一步先对参考板上的参考点进行扫描，争取把所有的参考点都能扫描出来；然后把待测物体固定在参考板上（例如用橡皮泥、热胶枪），依次转动参考板或移动扫描仪，通过 4~6 次扫描就可扫完扫描对象除底部外的所有部分，并利用参考板上的参考点自动拼合起来，而待测物体上并没有参考点，因而也没有空洞。类似瓶子、玩偶等均可采用这种策略扫描。在某些情况下，需要扫描物体的整体，不但需要顶部和侧面的点云，还需要底面的点云，这时要把上述的扫描方法稍做改变，不但在参考板上要贴点，物体的侧面和底面也要贴足够的参考点。基本方法是：第一步，采用上面的方法得到顶部和侧面的拼合点云，至少有一幅要能取得侧面上的较完整的参考点；第二步，把待测物体从参考板上取下来，底面朝上，继续扫描，依靠侧面上的参考点把底面的点云自动拼接到上面几步扫描到的点云坐标系中。

注意：扫描过程中，为了较好地取得侧面的点云和参考点，应调整扫描仪和参考板的相对角度。

3）物体本身粘贴参考点的多视角自动拼接扫描。在没有参考板或不适合用参考板的情况下（例如物体尺寸较大），可采用在物体本身贴参考点的方法，电话机听筒就可以采取这种方法。在物体的各个表面粘贴足够数量的参考点，扫描时应注意合适地摆放物体，使每次扫描能把相邻两次扫描部分的参考点都能识别出来，要保证当前扫描的区域至少与已扫描过的某一幅中有三个或以上数量的公共参考点，这样才能顺利过渡。

对于汽车门板、仪表板等大型物体，可根据单幅扫描范围把待测物体预先规划成多个扫描区间，要保证相邻区间有足够的重叠部分（大概为重叠扫描范围的 1/3）。一般从中间开始扫描，向四周扩散，在每个区域的重叠部分粘贴上足够的参考点。

（4）壳体的正反面扫描　在逆向工程中，经常要求对壳体类零件进行正反面扫描，这时应根据零件的大小采取正确的扫描策略。

1）小物体的正反面扫描方法。对于鼠标类小型壳体，可利用借助参考板的方法扫描得到正反两面各一幅点云（KZ 和 KF）作为后续拼接的框架。然后再单独对正反面分别进行多角度扫描，获得正反面各自的完整点云（PZ 和 PF）。在逆向软件中，固定 KZ 和 KF，令 PZ 与 KZ 对齐，PF 与 KF 对齐，对齐后的 PZ 和 PF 合并后即得到完整的点云。

2）大物体的正反面扫描方法。对于车门等物体的正反面扫描，采用参考球法比较简单。扫描前在物体的侧边粘贴半径相同的若干个参考球（三个以上），分别用自动拼接法扫描得到正反面点云，最后利用参考球法把正反面的点云再对齐到一起。

15. 坐标系

3DSS 系列三维扫描仪的坐标系是以第一次扫描时的左摄像头坐标系为全局坐标系的，多视角扫描中的后续各幅的点云坐标均要转换到这一全局坐标系中。所谓摄像头坐标系，准确定义和理解起来比较复杂，可理解为中心在左镜头中心，XY 轴平行于左 CCD 芯片图像坐标，Z 轴是左 CCD 的光轴并指向被测物体，所以扫描点云的 Z 坐标值都是正值，围绕扫描距离变化。

16. 参数设置

单击"参数"→"扫描参数"命令，进入"参数设置"对话框（图 4-21），可设置扫描参数。

1）"水平像素间隔"和"垂直像素间隔"：在 3DSS 系列三维扫描仪中，在两个摄像头都能看到的空间内，每一个像素都能计算出一个空间点。但有时候并不需要每个像素都进行计算，这时可以隔几个像素取一个点，以减少点云的数据计算量，利于提高后续处理的速度。与此有关的扫描参数是横向和垂直像素间隔。例如，横向设为 2 时，表示横向隔 1 个像素计算一个坐标。扫描汽车车身时，水平和垂直间隔都可设为 4；扫描有细节的小物体时，可设为 1；车门、内饰等较光顺的零部件时，设为 2。

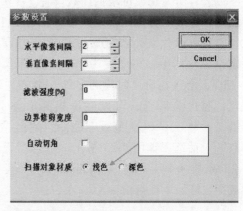

图 4-21 "参数设置"对话框

2）"滤波强度"：此选项能对扫描点云进行平滑处理。当该参数为 0 时，测得的数据中物体表面细节较清楚。当该参数为 30% 以上时，细节较模糊，但是点云非常光顺，通常不要超过 30%。

3）"边界修剪宽度"：此选项用来自动进行翘边删除的参数。通常在点云不连续的边界处（不一定是物体的边界，常常是由于物体上的特征高低不一、互相遮挡造成的不连续），由于种种原因，扫描的点云会有误差，通过设置此参数可以自动裁掉一定宽度的边界。在某些场合，例如要精确扫描物体轮廓的情况下，不进行边界删除，此选项设为 0。

4）"自动切角"：通常扫描区域是一个矩形的区域（图 4-22），但是由于镜头的畸变，即便进行了矫正，在四个角上可能会存在变形，从而造成较大误差，使多块点云合并时在边角部位容易生成双重面。勾选"自动切角"复选项后，一部分角上的点云将自动删除掉，从而减少了后续手工点云裁剪的工作量。

5）"扫描对象材质"：此参数可以让扫描软件适应不同材质的对象。例如，对于喷了白

a)   b)

图 4-22 自动切角示意图

a）未勾选"自动切角"的点云 b）勾选"自动切角"的点云

色显像剂的物体，可选"浅色"；对于油泥模型，人的面部等，选择"深色"，可以对一些深色物体不经表面喷涂就可直接扫描出来，但此时背景杂点也会相应增多。

17. CCD 参数设置

CCD 参数主要有三个，分别是电子软件光圈、电子软件亮度和电子件增益，是左、右摄像头的默认参数，软件启动时有效。灯泡亮度、材质、环境和扫描物体的远近不同时，这些参数会有所变化，可根据经验设置。一般设定灯泡电流后，先在摄像头视图内通过拉杆调整预览，合适后再在此设定，重新启动软件后生效。CCD 参数也是扫描参考点时采用的默认参数，所以这几个参数应该根据参考点的亮度来设置。其中，亮度设为 10%，光圈永远设为 15%，增益在出厂时设为 10%，随着灯泡的老化，亮度会降低，可以逐步提高增益参数。单击"参数"→"CCD 参数"命令，弹出"CCD参数"对话框，如图 4-23 所示。综合型设备使用 25mm 镜头时，由于工作距离较近，投影亮度较亮，灯泡电流可设为 70% 左右。

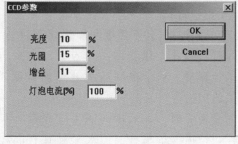

图 4-23 "CCD 参数"对话框

四、扫描项目

1. 建立新扫描工程

开始一个新扫描之前，必须建立一个新项目，单击"测量"→"新项目"命令，弹出文件对话框，选择适当的子目录后，在文件名文本框中输入合适的项目名称（例如可用日期加编号组成，也可直接用待扫描物体的名称来标识），然后单击"保存"按钮，系统会自动在所选的目录中建立一个子目录，目录名就是刚才在文件名文本框中输入的字符串。如果输入的字符串与目录中的子目录名重名，则系统会进入这个子目录，继续等待输入。出现这种情况时，可换一个新名称，或把该目录删除。

2. 打开项目

对于一个已存在的扫描项目，可以用打开项目的功能。一般在以下情况中会用到此功能：

1）扫描参数修改后，要重新离线计算点云数据。

2）扫描过程中突然停电或死机，数据没来得及保存。方法是在启动扫描软件前，拔掉摄像头的数据线，单击"测量"→"打开项目"命令，弹出"建立新工程"对话框，选择需要的子目录，单击后进入该目录，然后双击该目录中与目录名重名的"＊.prj"文件，即工程文件。最后，可以执行扫描功能、拼合功能，只不过没有视频显示功能，所有的操作都是基于已保存的顺序图像文件，计算出的点云文件可重新保存。

3. 点云文件的自动管理规则

扫描进行时，应及时把点云文件保存到硬盘中。单击"文件"→"Export"→".asc"，从弹出的对话框中输入点云名称，如"test"。系统会按顺序把每个视角的扫描点云分别保存成一个文件，文件名是刚输入的字符串后面加编号。

4. 点云的显示

扫描时，扫描点云连同坐标系会显示在屏幕的扫描点云显示区。点云是着色显示，彩色扫描时，点云显示成真彩色。可以对点云进行平移、旋转及缩放等操作，也可改变当前视点云的显示颜色和单点显示的大小。

在刚扫描出点云、未自动拼接之前，属于点云预览状态，此时，点云以三角面的形式显示，因为有法向量和光照，看得比较清楚，便于操作者判断点云是否有问题（比如是否有非正常起伏）；同时，预览状态点云独占三维显示窗口，平移旋转等操作是独立的，对其余已扫描拼接出的点云显示没有影响。

在点云显示窗口（屏幕的右上部分）内单击鼠标左键，可激活等待 图标（由灰色变成彩色）；若要进行平移操作，应先单击 ，按住鼠标左键，移动鼠标；若要进行旋转操作，应先单击 ，按住鼠标左键，向前后或左右移动鼠标，可使点云朝相应方向旋转；若要进行缩放操作，应先单击 ，按住鼠标左键，向前移动鼠标，点云显示放大，向后移动鼠标，点云显示缩小。单击图标 ，弹出 Windows 标准颜色选择对话框，选择某种颜色并确定后，可改变当前视的点云显示基色调。单击图标 ，弹出对话框，可输入一个数值，则当前视的点云中每一个点会按设置的像素显示。默认是一个像素。

五、点云输出

点云文件有多种格式可供选择，如 ASC 格式（标准点云格式，后缀为 asc）、VRML2.0 格式（后缀为 wrl）、STL 和 IGS 等。ASC 格式只包含点的 X、Y、Z 三维坐标信息。VRML2.0 格式除开 X、Y、Z 三维坐标信息外，还包含每点的颜色信息。彩色扫描时通常保存成 WRL 文件格式。STL 是二进制格式的三角网格，但目前只能对单次扫描的点云生成三角网格并保存成独立的 STL 文件。IGS 格式的文件仍然是点云，并不是曲面。

1. 输出所有点云

利用 3DSS 自动拼接功能可对一个物体从多个角度扫描，多次扫描的结果可用"保存所有点云"功能输出，每幅点云分别保存成独立的文件，以利于进一步处理。单击"文件"→"Export all"，弹出一个文件保存窗口，选择所需的文件格式，输入点云文件名称，3DSS 会在名称后自动添加序号，序号从零开始，一直连续编号到当前幅。

2. 输出当前点云

此功能仅输出当前幅的扫描结果。单击"文件"→"Export Active"，弹出一个文件保存窗口，选择文件格式，输入点云文件名称，3DSS 会在名称后自动添加当前视的序号，不必输入序号。

3. 合并点云并输出

此功能可把所有视的点云自动删除重叠部分后合并成一个点云文件输出。单击"文件"→"Merge&Export"，弹出一个文件保存窗口，选择文件格式，输入点云文件名称。由于保存文件数据量较大，并且运算量也较大，所以操作时间较长，需耐心等候。

4. 参考点输出

每次扫描的参考点可独立输出一个文件。有两种文件格式，一种是带编号的 NXYZ 格式（后缀为 txt），每一行四个 ASC 数字，即编号 n 及 X、Y、Z 三个坐标值；另一种是不带编号的 XYZ 格式（后缀为 ref），每一行只有 X、Y、Z 三个坐标值，这些参考点文件合并后可作为扫描的整体框架用。

六、扫描

扫描区域的选择　用选择性扫描的功能可以减少扫描冗余点和杂点。方法是先单击图标 🖿，然后在左摄像头图像显示区中用鼠标定义要扫描的区域，单击鼠标左键，依次定义多边形区域的顶点，双击封闭区域；在定义的过程中，单击鼠标右键，取消该多边形区域的定义，可以定义多个多边形区域。如果要取消所有的区域，则重新单击图标 🖿。子区域可以重叠，并不会因此而产生重叠的点云。多边形区域界线以反色线条显示。注意：单击 🖿 后，左右视频显示窗口中的图像就会定格，直到单击图标 ▦ 或图标 ▶，所以，在定义扫描区域之前，要调好摄像头的增益，使图像的亮度合适，调整好并固定扫描头的位置。如果不定义扫描区域，默认的扫描范围是整个视场。

1. 单视扫描

对于某些小范围局部扫描的场合，可以用单视扫描。直接用 Geomagic 软件进行拼合、配准时，不要使用参考点自动拼合功能，也可采用单视扫描。单视扫描的过程如下：

1）启动扫描软件。

2）激活摄像功能。

3）建立一个新的扫描项目。

4）检查扫描参数。

5）打开投影灯，摄像头对准待扫描区域，观察左、右视频区，调整三脚架或物体，使投影光基本垂直于物体表面，物体到摄像头的距离近似等于设定的扫描距离。

6）观察采集的图像亮度是否合适，不合适则调整相应参数。

7）如有必要可定义扫描区域。

8）点击"测量"→"测量"命令或图标，开始扫描，摄像头会依次投影数幅结构光到物体上，并自动计算出扫描点云，点云结果显示在屏幕的扫描点云显示区，检查点云有无缺陷。

9）观察点云质量，若不满意则分析原因并重新扫描。

10）输出点云。可用"输出所有点云"或"输出当前视点云"功能。在进行单视扫描时，这两个功能是一样的。

11）对于采用 Geomagic 拼合的多幅扫描，无需重新建立新项目，可以从第 5）步开始继续下一个区域的扫描。

注意：每次扫描后要保存扫描点云。

2. 多视扫描

多视扫描是指扫描软件利用参考点进行自动拼合的多视角多次扫描。

（1）参考点的管理　参考点管理区内显示的内容是当前视和参考视扫描得到的参考点信息，其余视中的参考点不会在窗口内显示出来。所谓当前视就是正在进行的这一幅扫描，参考视是当前视要与之拼合的那一幅扫描，大多数是上一幅扫描，也可是别的某幅，可通过界面选择。参考点信息的"编号"表示该参考点在所在的视中的编号；"状态"是指该参考点的状态，如果是"Y"，则表示此参考点参加拼合，如果是"N"，则表示该参考点不参加拼合运算；"像素"表示该参考点外圆在图像中的半径值，以像素为单位；"误差"表示其椭圆拟合误差，误差越大表示它偏离椭圆的程度越大，太大就可能不是一个椭圆，可能是一个方形。

单击"删除"按钮，把当前参考点设为"N"；单击"恢复"按钮，又可把状态重新设为"Y"。可根据参考点半径和误差值判断是不是一个合格的参考点，如果不是，则删除。参考点测量后，软件会自动根据参考点的误差做取舍，参考点误差表示与椭圆接近的程度，与匹配误差的含义不同。对那些误差超过平均值2倍的参考点，其状态自动设置为"N"，即删除状态。当参考点较少时，如只有三个点，可以恢复其状态。

通过定义参考点视图上位于"参考视"旁的加减计数器可改变参考视。

单击"匹配"按钮，软件自动进行匹配计算。如果匹配数目大于或等于3，且匹配误差较小（通常要小于0.1mm），则表示当前视和参考视成功匹配，单击"OK"按钮确定；如果匹配数目小于3，则没有匹配成功。有时虽然匹配数目大于3，但匹配误差较大，也是不成功的。随着软件的升级（3DSS Version 10以后），软件会自动寻找参考视，无须手动指定，所以通常可以不再关注它，让它保持为0即可。只有在自动匹配结果不理想时，即匹配到一个邻近的重合参考点较少的视，而又明确知道哪一幅是最好的参考视（如当前视的上一幅），此时，可人工指定参考视，软件会优先与指定的那一幅进行匹配。

单击"参数设置"→"参考点参数"命令，可弹出参考点参数设置对话框。为了区分真实的参考点、零件上的圆孔特征以及其他干扰，只有符合参考点直径、白色和圆形这三个条件的参考点才能被检测出来。

1）参考点直径：这是白色参考圆的真实直径，例如5mm。一个物体上只能粘贴相同直径的参考点。

2）参考点像素识别范围：扫描参考点时，软件先从分析二维图片开始，事先根据图像中的圆形图案的半径范围挑选出候选的参考圆。这里的半径是以像素为单位的。中间值通常是参考圆真实半径除以扫描点距，例如2.5mm/0.3mm＝7，最小值（低限）可设置为中间值的60%，最大值可设置为中间值的130%。也可事先设置一个较大范围，如（1，100），扫描后在参考点列表中观察真实参考点的半径，再据此设置合适的范围。

3）最小相似距离：这是用来进行参考点匹配拼接的参数，一般设置为0.05mm或0.1mm，不要超过0.25mm。

（2）参考点的显示　参考点扫描出来后，在尚未做匹配之前，与点云一起显示在点云显示窗口中，并且此时只有当前视被显示出来。在列表中被选中的参考点以蓝色小球显示，其余以黄色小球显示，小球直径是与真实直径对应的，每一个参考点都可被删除或恢复。通常只删除明显错误或误差偏大的参考点。匹配成功之后，单击参考点列表窗口上的"OK"按钮后，参考点显示成红色小球。

（3）多视扫描步骤

1）启动扫描软件。

2）激活摄像功能。

3）建立一个新的扫描项目。

4）设置扫描参数。

5）打开投影灯，摄像头对准待扫描区域，观察左、右视频区，调整三脚架或物体，使摄像头基本垂直于物体表面，物体到摄像头的距离约等于设定的扫描距离。

6）观察采集的图像亮度是否合适，不合适则调整相应的增益参数。

7）如有必要，可定义扫描区域。

8）扫描第一幅点云，单击"测量"→"测量"命令，软件自动先扫描参考点，再进行点云扫描。在右上角的点云显示窗口中观察可视区内的参考点和点云是否都被扫描出来，点云是否完好，若不满意，分析原因后重新扫描；若满意，则单击参考点管理窗口中的"OK"按钮，使参考点固定并显示为红色。

注意：第一幅不要进行匹配。

9）单击▶按钮，把当前视编号加1（单击◀按钮可以把当前视编号减1）。不要连续单击▶按钮，中间不能有未经成功匹配的视。如果编号加多了，可单击◀按钮（注意不要忘记这一步）。

10）如有必要，可定义扫描区域。

11）单击"测量"→"测量"命令或图标▨加以纠正。进行参考点和点云扫描。扫描结束后，在点云显示窗口中只显示当前视的结果，其余的点云和参考点暂时隐藏，以便于观察扫描结果。

12）单击"匹配"按钮，进行匹配。如果匹配成功（即匹配点数大于等于3，匹配误差小于0.1mm），单击"OK"按钮。单击"OK"按钮后，点云显示窗口中会显示出所有幅的点云来，可以从点云的相互位置关系进一步判断拼接是否正确。如果匹配不成功，有两种情况：其一是匹配点数大于等于3，但匹配误差较大（通常会是一个超过1的较大的数），这时可以减小参考点参数里的"最小相似距离"，如由0.15改为0.05，或者在参考点列表中删除第一个参考点，再单击"匹配"按钮，问题即可解决；其二是匹配点数小于3，这往往是重叠区域不够造成的，要调整扫描区域，使之与已经扫描过的区域有足够的重叠参考点，再重复步骤10），重新扫描参考点和点云。

注意：匹配误差较大时，不能进行下一步。

13）转步骤9）扫描下一个区域，直到所有区域扫描完毕。

14）输出点云。用"输出所有点云"功能可输出所有视的扫描结果。如输入文件名car，而当前视序号是10，则保存的点云文件是car0.asc、car1.asc、…、car10.asc。也可用"输出当前视点云"功能。通常在使用"Export all"功能保存了前面的视后又扫描了新的点云，此时，若继续用"Export all"功能，则要花相当长的时间重新保存前面已经保存过的点云，而用"Export active"功能只保存新扫描的点云。

3. 自动拼接注意事项

1）扫描新点云时，要单击 ▶ 按钮增加序号。每次只能增加1；若没有增加就扫描，则会覆盖掉刚刚扫描的结果。

2）只有匹配成功后才能继续下面的扫描。若匹配不成功，要找到问题所在。

3）要注意经常保存扫描的结果，防止意外发生。

4）扫描新的区域时，要与已扫描过的某一幅至少有三个以上的重合参考点。

七、3DSS Photo 扫描软件的使用

本扫描软件是与标准的3DSS扫描软件（如3DSSSTD）平行的专用扫描软件，软件安装完成后，在安装目录里除标配的扫描软件（如3DSSSTD.exe）外，还有另外一个可执行文件（如3DSSSTDphoto.exe），可以直接运行或创建快捷方式运行。3DSS Photo 的界面与操作方法与标准扫描软件大部分是相同的。

该软件目前支持两种文件格式，都是 ASCCII 码文件。

（1）3DSS 框架文件 文件后缀为txt，每行四个数字，分别是标号和 XYZ 三个坐标值，以空格隔开，其中标号是整数，可以从任何数开始，也不一定顺序编号，XYZ 是小数，例如：

...
1001 −699.4688 −439.4834 277.3724
1002 −394.1845 −371.7302 501.9882
1004 −318.8458 −372.1901 497.2643
1006 −903.0026 −314.6880 278.4801
1007 −634.0236 −319.7981 322.3661
1009 −880.7963 −293.3758 457.2179
1001 −699.4688 −439.4834 277.3724
1002 −394.1845 −371.7302 501.9882
1004 −318.8458 −372.1901 497.2643
1006 −903.0026 −314.6880 278.4801
1007 −634.0236 −319.7981 322.3661
1009 −880.7963 −293.3758 457.2179
...

（2）ATOS 参考点格式 文件后缀为 ref，与 ATOS 的 TRITOP 测量得到的参考点框架文件完全兼容。

扫描方法与多视扫描步骤基本相同，区别有如下两点：

1）新建扫描项目后，开始扫描点云之前，要先导入参考点：单击"测量"→"参考点"→"导入参考点"命令，也可选择导入 ATOS 参考点，参考点成功导入后，会在扫描点云显示区显示出来。

2）从第一幅扫描开始（视编号0）就要进行匹配，并且每次都只与导入的参考点进

行匹配。扫描时，可适当选择扫描区域，防止过多的冗余点和杂点。扫描完成后，分块保存点云，可在第三方点云处理软件内进行简单的点云裁剪操作，不要进行全局配准，防止点云产生不正确的错位。然后直接合并点云，并做相应的采样、去噪和三角化等操作。

八、点云数据处理流程

1. 扫描及处理的原则

1）投影光线应基本垂直于要扫描的部分。也就是说，与投影光垂直部分的点云是最准确的，在点云编辑过程中应尽量保留。

2）每次扫描的作用要明确，以利于点云编辑时有目的地取舍。

3）遵循先拼、后裁剪、再合并，最后均匀采样的步骤。

4）点云合并前应保存文件，合并后再保存成另外一个文件。

2. 点云的编辑与合并

1）分别调入每幅点云，进行去杂点和去除不好区域的点云操作，并在工具菜单里修改单位为 millimeters，可分别保存成 mi. wrp 文件。

2）点云对齐（注册），可以两两注册。手动注册时，先用 n 点法初拼。用扫描软件的自动拼接功能时，通常不需要手动注册，事后补扫某些区域除外。再用去全局注册（global-register）进行精确调整。可把某几块点云固定位置，用 pin（钉住）操作固定住。

3）全局注册后（global register），要依据粘贴的参考点的点云，检查点云是否发生错位现象。如有错位，则要重新处理点云。错位通常发生在平面或柱面区域。

4）对于 mi（i=0，1，2，3…n），在菜单里选取最佳数据。

5）用点菜单里的"修剪"命令（从对象中删除已选点之外的所有点），然后用"联合点对象"的命令将分块点云合并为一个点云。

6）用统一采样（单击"points"→"uniform sample"命令）功能进行均匀采样，点距应比希望的最小点距略小，采用标准型，1×1 时可选 0.3mm，2×2 时可选 0.6mm。

7）如果点云关键部分有空洞，应该补扫。

8）用选择体外孤点（单击"edit"（编辑）→"select"（选择）→"outliers"（体外孤点）命令）功能选择并删除跳点，可反复进行 2~3 次。

9）用封装（wrap）功能进行三角化。一般情况下，噪声的降低（noise reduce）参数可选 medium（中等）。对于某些要求锐边的场合，可选 none，但选 none 时，三角化结果会较粗糙，此时可单击"polygon"（多边形）→"reduce spikes"（删除钉状物）命令进行去毛刺。某些部位点云重合得不好，会比较毛糙，同样可单击"polygon"（多边形）→"reduce spikes"（删除钉状物）命令加以改善。

10）如有必要，进行补孔操作。补孔时，遵循先删空边界再补的顺序。

11）如有必要，可对锐边做锐化操作。

12）如有必要，可用 decimate polygons（简化多边形）功能减少三角形数量打开高级选项，选择曲率优先。

3. 对齐坐标系

1）在点云中选择某些基准上的点云，建立基准点、线、面。

2）基准点、线、面与全局坐标系对齐使用"tools"（工具）→"Alignment to World"（对齐到全局）命令。

3）手动微调点云坐标，用"tools"（工具）→"Move"（移动）→"Exact Position"（精确位置）命令。

4. 输出

根据用户要求输出不同的文件格式：

1）二进制 STL 文件：Save As→Binary STL

2）igs 点云文件：选择点云：Save As→igs.

实操评价

3DSS 系列三维扫描仪的操作评价表见表 4-2。

表 4-2　3DSS 系列三维扫描仪的操作评价表

项目	项目四	图样名称		任务		指导教师	
班级		学号		姓名		成绩	
序号	评价项目	考核要点	配分	评分标准		扣分	得分
1	扫描仪调整	连接系统	5	不正确不得分			
		调整镜头	5	不正确不得分			
		标定扫描仪	10	不正确不得分			
		表面处理	5	不正确不得分			
2	扫描前置处理	设定坐标系	5	不正确不得分			
3	单视扫描	设置扫描参数	10	不正确不得分			
		检查点云有无缺陷。观察点云质量,输出点云	5	不正确不得分			
4	多视扫描	设置扫描参数扫描第一幅点云	5	不正确不得分			
		扫描、观察采集的图像亮度是否合适,可定义扫描区域	5	不正确不得分			
5	点云数据处理	扫描、拼接合理	5	不正确不得分			
		点云编辑与合并	10	不正确不得分			
		对齐坐标系	5	不正确不得分			
		输出 igs 点云	15	不正确不得分			
6	安全文明生产	1)安全正确操作设备 2)工作场地整洁,工件、量具等摆放整齐规范 3)做好事故防范措施,签写交接班记录,并将出现的事故发生原因、过程及处理结果记录档案 4)做好环境保护	10	每违反一项从总分扣2分,扣分不超过10分			
	合计		100	实际得分			

任务 4-2 用桌面扫描仪扫描恐龙模型及打印

手持式或者桌面扫描仪如何使用？对于复制零件如何扫描？

任务描述

通过使用喵喵 T-1 型桌面扫描仪扫描恐龙模型来学习产品扫描流程。

知识目标

桌面扫描仪的扫描步骤和方法。

技能目标

会使用喵喵 T-1 型桌面扫描仪转台扫描恐龙模型。

素养目标

培养爱护自然、保护环境的意识。

相关知识

一、使用要求及安装

1）电脑配置要求：Windows7 及以上，64 位系统，Intel 标准电压 cpu，内存 4G 及以上，显卡要求支持 OpenGL2.0 及以上版本，至少有一个 USB 接口供扫描仪使用。

2）扫描环境要求：使用时，扫描仪尽量不要放置在强光源下（如太阳光、射灯和频闪的灯等）。避免周围光干扰（包括强光照射、光照变化等），正常的室内 LED 光环境可以正常使用。如果太阳光较强，尽量拉上窗帘或放置在背光一侧，不要放在落地窗下使用。

3）扫描背景要求：标定和扫描过程尽量保证扫描仪拍摄视野场景稳定，没有人/物移动，不要有反光高亮物品，黑色背景最佳。

4）扫描稳定要求：应将扫描仪和转台放置在稳定的平台上工作，尽量避免平台晃动。物品应放置在转台的中心，在转台转动过程中需保证物品不会晃动或发生位移，否则需重新进行扫描。

5）标定要求：凡是转台、扫描仪发生位移或扫描仪角度变动都需要重新标定才能继续扫描。标定时，标定板和标定板支架的角度为 68°。标定板标定时，尽量放在转台中间；在标定过程中，切勿移动标定板支架的位置，只翻转标定板。标定完成后，切勿移动转台和扫描仪之间的相对位置，扫描仪的角度也不能发生变动。

6）软件操作要求：扫描过程、计算标定结果、两个模型拼接、模型封装等步骤都需要一定的计算处理时间（计算机的 CPU 配置越高，等待处理时间越短），期间切勿操作软件界面或旋转模型。

7）USB 设备要求：在扫描仪扫描过程中，不要插拔其他 USB 设备（如鼠标、键盘、U盘等）。

8）不适合扫描的物体如图 4-24 所示，需要喷反光增强剂的物体如图 4-25 所示。

镂空　　　　　　　　　有遮挡　　　　　　　　　大景深

图 4-24　不适合直接扫描的物体

高亮、反光、镜面　　　　　深色、黑色　　　　　　　透明

图 4-25　需要喷反光增强剂的物体

9）快速操作流程如图 4-26 所示。

注意：将扫描仪放置在定位架限位卡槽一端，转台放置在圆孔一端，两者对正、对齐。

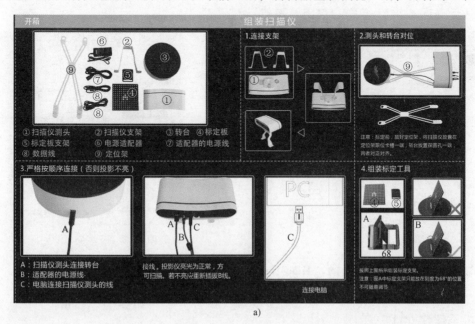

a)

图 4-26　喵喵 T-1 型桌面扫描仪快速操作流程

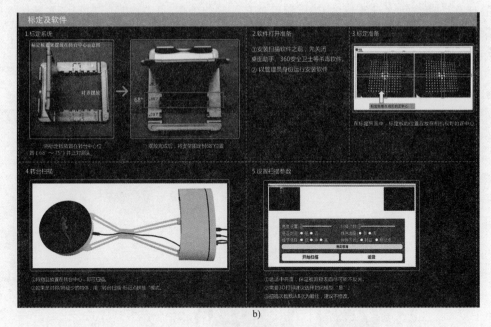

图 4-26 喵喵 T-1 型桌面扫描仪快速操作流程（续）

二、扫描仪软件的安装

找到扫描仪软件，右键单击"MiaoMiaoT-1"，选择"以管理员身份运行"，如图 4-27 所示。弹出安装许可协议，单击"我接受"按钮，接着弹出安装组件对话框，单击"下一步"按钮，单击"浏览"按钮，选择安装位置，单击"安装"按钮（注：不可安装至 C 盘）。安装完成后（图 4-28），单击"关闭"按钮。

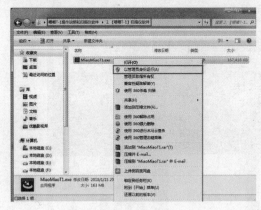

图 4-27 安装软件

图 4-28 安装完成

安装完成后，双击桌面上的"MiaoMiaoT-1"图标打开软件。

注意：设备要连上电脑并通电才可以打开软件。

三、设备的标定

1）打开的软件界面，单击"标定"按钮，如图 4-29 所示。

2）将标定板支架 68°和 75°之间的两个槽位跟转台中间的小圆点对齐一线放置，如图 4-30 所示。

图 4-29 单击"标定"按钮

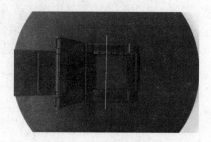

图 4-30 摆放标定板支架

3）将标定板支架插入 68°处，并保持处于原位，如图 4-31 所示。

4）将标定板居中放置，如图 4-32 所示。

图 4-31 标定板支架原位放置

图 4-32 标定板位置

图 4-33 所示为错误放置，图 4-33a 所示为标定板没有支在凹槽的前沿，图 4-33b 所示为标定板没有居中对齐。

5）阅读"注意事项"，如图 4-34 所示，然后按右上角示意图摆放标定板。注意中心大圆点的方向，确保无误后，单击"开始标定"按钮。出现如图 4-35 所示的提示时，表面已完成一次采集，单击"确定"按钮，进行下一组采集。

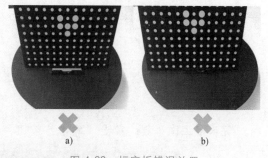

图 4-33 标定板错误放置

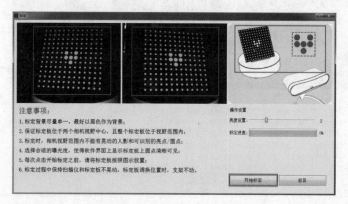

图 4-34 软件标定注意事项

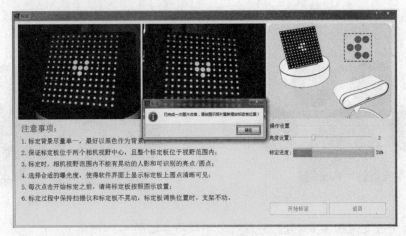

图 4-35　第一次采集完成

按右上角示意图调整标定板角度，如图 4-36 所示，然后单击"开始标定"按钮。

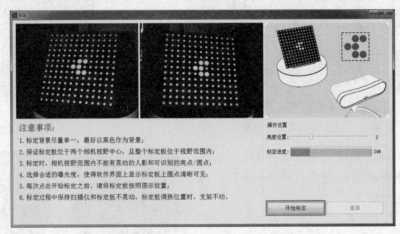

图 4-36　调整标定板角度标定

完成第二次采集，单击"确定"按钮，进行下一组采集，如图 4-37 所示。

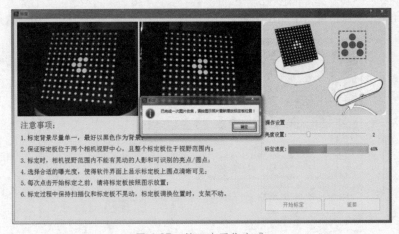

图 4-37　第二次采集完成

按右上角示意图，调整标定板角度，然后单击"开始标定"按钮，如图 4-38 所示。

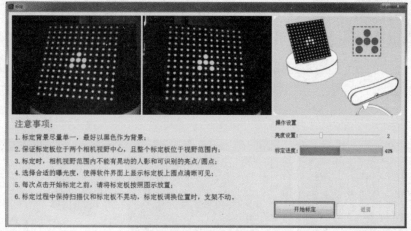

图 4-38 第三次采集

系统弹出如图 4-39 所示的提示窗口，说明标定完成，单击"确定"按钮即可。

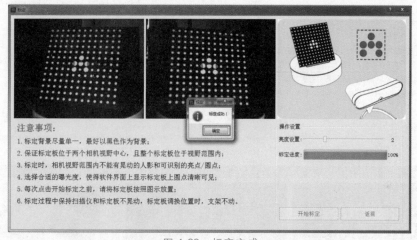

图 4-39 标定完成

6）标定错误示例如图 4-40 所示。

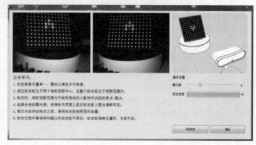

a)   b)

图 4-40 标定错误示例

a）扫描仪左右位置错误 b）扫描仪上下位置错误

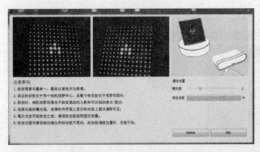 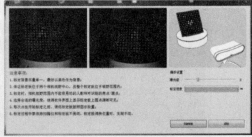

c)　　　　　　　　　　　　　　d)

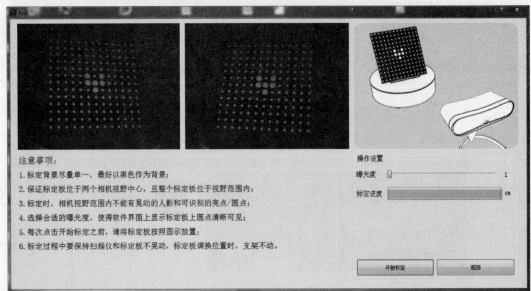

注意事项：

1.标定背景尽量单一，最好以黑色作为背景；

2.保证标定板位于两个相机视野中心，且整个标定板位于视野范围内；

3.标定时，相机视野范围内不能有晃动的人影和可识别的亮点/圆点；

4.选择合适的曝光度，使得软件界面上显示标定板上圆点清晰可见；

5.每次点击开始标定之前，请将标定板按照图示放置；

6.标定过程中要保持扫描仪和标定板不晃动，标定板调换位置时，支架不动。

操作设置

曝光度　　　1

标定进度　　0%

开始标定　　返回

e)

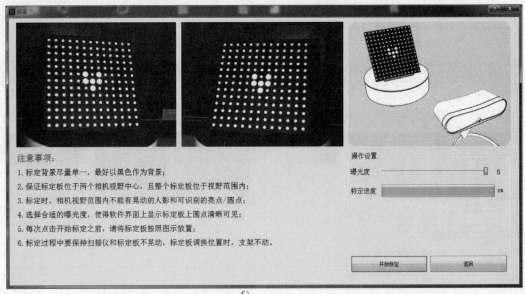

注意事项：

1.标定背景尽量单一，最好以黑色作为背景；

2.保证标定板位于两个相机视野中心，且整个标定板位于视野范围内；

3.标定时，相机视野范围内不能有晃动的人影和可识别的亮点/圆点；

4.选择合适的曝光度，使得软件界面上显示标定板上圆点清晰可见；

5.每次点击开始标定之前，请将标定板按照图示放置；

6.标定过程中要保持扫描仪和标定板不晃动，标定板调换位置时，支架不动。

操作设置

曝光度　　　5

标定进度　　0%

开始标定　　返回

f)

图 4-40　标定错误示例（续）

c）扫描仪太近　d）扫描仪太远　e）曝光度设置错误，标定板显示太暗　f）曝光度设置错误，标定板显示太亮

四、操作界面和按键介绍

操作界面如图 4-41 所示，左右两侧为相机预览区，中间为扫描数据显示区域，下面一排为工具栏（工具栏在不同版本中会有差别）。工具栏中按钮的功能见表 4-3。

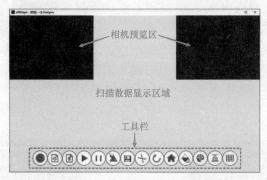

图 4-41　操作软件界面

表 4-3　工具栏按钮简介

图标	功能	图标	功能
▶	开始扫描		有无颜色切换
‖	停止扫描		数据补洞
	生成网格		网格优化
	保存导出		跳转至 3D 打印软件
	裁剪处理		自有扫描模式下，扫描一次
	清空数据		自由扫描模式下，删除当前最后一次扫描数据
	主界面		自由扫描模式下，完成扫描（然后软件自动开始处理数据）

任务实施

用设备转台特征拼接扫描恐龙模型的过程如下：

1）单击如图 4-42 所示的"转台扫描"按钮。

2）扫描前设置：根据需要选择细节，一般默认"高"选项。细节选择彩色扫描时，颜色选择"是"选项，单击"颜色校准"按钮，颜色校准完后，单击"开始扫描"按钮。如图4-43所示。

3）预览扫描过程，设备开始自动扫描，可以通过软件预览扫描过程，如图4-44所示。

4）补充扫描，出现如图4-45所示的提示时，表明已经完成一次扫描。此时可以调整转台上的物体摆放方式，单击"确定"按钮，再单击第一个按钮，开始补充扫描。

图 4-42　单击"转台扫描"按钮

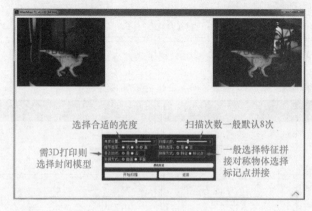

图 4-43　扫描前设置

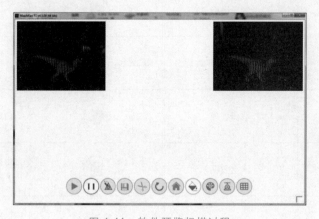

图 4-44　软件预览扫描过程

转台扫描时，如图4-46a所示，将物体以常规姿态摆放。若进行第二次补充扫描，如图4-46b所示，尽量改变物体摆放姿态，让未扫描到的区域能够被扫描到。

完成补充扫描后，两次数据将会自动拟合。如果数据已经完整，则单击"取消"按钮；如果数据还有部分缺失，则继续扫描，如图4-47所示。一般物体扫描两次就可以。

5）封装数据。单击"生成网格"按钮，软件将自动封装数据，如图4-48所示。

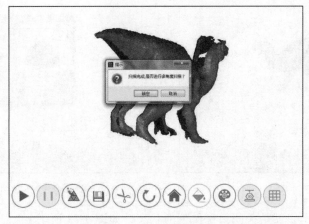

图 4-45　一次扫描完成界面

a)　　　　　　　　　　　　　　b)

图 4-46　物体摆放

a）常规姿态摆放　b）改变物体摆放姿态

图 4-47　继续扫描询问

图 4-48　封装数据

6）补洞处理。网格化完成后，单击如图 4-49 所示的"补洞"按钮，对数据进行补洞处理。

7）选择补洞方式。根据残缺的部分选择补洞方式，若残缺处为曲面，则选择"曲面"选项；若封闭一个平面，则选择"平面"选项，如图 4-50 所示。

8）模型颜色设置。单击"改变颜色"按钮，可以改变颜色，直接查看模型，如图 4-51 所示。

图 4-49 补洞

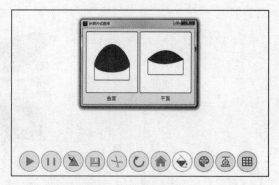

图 4-50 选择补洞方式

9）关闭颜色显示，就是关闭模型颜色的状态，如图 4-52 所示。

图 4-51 设置模型颜色

图 4-52 关闭颜色显示

10）网格化数据处理。单击"网格优化"按钮，对数据再次进行处理，如图 4-53 所示。

11）选择网格优化方式。可根据实际需求选择网格优化方式，这里选择"中"选项，（"低"选项表示此操作后物体表面略平滑，"中"选项表示此操作后物体表面略粗糙），如图 4-54 所示。

图 4-53 网格化数据处理

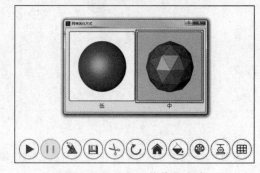

图 4-54 选择网格优化方式

12）保存文件。数据完成处理后，单击"保存"按钮，如图 4-55 所示。

13）导出网格文件。按需要选择导出相应数据，一般选择"导出网格"选项，如图 4-56 所示。选择保存路径，进行文件命名，选择保存格式，最后单击"保存"按钮保存模型文件。如图 4-57 所示。一般 STL 格式文件无颜色,网格格式下的 PLY 格式文件带有颜色信息。

图 4-55　保存文件

图 4-56　导出网格文件

14)导出打印。网格化数据后,单击"导出打印"按钮,如图 4-58 所示。

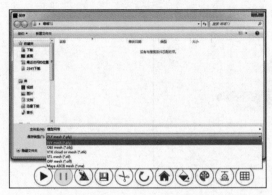

图 4-57　保存模型文件

图 4-58　导出打印

15)选择支持的 3D 打印机品牌,单击"添加配置"按钮,如图 4-59 所示。

图 4-59　添加配置

16)导出打印到切片软件。以弘瑞切片软件为例,启动 3D 打印软件,可根据实际需要,添加配置链接至切片软件打开位置,如图 4-60 所示。

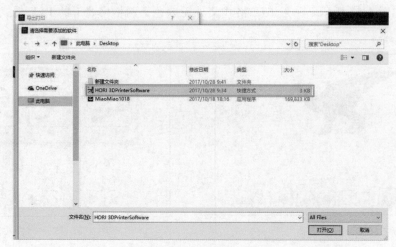

图 4-60　导出打印

单击弘瑞 logo 图片，使扫描数据在切片软件中打开，如图 4-61 所示。

图 4-61　选择打印机

17）打印。如图 4-62 所示，数据已在切片软件中打开，连接打印机即可进行 3D 打印。

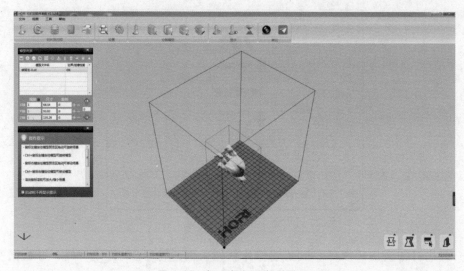

图 4-62　打印机切片软件界面

 实操评价

恐龙的扫描操作评价见表4-4。

表4-4　恐龙的扫描操作评价表

项目	项目四	图样名称		任务		指导教师	
班级		学号		姓名		成绩	
序号	评价项目	考核要点	配分	评分标准		扣分	得分
1	扫描仪调整	连接系统	5	不正确不得分			
		调整镜头	5	不正确不得分			
		标定扫描仪	10	不正确不得分			
		表面处理	5	不正确不得分			
2	扫描前置处理	设定颜色	5	不正确不得分			
3	扫描	第一次扫描	10	不正确不得分			
		第二次扫描	10	不正确不得分			
		补充扫描	5	不正确不得分			
4	扫描后处理	补洞	5	不正确不得分			
		封装	5	不正确不得分			
5	打印	网格化	5	不正确不得分			
		切片文件	10	不正确不得分			
		打印设置	5	不正确不得分			
		打印后修磨	5	不正确不得分			
6	安全文明生产	1)安全正确操作设备 2)工作场地整洁,工件、量具等摆放整齐规范 3)做好事故防范措施,签写交接班记录,并将出现的事故发生原因、过程及处理结果记录档案 4)做好环境保护	10	每违反一项从总分扣2分,扣分不超过10分			
	合计	100		实际得分			

 延伸阅读

　　当前,世界环境问题越来越不容乐观,"绿水青山就是金山银山",我们需要重视环境的保护问题。环境保护和经济发展的协调统一是实现可持续发展战略的重要任务。我国环境保护工作方针是:全面规划,合理布局,综合利用,化害为利,依靠群众,大家动手,保护环境,造福人民。要采取行政的、法律的、经济的、科学的多方面措施,合理利用资源,防止环境污染,保持生态平衡,保障人类社会健康地发展,使环境更好地适应人类的劳动和生活,以及自然界生物的生存。生态环境的变化会导致产生一些新的物种,也会使一些物种消失。通过施工废水处理、生活污水处理、废弃物处理、噪声控制措施、大气污染防治、沙漠绿化等措施,沙尘暴逐年减少,雾霾天气也减少了,近年来我们国家的环保工作取得了显著的成效。保护生态环境,我们能做些什么?节约资源、减少污染,绿色消费、环保购物,重复使用、多次利用,分类回收、循环再生,保护自然、万物共生。

任务 4-3　用桌面扫描仪扫描茶壶模型及打印

 **任务导入**

茶壶类模型如何扫描？

 **任务描述**

通过使用喵喵 T-1 型桌面扫描仪扫描茶壶模型来学习产品标记点扫描流程。

 **知识目标**

桌面扫描仪标记点拼接扫描。

 **技能目标**

会使用喵喵 T-1 型桌面扫描仪标记点拼接扫描茶壶模型。

 **素养目标**

培养锲而不舍、爱岗敬业、干一行爱一行的工匠精神。

 **任务实施**

用设备转台标记点拼接扫描茶壶的过程如下：

1）茶壶属于对称的物体，可选择转台扫描的"标记点"选项的拼接模式，在茶壶上粘贴 3 个标记点，标记点的粘贴方式为不等腰的直角三角形，确保在每个角度的扫描过程中，3 个标记点都能被扫描到。扫描仪标定后，茶壶放在转台上，如图 4-63 所示为软件扫描拼接方式选择的界面，选择完毕后，单击"开始扫描"按钮。

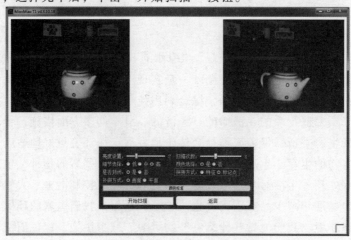

图 4-63　扫描拼接方式选择界面

2）开始扫描后，扫描预览界面如图 4-64 所示。

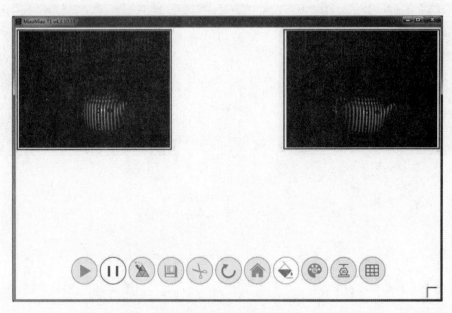

图 4-64　扫描预览界面

3）出现如图 4-65 所示的提示时，表明已经完成一次扫描。此时可以调整转台上的物体摆放方式，保证调整过后的物体表面的 3 个标记点能被扫描到，单击"确定"按钮，再单击"开始扫描"按钮，开始补充扫描。

图 4-65　第一次扫描完成

4）可在软件界面预览第二次扫描的过程，如图4-66所示。

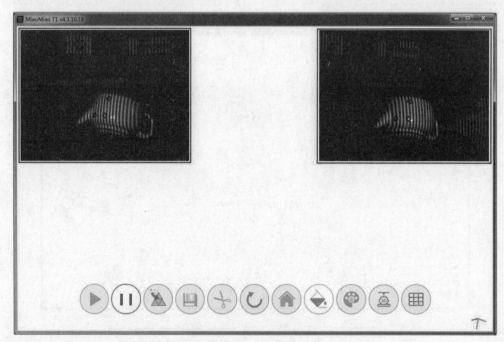

图4-66　第二次扫描预览界面

5）自动拼接。两次扫描结束后，数据自动拼接拟合，应耐心等待，如图4-67所示。

6）完成补充扫描后，单击"取消"按钮，如图4-68所示。

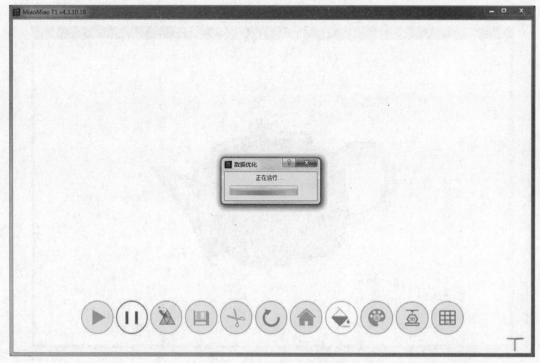

图4-67　自动拼接

图 4-68　补充扫描完成

7）单击"生成网格"按钮，软件将自动封装数据，补洞、网格化处理。保存文件，导出网格文件，输出到切片软件。打印操作步骤略（方法同任务 4-2）。

实操评价

茶壶的扫描操作评价见表 4-5。

表 4-5　茶壶的扫描操作评价表

项目	项目四	图样名称		任务		指导教师	
班级		学号		姓名		成绩	
序号	评价项目	考核要点	配分	评分标准		扣分	得分
1	扫描仪调整	连接系统	5	不正确不得分			
		调整镜头	5	不正确不得分			
		标定扫描仪	10	不正确不得分			
		表面处理	5	不正确不得分			
2	扫描前置处理	设定颜色	5	不正确不得分			
3	扫描	第一次扫描	10	不正确不得分			
		第二次扫描	10	不正确不得分			
		补充扫描	5	不正确不得分			
4	扫描后处理	补洞	5	不正确不得分			
		封装	5	不正确不得分			

（续）

项目	项目四	图样名称		任务		指导教师	
班级		学号		姓名		成绩	
序号	评价项目	考核要点	配分	评分标准		扣分	得分
5	打印	网格化	5	不正确不得分			
		切片文件	10	不正确不得分			
		打印设置	5	不正确不得分			
		打印后修磨	5	不正确不得分			
6	安全文明生产	1) 安全正确操作设备 2) 工作场地整洁，工件、量具等摆放整齐规范 3) 做好事故防范措施，签写交接班记录，并将出现的事故发生原因、过程及处理结果记录档案 4) 做好环境保护	10	每违反一项从总分扣2分，扣分不超过10分			
	合计	100		实际得分			

 延伸阅读

中国古代陶瓷技艺创造了无数的经典，北宋晚期的汝瓷是为中国瓷器烧制技艺的巅峰，复制汝瓷成了对后世陶瓷工匠们的终极挑战。汝瓷的制作为12个阶段，每个阶段的瓷器釉色都有变化，烧制的整整8个小时里，朱文立都守在窑边观察。与其他瓷器不同的是，汝瓷的特点是在停火之后其窑变为天青色。汝瓷在窑中的釉色变化是最为神奇的，宋代的那些工匠如何能够让终极窑变停留在最完美的天青色状态？这是朱文丽一直想要找到的，历史上没有记载，技艺已经失传。1987年，朱文立在一次烧制中，竟然有多件瓷器出现了汝窑的天青色，这种天青色貌似单色，不尚华彩，其实品格高贵，釉质丰富，似青似蓝，难以言宣。更妙的是，不同光照和角度会唤起色泽的变换表达：在明媚的阳光下，温柔朗润的天青色中会淡淡泛出盈盈的嫩黄。如果用放大镜观察，釉中可见依稀的气泡，有如初秋碧空中的沉星。这是不可超越的瓷中极品。朱文立使绝迹800年的珍品汝瓷重现于世，成为震惊业界的奇迹，因而成为一方名将。朱文立所在的汝州是宋代官窑的主要产地，今北宋的遗迹早已被尘埋，上下翻腾土层的建筑工地成了他的瞩目之处。个人没有能力到处去搞地下挖掘，只要有新开工的建筑工地挖出碎瓷片，朱文立准会闻风而至，他跑了无数个建筑工地，发现了10多个古窑址，但是都没有找到那个失落了800年的吉光片羽。汝瓷的关键是在配釉上，即便这个结论正确也是于事无补的，因为汝瓷的用料配方早已与汝瓷一同失传了。朱文立认为汝州是汝瓷的唯一产地，交通不便的古代窑厂都是就地取料，因此原料所用的矿石只会在汝州的山里。从产生这个念头开始，朱文立每隔三天都会进一趟山去寻寻觅觅、敲敲打打。春夏秋冬，周而复始，走遍了汝州的每一座山，经过不断地追求，不断地寻找希望，终于觅得汝瓷成品，使汝瓷重现于世。朱文立以自己的方式向陶瓷经典致敬，他追求完美的工匠精神同样值得后人学习致敬。

任务 4-4 用桌面扫描仪扫描人脸模型及打印

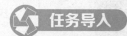 **任务导入**

人脸模型如何扫描？

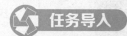 **任务描述**

通过使用喵喵 T-1 型桌面扫描仪扫描人脸模型来学习产品的扫描流程。

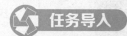 **知识目标**

桌面扫描仪综合应用。

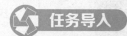 **技能目标**

会使用喵喵 T-1 型桌面扫描仪自由扫描人脸模型。

 素养目标

培养学生关于支付安全、防诈骗、生物安全和国家安全方面的意识。

 任务实施

人脸扫描采用设备自由扫描过程。

物体尺寸大于转台时，可选择自由扫描方式。自由扫描需要粘贴标记点，两幅图标记点的重合数量至少为 4 个。扫描仪标定后，打开软件，单击"自由扫描"按钮，如图 4-69 所示。

图 4-69 选择扫描方式

1）扫描前的设置。根据需要选择细节，一般默认"高"细节。选择彩色扫描时，颜色选择"是"按钮，单击"颜色校准"按钮。颜色校准完成后，单击"开始扫描"按钮，如图 4-70 所示。

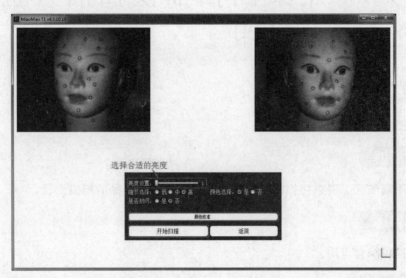

图 4-70　扫描前的设置

2）单击"扫描一次"按钮，如图 4-71 所示。

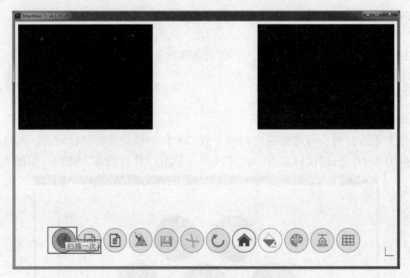

图 4-71　单击"扫描一次"按钮

3）可在两个相机窗口预览扫描过程，如图 4-72 所示。

4）完成一次扫描后，调整扫描件位置，保证后一次扫描与前一次扫描数据有 4 个以上的标记点重合。单击"扫描一次"按钮，进行第二次扫描，如图 4-73 所示。

5）完成第二次扫描后，依次进行第三次、第四次扫描操作，如图 4-74 所示。

若后一次扫描拼接错误，可单击"删除最后一幅"按钮，删除当前错误的一幅，如图 4-75 所示。

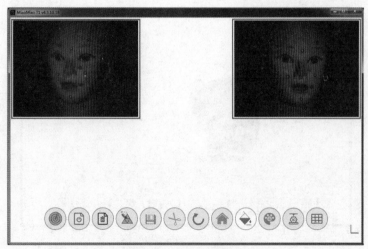

图 4-72　预览扫描过程

图 4-73　第二次扫描

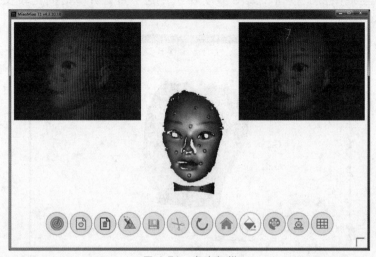

图 4-74　多次扫描

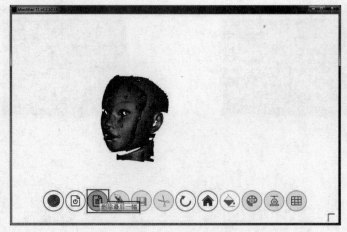

图 4-75 删除错误的一幅

6）扫描完成之后，单击"扫描结束"按钮，如图 4-76 所示。

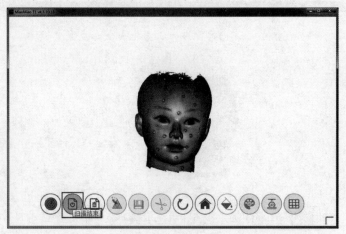

图 4-76 一圈扫描

7）单击"生成网格"按钮，如图 4-77 所示。这个过程计算时间比较长，耐心等待运行结果，如图 4-78 所示。

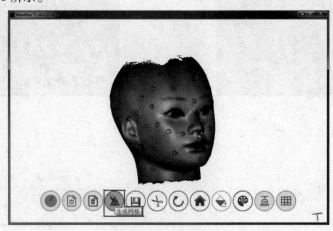

图 4-77 网格化

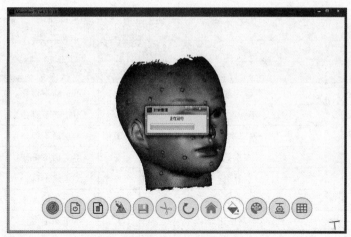

图 4-78　等待界面

8）数据网格化操作完成，如图 4-79 所示。

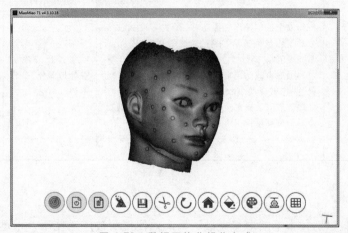

图 4-79　数据网格化操作完成

9）保存文件，导出网格文件，输出到切片软件。打印操作步骤略（方法同任务 4-2）。

人脸模型的扫描操作评价见表 4-6。

表 4-6　人脸模型的扫描操作评价表

项目	项目四	图样名称		任务		指导教师	
班级		学号		姓名		成绩	
序号	评价项目	考核要点	配分	评分标准		扣分	得分
1	扫描仪调整	连接系统	5	不正确不得分			
		调整镜头	5	不正确不得分			
		标定扫描仪	10	不正确不得分			
		表面处理	5	不正确不得分			

（续）

项目	项目四	图样名称		任务		指导教师	
班级		学号		姓名		成绩	
序号	评价项目	考核要点	配分	评分标准		扣分	得分
2	扫描前置处理	设定颜色	5	不正确不得分			
3	扫描	第一次扫描	10	不正确不得分			
		第二次扫描	10	不正确不得分			
		多次扫描	5	不正确不得分			
4	扫描后处理	补洞	5	不正确不得分			
		封装	5	不正确不得分			
5	打印	网格化	5	不正确不得分			
		切片文件	10	不正确不得分			
		打印设置	5	不正确不得分			
		打印后修磨	5	不正确不得分			
6	安全文明生产	1）安全正确操作设备 2）工作场地整洁，工件、量具等摆放整齐规范 3）做好事故防范措施，签写交接班记录，并将出现的事故发生原因、过程及处理结果记录档案 4）做好环境保护	10	每违反一项从总分扣2分，扣分不超过10分			
	合计		100	实际得分			

延伸阅读

　　近年来，人脸识别技术不断取得突破，因高效便捷而被广泛使用，正迅速融入人们的日常生活。"刷脸"解锁、"刷脸"支付、"刷脸"进小区、"刷脸"入景区……生活中的"刷脸"应用越来越多。人脸识别技术在便利人们生活的同时，被滥用的趋势也愈发严重。尤其是在"刷脸"过程中，用户的姓名、性别、年龄和联系方式等大量信息都被采集并存储。一些经营者滥用人脸识别技术侵害自然人合法权益的事件频发，引发社会关注和担忧。平时要注意保护好个人隐私和相关信息。

项目五 逆向建模软件的使用

PROJECT 5

任务 5-1 鼠标基于 Geomagic Design X 的逆向建模

任务导入

扫描后的点云如果需要精确加工，应该如何操作？什么是逆向建模？

任务描述

通过鼠标模型的逆向建模学习逆向设计软件的使用方法。

知识目标

1. 扫描模型的三维数据处理与数模重构。
2. 逆向设计软件处理数据流程。

技能目标

会用 Geomagic Design X 逆向建模对鼠标的扫描点云模型进行处理。

素养目标

学习科研人员攻坚克难、造福人类的品质。

相关知识

一、Geomagic Design X 概述

1. Geomagic Design X 软件介绍

Geomagic Design Direct（原名 Geomagic Spark）是一款强大的正逆向混合设计软件，具有实时三维扫描、三维点云、三角网格编辑、装配建模及二维出图等功能，可无缝连接主流 CAD 软件，包括 SolidWorks、Siemens NX、Autodesk Inventor 和 PTC Creo 等。该软件是业界唯一一款结合了实时三维扫描、三维点云、三角网格编辑功能以及全面 CAD 造型设计、装

配建模、二维出图等功能的逆向工程软件。Geomagic Design Direct 内置了强大的扫描数据处理、编辑工具以及丰富的直接建模 CAD 软件包。结合 CAD 功能与 3D 扫描能够从根本上精简产品开发窗口、加快产品开发效率、促进合作以及加快产品上市。通过它，用户可使用现成实物对象设计三维模型，也可用于修改或完成被扫描的零件，其自带的三维扫描数据功能可将先进扫描技术以及直接建模技术融为一体，用户在极短的时间内即可在同一款软件中合并扫描数据、进行 CAD 建模，当然部分扫描出的数据可用于创建制造的实体模型和装配。

Geomagic Design X 支持复杂项目的创建，它具备丰富的 CAD 工具集、业界领先的扫描数据处理和所有承接挑战性项目所需的全部工具，借助这些工具可处理十亿以上的点云数据，甚至可直接跳过点云清理阶段，立即开始创建 CAD 模型。此外，它可使用独特的 LiveTransfer 技术，帮助 Design X 传输完整的数模，其中就包括特征树，它可使用户能基于三维扫描快速创建实体和曲面，并将数据传输到用户的设计环境中，使用户能像编辑其他 CAD 模型一样编辑它。

扫描仪扫描的数据经过 Geomagic Wrap 完成点云数据的预处理后，如果型面比较简单，可采用 UG、Creo 和 CATIA 等软件建模；如果型面复杂，有曲面，则多采用 Geomagic Design X 完成逆向建模设计。Geomagic Design X 是全面的逆向工程软件，它可利用 3D 扫描数据进行编辑和创建 CAD 实体模型，并与市面上的主流 CAD 软件兼容，专门用于将 3D 扫描数据转换为高质量的基于特征的 CAD 模型。通过自动和引导实体模型提取，网格编辑和点云处理的精确表面拟合，Geomagic Design X 能将扫描模型快速转换为主流 CAD 软件所需的数据格式，直接输出 SolidWorks®、Siemens NX®、Solid Edge、AutodeskInventor® 或 PTC Creo 格式文件。Geomagic Design X 有划分领域、坐标对齐、草图、3D 草图、三维建模、多边形优化处理和文件管理等功能。

2. Geomagic Design X 的特点

Geomagic Design X 是一款全面的逆向工程软件，结合基于历史树的 CAD 模型和 3D 扫描数据处理，能创建可编辑、基于特征的 CAD 模型，并与现有的 CAD 软件兼容。

（1）拓宽设计能力　设计不再凭空想象，而将基于现实。Geomagic Design X 通过最简单的方式，根据 3D 扫描仪采集的数据创建可编辑、基于特征的 CAD 模型，并集成到现有的工程设计流程中。

（2）利用现有的资源　每一个设计灵感来源于其他物体。可以利用每一个实际物体中所包含的知识资源，从中学习、提高及改善。

（3）加快产品的上市时间　Design X 可以缩短从研发到完成设计的时间，从而可以在产品设计过程节省数天甚至数周的时间。对于扫描原型，现有的零件、工装零件及其相关部件以及创建设计来说，Design X 可以在短时间内实现手动测量，并且创建 CAD 模型。

（4）实现不可能　Design X 可以创建出非逆向工程无法完成的设计。例如，需要和人体完美拟合的定制产品；创建的组件必须整合现有产品，精度要求精确到几微米；创建无法测量的复杂几何形状。

（5）提升 CAD 工作环境　Geomagic Design X 完美地将三维扫描技术融合到日常设计流程中，提升工作效率以完成更多设计。它提升了 CAD 工作环境，可将原始数据导出到 SolidWorks、Siemens NX、Autodesk Inventor 和 PTC Creo 软件中。

（6）降低成本　可以重复使用现有的设计数据，无需手动更新旧图纸、精确地测量以及在 CAD 中重新建模，减少了失误，提高了与其他部件相拟合的精度。

（7）从三维扫描到 CAD 最快速的流程　与现有 CAD 数模完美结合，Geomagic Design X 可无缝衔接主流 CAD 软件，包括 SolidWorks、Siemens NX、Autodesk Inventor 和 PTC Creo。

（8）支撑复杂项目的能力　Geomagic Design X 具备丰富的 CAD 工具集、业界领先的扫描数据处理能力和承接挑战性项目所需的工具，可处理十亿以上的点云数据，拥有一套完整的数据处理功能，跳过点云清理阶段立即开始创建 CAD 数模。

（9）功能强大并且灵活　Geomagic Design X 的设计初衷是将三维扫描数据转化成高品质的、基于特征的 CAD 模型。其他软件尚且无法实现实体数字建模、高级曲面建模、网格编辑和点云处理。

二、Geomagic Design X 软件部分功能介绍

Geomagic DesignX 软件部分功能图标及含义见表 5-1。

表 5-1　Geomagic Design X 软件部分功能图标及含义

图标	含义	图标	含义
	打开或关闭面片的可见性（红色为打开），快捷键为<Ctrl+1>		打开或关闭实体的可见性，快捷键为<Ctrl+5>
	打开或关闭领域的可见性，快捷键为<Ctrl+2>		打开或关闭草图的可见性，快捷键为<Ctrl+6>
	打开或关闭点云的可见性，快捷键为<Ctrl+3>		打开或关闭 3D 草图的可见性，快捷键为<Ctrl+7>
	打开或关闭曲面片的可见性，快捷键为<Ctrl+4>		打开或关闭参照点的可见性，快捷键为<Ctrl+8>
	打开或关闭参照线的可见性（红色为打开），快捷键为<Ctrl+9>		打开或关闭参考平面的可见性，快捷键为<Ctrl+0>
	打开或关闭多线段的可见性		打开或关闭测量的可见性
	打开或关闭参照坐标系的可见性		仅允许选择面
	仅选择面片/点云		仅允许选择环形
	仅选择领域		仅允许选择变线和曲线
	仅允许选择单元面		仅允许选择顶点
	仅允许选择点云		面片仅显示为单元点云，快捷键为<F5>
	仅允许选择体		将面片显示为渲染的单元边界线，快捷键为<F6>

（续）

图标	含义	图标	含义
	开启或关闭面片曲率的可见性		将面片显示为渲染的单元面,快捷键为<F7>
	重分块。以不同敏感度重新归类所选领域,以增加或减少一个面积中领域的数量		合并。将多个领域整合为一个领域,并将新曲率形状进行重新分类。应该选择单元面或领域来执行命令
	分割。绘制多段线,以便于将领域分成多个部分		插入。手动选择单元面来新建领域,选择单元面来实行该命令
	加强形状。通过锐化角并对平面或圆形区域进行平滑理来提高面片质量		缩小。减小领域曲面面积,应选择领域来执行此命令
	合并。合并多个面片来创建一个单独面片,有效移除重叠区域并将相邻境界缝合在一起,存在2个以上的面片时可以使用		分离。将不相邻的领域分成多片,应选择领域来执行此命令
	扩大。增加领域的曲面面积,应选择领域来执行此命令		移除标记。自动检测并填充在扫描期间标记在面片中的圆形空闲区域。这个功能在存在境界的时候可用

（续）

图标	含义	图标	含义
	面片创建精灵。用于根据多个原始3D扫描数据创建面片模型的向导类型界面。该命令由5个步骤组成，可以迅速创建已合并的面片。当存在面片，且不包含子节点时可用		修补精灵。自动修复面片中的各种缺陷
	智能刷。通过平滑、清理和加强选项局部提高面片质量，或通过消减或变形局部编辑面片		删除特征。移除所选单元面并通过智能填孔修复该区域
	填孔。根据局部面片形状，使用单元面填补缺失孔。实现填孔曲率的手动控制，并提供高级命令来修改或移除境界中的特征形状。这个功能在存在境界的时候可用。		整体再面片化。重新计算整体面片并提高面片质量

任务实施

鼠标模型基于 Geomagic Design X 的逆向设计过程。

下面以鼠标扫描得到的点云数据为例介绍软件的使用方法。单击桌面的图标 ，进入 Geomagic Design X 软件界面，如图 5-1 所示。打开文件"鼠标.stl"。

在 Geomagic Design X 软件中，图形的显示状态有点云显示（图 5-2a）、实体显示（图 5-2b）和领域显示（图 5-2c）。

逆向建模步骤如下：

1）设置领域。单击"领域"→"自动分割"命令 ，设置"敏感度"为 5~6，结果如图 5-3 所示。模型根据设置不同颜色显示各领域，同一颜色区域表示属性一致，即图素处于同一个平面或者曲面。

2）单击"特征树"→"模型"→"参照平面"前的"+"下的"前"，如图 5-4 所示。单击草图下面的面片草图图标 ，如图 5-5 所示，按住图 5-6 所示的箭头调整面片草图位置，向上调整距离为 2.5~5mm，得到清晰的轮廓截交线，如图 5-7 所示。单击"确定"按钮进入草图，如图 5-8 所示。关闭领域，显示如图 5-9 所示。

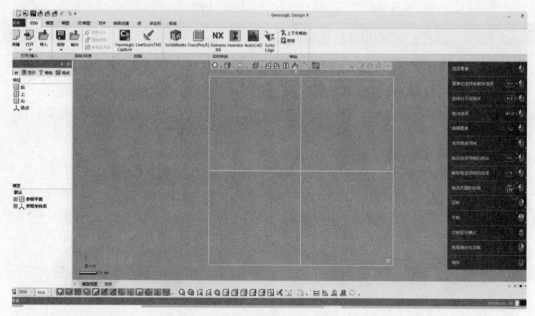

图 5-1　Geomagic Design X 软件界面

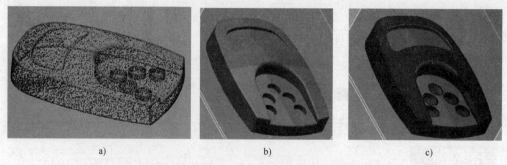

a)　　　　　　　　　　　　b)　　　　　　　　　　　　c)

图 5-2　鼠标 Geomagic Design X 在不同显示

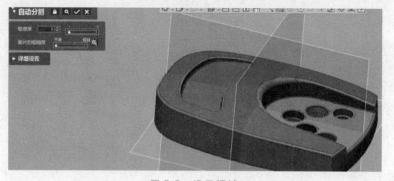

图 5-3　设置领域

　　单击"草图"→"三点圆弧"命令，自动捕捉到草图轮廓线上的圆弧，红色线条变成蓝色，圆弧拟合后，三点圆弧 ▼3点圆弧 ✓ 出现对勾，单击对勾 ，依次单击三点圆弧，完成圆弧拟合，如图 5-10 所示。

■ **鼠标**
⊞ ◉ ⬡ **面片**
⊞ ◉ ◇ **曲面体**
⊞ ◉ ▱ **实体**
⊞ ◉ ✎ **草图**
▢ ☐ ⊞ **参照平面**
◉ ⊞ ▤

图 5-4 特征树

图 5-5 面片草图设置

图 5-6 面片草图

图 5-7 调整面片草图

图 5-8 草图领域显示

图 5-9 关闭领域草图

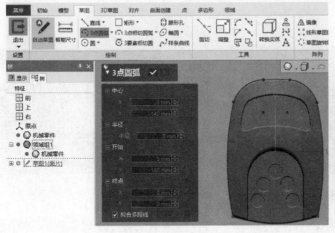

图 5-10 圆弧拟合

　　裁剪多余线条，单击"草图"→"剪切"→"相交剪切"命令，检查曲线闭合性。若图素相交点为一个，则曲线闭合，如图 5-11 所示。轮廓线拟合完成后单击"完成草图"按钮 ▣，退出草图。

　　3）拉伸。单击"拉伸"按钮 ⬆，弹出"拉伸"对话框。方法一，拉伸至顶部领域，如图 5-12 所示；方法二，拉伸距离超出鼠标高度尺寸，用顶部生成的面片裁剪，如图 5-13 所示。只显示实体的图形如图 5-14 所示。

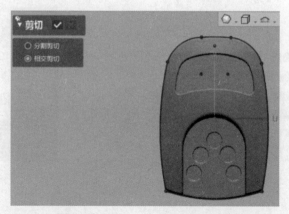

图 5-11　裁剪多余线条

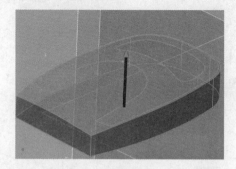

图 5-12　拉伸至顶部领域

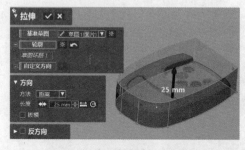

图 5-13　拉伸距离超出鼠标高度尺寸

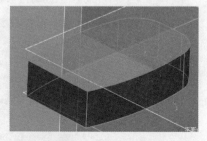

图 5-14　只显示实体

4）面片拟合。单击"模型""面片拟合" → "领域"命令生成鼠标的左侧面。设置许可偏差为 0.1mm，用鼠标按住红色圆点，鼠标变成黄色箭头，调整拟合生成的曲面大小，结果如图 5-15 所示。用同样方法得到顶部拟合面片，如图 5-16 所示。

5）用曲面切割实体。用生成的面片曲面切割实体，如图 5-17 所示。

6）生成开口槽。操作与步骤 2）类似，选择"前"面创建平面及面片草图，如图 5-18a 所示。草图拟合如图 5-18b 所示。退出草图，拉伸切割，如图 5-18c 所示。

7）生成凹槽。操作与步骤 2）类似，选择"前"面创建平面及面片草图，用圆弧拟合，剪切结果如图 5-19a 所示，拉伸到选择的红色领域如图 5-19b 所示。"结果运算"选择"切割"，结果如图 5-19c 所示。

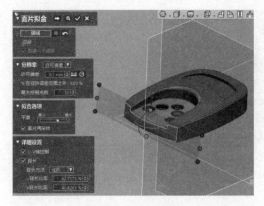

图 5-15　面片拟合

图 5-16　顶部面片拟合

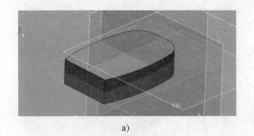

a)

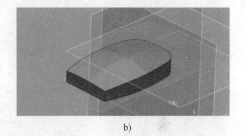

b)

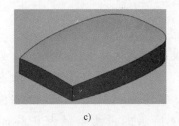

c)

d)

e)

图 5-17　曲面切割实体

a）顶部面片及拉伸体选择　b）切割后的结果　c）顶部切割后　d）前部面片切割拉伸体　e）切割后的实体

a)

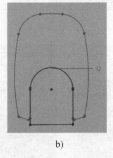

b)

c)

图 5-18　生成开口槽

　　8）生成五个圆孔。操作同步骤 2）类似，面片草图拟合结果如图 5-20a 所示。拉伸切割如图 5-20b 所示。最终生成的模型如图 5-20c 所示。

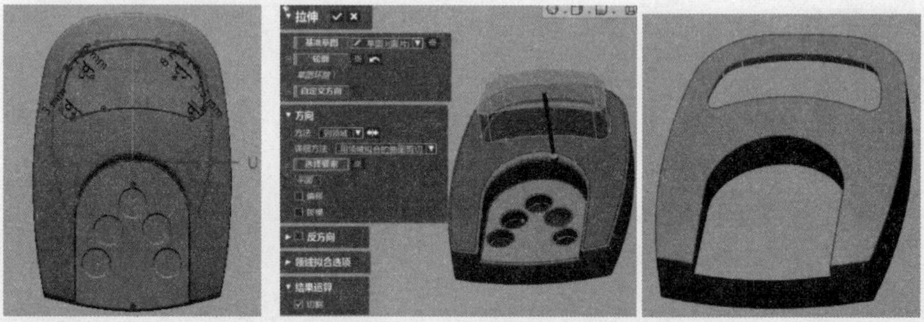

a)　　b)　　c)

图 5-19　生成凹槽

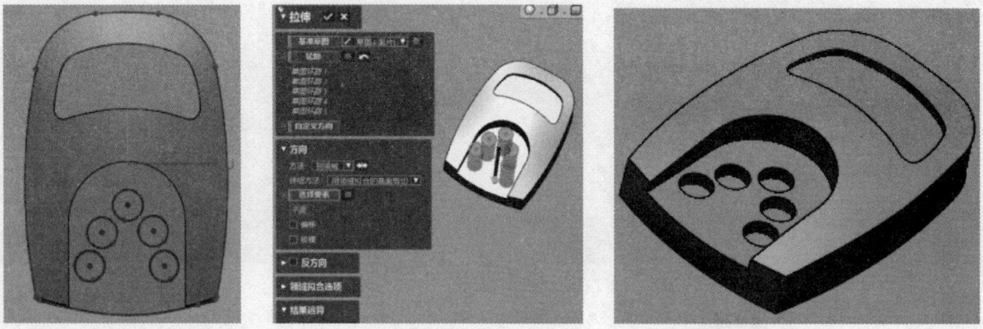

a)　　b)　　c)

图 5-20　生成五个圆孔

9）单击“模型”→“圆角”命令，为五个孔添加过渡圆角，半径为 0.8mm，如图 5-21a 所示。开口槽过渡为变半径，半径值如图 5-21b 所示。凹槽过渡半径为 1mm，如图 5-21c 所示。其余部分圆角半径如图 5-21d 所示，过渡半径为 0.5mm。图 5-21e 所示的过渡半径为 0.8mm。图 5-21f 所示的过渡半径为 1mm。图 5-21g 所示的过渡半径为 0.8mm。图 5-21h 所示的过渡半径为 0.8mm。

10）造型拟合完成后进行体分析。单击绘图区上部的图标，进行面片偏差分析，用以比较拟合后的造型和扫描前的特征接近程度。绿色表示模型拟合后在设定的误差±0.1mm 范围内，大于 0.1mm 的以黄色标识，不足-0.1mm 的以蓝色表示。

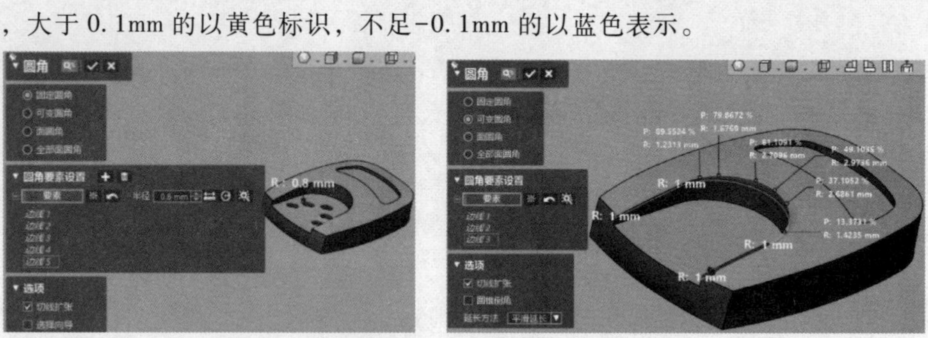

a)　　b)

图 5-21　添加过渡圆角

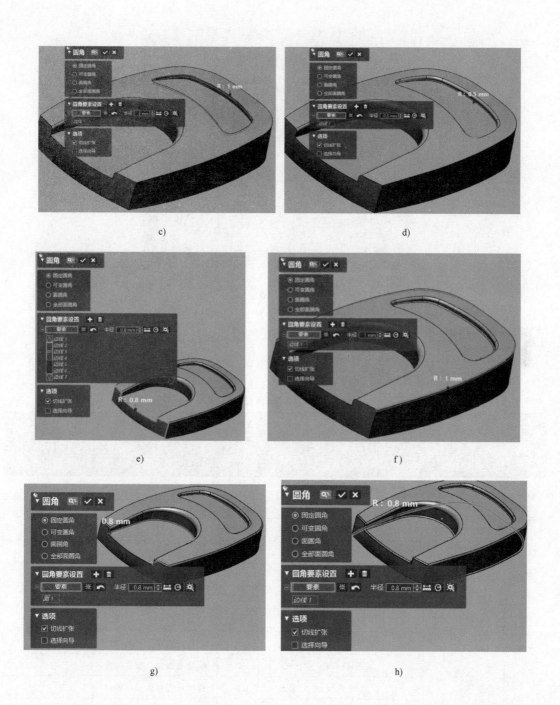

图 5-21 添加过渡圆角（续）

若圆角过渡出现非绿色，则进入过渡圆角里面调整过渡半径数值，之后需要反复检查体偏差，直到全部为绿色为止，如图 5-22 所示。模型显示为绿色，说明面片拟合在设定的公差范围内，建模成功，保存后可以直接用 3d 打印机打印。

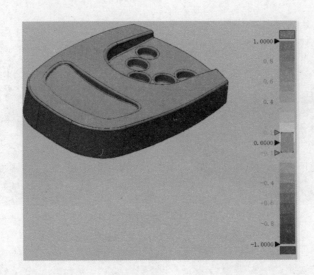

图 5-22 体分析

 实操评价

鼠标的逆向建模评价见表 5-2。

表 5-2 鼠标的逆向建模评价表

项目	项目五	图样名称		任务		指导教师	
班级		学号		姓名		成绩	
序号	评价项目	考核要点	配分	评分标准		扣分	得分
1	点云模型领域分割	参数设置	5	不正确不得分			
2	拟合	设置面片草图	5	拟合是否在公差范围内			
		调整底部面片草图	5	拟合是否在公差范围内			
		拉伸	5	拟合是否在公差范围内			
		面片拟合	10	拟合是否在公差范围内			
		用曲面切割实体	10	拟合是否在公差范围内			
		开口槽拟合	5	拟合是否在公差范围内			
		凹槽拟合	5	拟合是否在公差范围内			
		五个孔拟合	5	拟合是否在公差范围内			
		添加圆角	10	拟合是否在公差范围内			
3	体分析	体分析	5	是否在公差范围内			
4	打印	生成网格化切片文件	10	不正确不得分			
		打印设置	5	不正确不得分			
		打印后修磨	5	不正确不得分			

（续）

项目	项目五	图样名称		任务		指导教师	
班级		学号		姓名		成绩	
序号	评价项目	考核要点	配分	评分标准		扣分	得分
5	安全文明生产	1) 安全正确操作设备 2) 工作场地整洁, 工件、量具等摆放整齐规范 3) 做好事故防范措施, 签写交接班记录, 并将出现的事故发生原因、过程及处理结果记录档案 4) 做好环境保护	10	每违反一项从总分扣 2 分, 扣分不超过 10 分			
	合计		100	实际得分			

任务 5-2　风扇基于 Geomagic Design X 的逆向建模

任务导入

逆向建模和正向建模有何区别？

任务描述

通过风扇模型的逆向建模学习逆向设计软件 Geomagic Design X 的使用方法。

知识目标

扫描模型的三维数据处理与数模重构。

技能目标

会用 Geomagic Design X 逆向建模对风扇的扫描点云模型进行处理。

素养目标

培养为国家富强奉献终身的意识。

任务实施

风扇的扫描建模过程如下：

1）导入文件。将扫描得到的风扇点云模型导入到软件里，打开文件"风扇.stl"，如图 5-23 所示。关闭参考平面，如图 5-24 所示。调整模型面片显示视角，如图 5-25 所示。设置领域自动分割后的正面如图 5-26 所示，反面如图 5-27 所示。

2）生成轴线。单击"模型"→"线"命令 ✛ 弹出"添加线"对话框。"方法"选择"2 平面相交"，选中绘图区中显示的上面和右面的交线，单击 ✓ 按钮，结果如图 5-28 所示。

图 5-23　风扇点云文件

图 5-24　关闭参考平面

图 5-25　调整模型面片显示视角

图 5-26　正面

图 5-27　反面

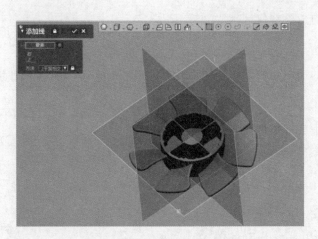

图 5-28　生成轴线

3）生成草图 1。按住鼠标右键，调整图形显示。选择上面创建面片草图，单击"草图"→"面片草图"命令，设置如图 5-29 所示。

用直线拟合和剪切里面的相交剪切得到草图，如图 5-30 和图 5-31 所示。

4）风扇回转体。单击"模型"→"回转"命令，"轴"选择第 2 步生成的交线，轮廓选择草图 1，方法选择"单侧方向"，角度设为 360°。设置及生成的结果如图 5-32 和图 5-33 所示。

打开面片可见性，关闭实体显示。

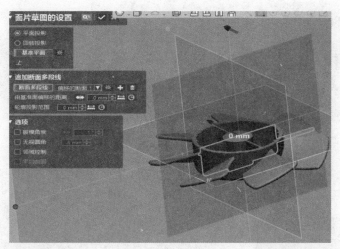

图 5-29　设置面片草图

图 5-30　直线拟合

图 5-31　剪切

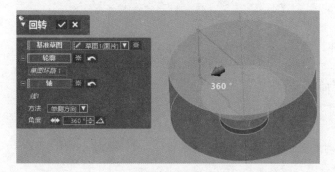

图 5-32　回转设置

图 5-33　回转结果

5）扇叶面片拟合。单击"模型"→"面片拟合"命令 ，弹出"面片拟合"对话框，如图 5-34 所示。选择一个扇叶的上表面拟合，分辨率许可偏差设为 0.1mm。按红色圆点和绿色圆点，调整生成曲面的大小，结果如图 5-35 所示。在特征树上关闭上部曲面显示。用同样方法可得到同一扇叶下部拟合曲面，如图 5-36 所示。

6）创建扇叶外形草图，单击"草图"命令，选中前面创建草图，如图 5-37 所示。

7）拉伸单个扇叶。设置及结果如图 5-38 所示。

关闭领域和面片显示，打开实体显示，如图 5-39 所示。

图 5-34 "面片拟合"对话框

图 5-35 扇叶的上表面拟合

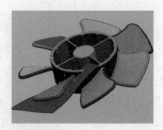

图 5-36 扇叶的下部拟合曲面

图 5-37 在前面创建草图

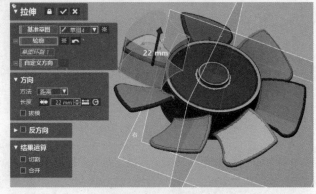

图 5-38 拉伸单个扇叶

8）切割。单击"模型"→"切割"命令，"工具要素"选择"面片拟合"，"对象体"选择拉伸体，如图 5-40 所示。"结果"设置如图 5-41 所示，单击"残留体"按钮，选择需要留下的部分，结果如图 5-42 所示。重复切割，用下部面片切割扇叶拉伸体，如图 5-43～图 5-45 所示。单击"关闭"按钮，面体最终显示结果如图 5-46 所示。

9）扇叶圆角过渡。单击"模型"→"圆角"命令，选中需要过渡的边线，选择"固定圆角"，半径设为 1mm，如图 5-47 所示。下部圆角半径设为 0.8mm，如图 5-48 所示。

图 5-39 关闭领域和面片的拉伸体

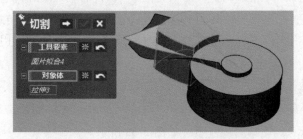

图 5-40 切割设置

图 5-41 切割选择

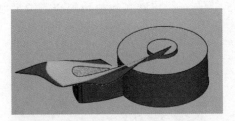

图 5-42 切割结果

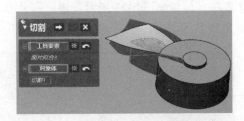

图 5-43 下部面片切割

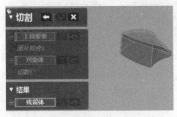

图 5-44 下部面片切割选择

图 5-45 下部面片切割结果

图 5-46 切割结果

图 5-47 过渡圆角半径 1mm

图 5-48 过渡圆角半径 0.8mm

10）阵列扇叶。单击"模型"→"圆形阵列"命令，弹出"圆形阵列"对话框，如图 5-49 所示。"体"选择扇叶，"回转轴"选择第 2）步生成的轴线，"要素数"设为 7，"交差角"设为 360°/7 = 51.428°，结果如图 5-50 所示。

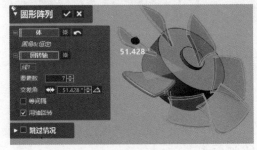

图 5-49 圆形阵列

图 5-50 扇叶阵列结果

11）合并。单击"模型"→"布尔运算"，设置如图 5-51 所示，结果如图 5-52 所示。

12）风扇主体挖槽。关闭实体显示，打开领域显示，打开参照平面。选择前面创建面片草图，设置如图 5-53 所示。进入面片草图，如图 5-54 所示，用圆弧和剪切拟合，结果如图 5-55 所示。

图 5-51 布尔运算设置

图 5-52 合并结果

图 5-53 中空部分面片草图设置

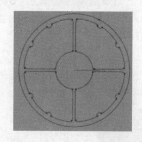

图 5-54 中空部分草图

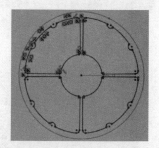

图 5-55 中空部分草图拟合

13）拉伸到领域。拉伸设置如图 5-56 所示，结果如图 5-57 所示。

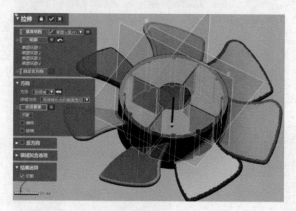

图 5-56 中空部分拉伸设置

图 5-57 中空部分拉伸结果

14）圆角过渡。单击"模型"→"圆角"命令，选择需要过渡的线完成过渡。打开领域，对比扫描件的圆角，拟合圆角，如图 5-58～图 5-60 所示。

15）面片误差检查。单击绘图区上部的图标 ⬜，检查面片偏差，将模型或者曲面与原始扫描数据进行比较，用以确定拟合精度。如图 5-61 所示，模型显示为绿色说明面片拟合在设定的公差范围内，建模成功。保存文件，可以直接用 3d 打印机打印。

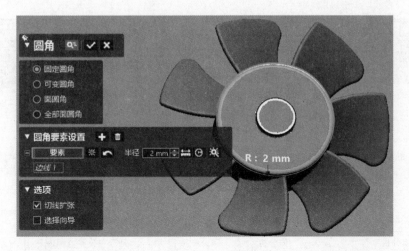

图 5-58　过渡圆角

图 5-59　过渡圆角半径 1mm

图 5-60　过渡圆角半径 1.5mm

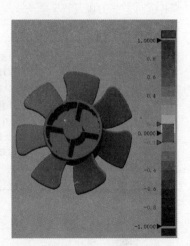

图 5-61　面片误差检查

风扇的逆向建模评价见表 5-3。

表 5-3　风扇的逆向建模评价表

项目	项目五	图样名称		任务		指导教师	
班级		学号		姓名		成绩	
序号	评价项目	考核要点	配分	评分标准		扣分	得分
1	点云模型导入，领域分割	参数设置	5	不正确不得分			
2	拟合	生成轴线	5	拟合是否在公差范围内			
		创建风扇主体面片草图	5	拟合是否在公差范围内			
		旋转	5	拟合是否在公差范围内			

（续）

项目	项目五	图样名称		任务		指导教师	
班级		学号		姓名		成绩	
序号	评价项目	考核要点	配分	评分标准		扣分	得分
2	拟合	拟合扇叶面片	10	拟合是否在公差范围内			
		创建扇叶草图及拉伸，曲面切割实体	10	拟合是否在公差范围内			
		扇叶过渡	5	拟合是否在公差范围内			
		扇叶阵列	5	拟合是否在公差范围内			
		扇叶主体挖槽	5	拟合是否在公差范围内			
		过渡	10	拟合是否在公差范围内			
3	体分析	体分析	5	是否在公差范围内			
4	打印	生成网格化切片文件	10	不正确不得分			
		打印设置	5	不正确不得分			
		打印后修磨	5	不正确不得分			
5	安全文明生产	1）安全正确操作设备 2）工作场地整洁，工件、量具等摆放整齐规范 3）做好事故防范措施，签写交接班记录，并将出现的事故发生原因、过程及处理结果记录档案 4）做好环境保护	10	每违反一项从总分扣2分，扣分不超过10分			
合计			100	实际得分			

延伸阅读

我国于1999年才开始金属零件的激光快速成形技术研究，晚于美国十几年，但是发展速度很快，近年来在飞机钛合金大型整体结构件的激光快速成形方面取得了重要突破。目前，中国已具备了使用激光成形超过12平方米的复杂钛合金构件的技术和能力，成为目前世界上唯一掌握激光成形钛合金大型主承力构件制造、应用的国家。

中国航空业在3D打印技术上已经走在了前列，多个型号飞机使用了3D打印部件，部分技术已经达到世界领先水平。资料显示，从2001年起，我国开始重点发展以钛合金结构件激光快速成形技术为主的激光3D打印技术。

在3D打印领域，中国后来居上，近年来发展极为迅速。据新华社报道，中船重工第705研究所历经一年的研制，在3D打印机技术领域取得了重大突破，借助直接金属激光烧结快速成形技术实现了3D打印，成为继美国、德国的3D打印巨头之后，世界上第四家掌握该技术的企业。

值得一提的是，2015年7月16日，北京航空航天大学在国防科技工业军民融合发展成果展上展出的一个使用激光增材制造技术生产的大型部件，它是航空飞行器使用的机体部件之一。

采用激光增材制造技术制造的飞机机身整体加强框有性能高、低成本、试制快速的特点，生产周期只有采用传统技术制造的五分之一，强度、寿命等各项指标比传统工艺技术部件更加优秀。

3D 打印技术可助力中国加快新一代飞机的研发。3D 打印技术可节省时间和材料，研究人员能短时间内轻易打印出组装样机所需的各种高端、精密的零部件，没有制模和其他复杂的传统工序，造样机的成本要低很多，科学家可以不断制造更多复制品用于试验。

任务 5-3 进气道曲面基于 Surfacer 的逆向建模

任务导入

逆向设计还有其他哪些软件？

任务描述

通过进气道模型的逆向建模学习逆向设计软件 Surfacer 的使用方法。

知识目标

扫描模型的三维数据处理与数模重构。

技能目标

会用 Surfacer 逆向建模对汽车进气道的扫描点云模型进行处理。

素养目标

培养学生不怕牺牲、顽强拼搏的科学精神。

相关知识

一、Surfacer 软件逆向设计功能简介

Surfacer 是一款由美国 Imageware 公司推出的、具有强大曲面造型功能的软件，被广泛应用于逆向工程、自由曲面设计和计算机辅助曲面检测等领域。Surfacer 的应用涵盖了汽车、航空航天、电子产品及模具等行业。它具有友好的输入/输出接口，可以接受几十种数据格式，可方便地与同类软件进行数据交流。它主要包括四大功能模块：点处理、线处理、面处理和快速成型模块，同时还包括显示、编辑和检测等辅助功能。Surfacer 10.6 版本包含了多种 Entities，主要有点云（Cloud）、曲线（Curve）、曲面（Surface）、组（Group）和图（Plot）。

1）Cloud：坐标空间中单一的点或一群点的集合，点群间可以相加、减。

2）Curve：分为 3D curve 和 2D curve，前者为独立在 3D 空间的曲线，后者依附于曲面。

3）Surface：分为裁剪曲面和未裁剪曲面。

4）Group：由部分选择的 Entities 组成的集合。

5）Plot：各种分析、对比特性图，如点的法矢、曲线的曲率图、点与面的误差图以及实体间的连续性分析图等。

二、用 Surfacer 进行逆向建模的步骤

1. 点云预处理

首先要选择正确的数据格式，将扫描点云输入软件。

（1）多视图拼合　有时所测实体面积大，或测量角度多，采用激光扫描测量很难一次获取全部数据，往往需要多角度分别测量，然后再将数据拼合在一起。Surfacer 对多角度测量数据进行拼合的具体做法是：在被测实体的不同地方分别粘三个小球；在分块测量时，要求每个测视图中都包含三个小球的点云数据；然后将各数据依次输入软件，用"Circle-Select Points"命令分离出所有小球的点云，通过 Fit sphere 拟合成球面；接下来选取其中的一块视图做基准，将要移动的不同视图的点云与其对应的球体分别组成一个族；选择"Step-wise Registration"命令，选择要移动族的名称，将菜单中列出的两组小球的名称对应叠加，即可将两视图拼在一起。以此类推，从而完成多视图的拼合。最后将拼合后的点云做加法运算，合成一个整体。

（2）数据简化　测量数据过密时，计算量大，会影响后面的操作速度，可选择 Sample 中的多种简化命令，去掉冗余点云。其中，Space Samples 对化简特征多的点云非常有效，它通过曲率计算，在平缓的区域保留较少的点，而在特征较多的地方保留较多的点；在简化的同时有效地保留了特征，是一种优化算法。

（3）数据平滑　在测量时，多种因素会造成噪声点。从不同的角度观察点云的质量，杂点不多时，可用"Pick Delete Point"命令手动删除。对于质量较差的点云，可选用"Smooth"下拉菜单中的"多种滤波"命令，对点云进行平滑处理，去掉坏点，提高整个点云的质量。值得注意的是，不同的点云应采用不同的滤波方式，不仅要去噪，还要有效地保持模型的几何特征。

当数据在较小范围内有缺损时，"Fill"命令可按周围点云的曲率变化进行有效地填充。

（4）点云排序　一般实物都用了多次测量的策略，导致点云杂乱无章。为了保证后面生成曲线与曲面的质量，有时需要对点云排序。最常用的是"Sort by Nearest"命令，通过计算点云之间的距离来确定点与点之间的几何关系。

通过上述方法处理后的点云可直接调用"Polygonize"命令，生成三角网格，保存为 STL 格式文件，用于快速成型。

2. 特征提取和数据分割

对数据进行分块，可将复杂的数据处理问题简化，有利于提高曲面拟合的精度。打开"Dense feature extraction"中的"Sharp Edges"菜单，通过计算曲率来提取区域划分的特征点。根据特征点，通过人机交互式的方法可以确定区域边界线。为保证后续过程中重建曲面的质量，可以根据需要对特征线进行光顺检验。打开"Radius of Curve Plot"菜单，观察调整曲线的曲率分布，对于变化较急剧的地方，要手工干涉。打开"Control Points Edit"菜单，选择调整的方向，通过拖拽控制点来提高曲线的光顺性。

3. 曲面重构

Surfacer 基于双精度 NURBS 来重构曲面，与实体模型完全集成，支持多种曲面造型方

法，如拉伸、旋转、放样、扫掠、边界拟合、点云拟合、曲面延伸和曲面裁剪等，同时还具有检测、修正及优化等功能。

下面以一个进气道的测量数据为初始输入，给出在 Surfacer 环境下建立该进气道的分片光滑 B 样条曲面模型的基本过程。其中略去数据拼合和简化的预处理部分，而是将重点放在根据点云数据构造 B 样条曲面这一难度较高的部分。本例力求比较全面地涵盖 Surfacer 软件的主要功能，使读者对逆向工程曲面重建有一个相对全面的认识。但逆向工程软件的功能很丰富，仅一个案例是不可能完全涵盖的。要熟练地掌握逆向工程软件，需要具有良好的曲面造型背景知识和大量的实践积累。

任务实施

进气道基于 Surfacer 的曲面造型建模过程如下：

1）导入数据。单击 "File"→"New Viewpoint" 命令，新建一个视图，选择进气道测量数据文件 start. asc 并将数据点导入，如图 5-62 所示。

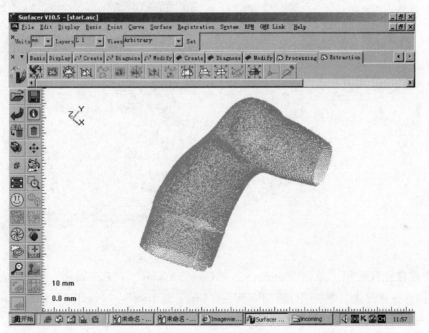

图 5-62　进气道测量数据点

2）去除杂点。由于测量时产生了明显不在物体表面上的点（也称为杂点、野点，Outlier），所以可以通过交互选取删除这些点。单击 "Point"→"Extract Points"→"Circle-Select Points" 命令，或者直接单击屏幕左侧工具栏中的 图标。在弹出的对话框中，首先选择要操作的点云，然后在 "Selection Mode" 下选择 "Points outside"，按<Ctrl>键加鼠标左键旋转，选择一个合适的视图方向，然后单击 "Start" 按钮，选择包含待处理点的一个区域。用鼠标左键在视图平面上绘制选择多边形，用中键结束选择，如图 5-63 所示。

3）提取特征线。单击 "Curve"→"Dense Feature Extraction"→"Sharp Edges"→"Compute Curvature" 命令，计算点云曲率，然后根据曲率变化，提取尖锐区域的特征线。将

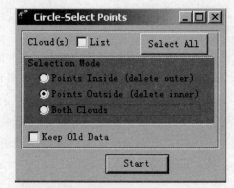

图 5-63　去除杂点

"Threshold Percent"设为 90，单击"Model"按钮预览，满意可单击"Apply"按钮生成特征线，如图 5-64 所示。根据点云曲率提取的特征线是对点云进行区域划分的依据。

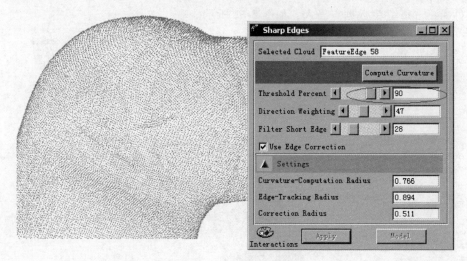

图 5-64　提取特征线

4）获取截面线数据。单击"Surface"→"Create/Cloud"→"FitPlane"命令，首先选取一条特征线拟合一个平面，然后单击"Point"→"Cross Section"→"Parallel"命令，用平行于拟合平面的 4 个平面与点云数据相交，获取点云的截面线数据，各参数设定如图 5-65 所示。值得注意的是，单击对话框左下角的"Interactions"按钮，弹出交互选择工具条，它根据不同的上下文有不同的按钮，方便用户选取最正确的实体或位置。这个工具非常有用，如图 5-65 所示的"Start Point"选项，利用"在曲面上点取"按钮，可以准确地选取拟合平面上的一点作为起始截面的位置。

5）创建放样（loft）曲面。首先对截面线数据进行光顺处理，"Point"→"Smooth"→"Filter"命令，"Filter Type"选择"Average"，"Filter Size"设为 6。然后单击"Curve"→"Create 3D/Clouds"→"Fit to Tolerance"命令，在一定的公差范围内，拟合一组样条线，参数设置和拟合得到的曲线如图 5-66 所示。为了生成光滑的放样曲面，必须使这组曲线的方向和起始点（Start Point）一致，可以用"Curve"→"Modify"→"Reverse Curve"命令改变一条曲线的方向，也可以用"Curve"→"Modify 3D Network"→"Harmonize Direction"命令调整

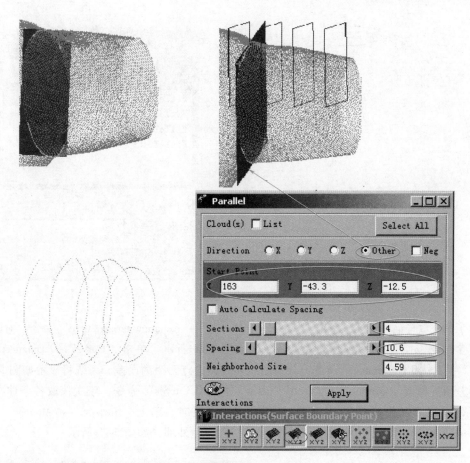

图 5-65　提取点云截面线数据

一组曲线的方向一致。单击 "Display"→"Align View To"→"Curve" 命令对齐视图，然后单击 "Curve"→"Construct 3D"→"Line" 命令创建一条直线，单击 "Curve"→"Modify"→"Change Start Point" 命令，用创建的直线来对齐几条曲线的起始点，如图 5-67 所示。用 <Ctrl+Shift+D>可设置曲线显示属性，显示起始点信息。

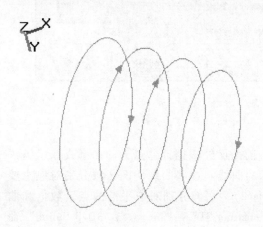

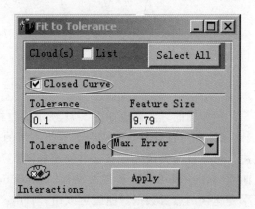

图 5-66　带公差拟合截面曲线

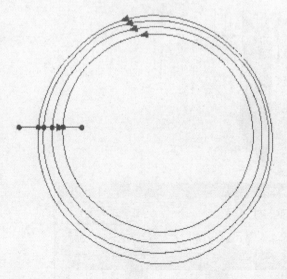

图 5-67　调整曲线起始点

　　为了保证放样面的品质，单击"Curve"→"Modify"→"Reparameterize Curve"命令，对曲线进行重新参数化，使它们控制顶点数目一致，如图 5-68 所示。单击"Curve"→"Diagnostics"→"Curve"→"Cloud Difference"命令，分析曲线和截面的点云距离误差，系统将显示如图 5-69 所示的误差图。单击"Surface"→"Create/Curves"→"Loft Curves"命令，依次选取各条曲线，设置边界位置连续和公差等参数，创建放样曲面。必要时，单击"Surface"→"Modify"→"Reverse Direction"命令，调整曲面的方向，使其指向模型外部，如图 5-70 所示。

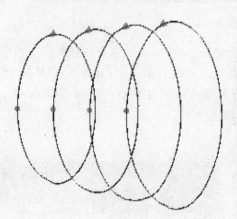
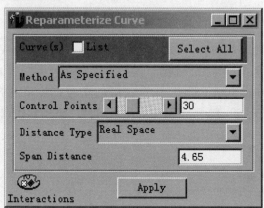

图 5-68　曲线重新参数化

　　用相同的方法做出如图 5-71 所示的放样曲面。

　　6）用特征线将点云划分为若干平滑的区域。前面已经根据计算点云的曲率提取了尖锐边，可以根据尖锐边在点云上创建如图 5-72 所示的曲线。这些曲线所围区域分别对应主要曲面（Base Surface）和过渡曲面（Transition Surface），它们分别对应平滑的点云数据和曲率变化快的点云数据。曲线可以由"Curve"→"Construct 3D"→"Interactive 3D B-Spline"命令创建，也可以先选择"Point"→"Cross Section"菜单下提供的几种方式提取截面数据，再

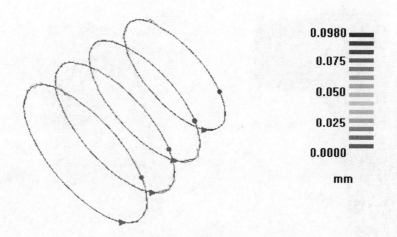

图 5-69　曲线和截面的点云距离误差分析

拟合曲线。区域创建的结果对最终曲面的品质有重要的影响，主要靠用户的经验，有如下注意事项：

① 将点云上对应解析曲面（平面、球、旋转面和拉伸面）的区域尽可能地分割出来，提高重构精度。

② 尽量将单个区域划分为四边界域，然后用边界线、分块点云、U/V 等参线等信息直接构造非裁剪曲面，方便曲面片的拼接。

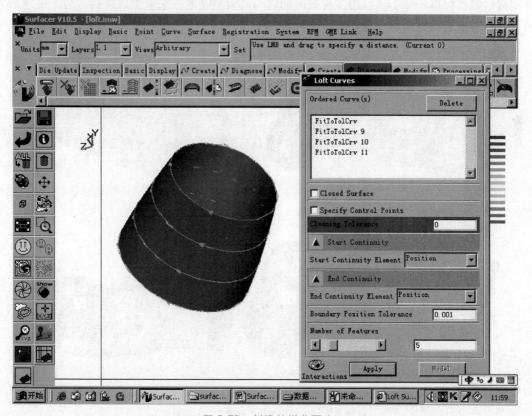

图 5-70　创建放样曲面 1

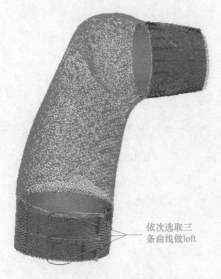

依次选取三
条曲线做loft

图 5-71　创建放样曲面 2

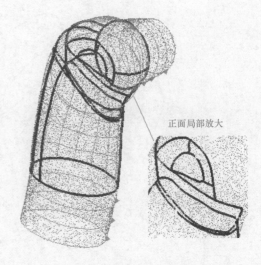
正面局部放大

图 5-72　创建区域划分曲线

③ 裁剪曲面通常是将初始划分的曲线投影到曲面上，然后对曲面进行裁剪，曲面的边界与初始曲线不符合，使裁剪曲面与相邻曲面的拼接或连续性很差，所以裁剪曲面与其他主要曲面要预留间隙给过渡曲面。

④ 对于拟合曲面，尽量将每个区域划分为单值区域，提高拟合精度。用曲线将点云进行划分后，就可以将每个区域用多种曲面创建和曲面拟合的方法来生成曲面。为了描述的方便，先给出重建后的曲面模型，并将每个曲面标上一个阿拉伯数字，如图 5-73 所示，数字

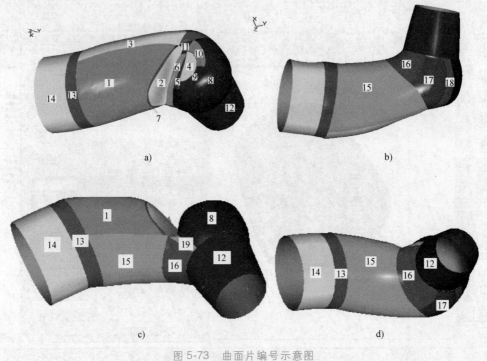

a)　　　　　　　　　　　　　　　　　　b)

c)　　　　　　　　　　　　　　　　　　d)

图 5-73　曲面片编号示意图
a）视图 1　b）视图 2　c）视图 3　d）视图 4

的顺序并不代表曲面创建的顺序。曲面 12 和 14 为前面已经介绍过的放样面，其余曲面，接下去将分别进行说明。

7) 由边界曲线和点云拟合曲面 1。如图 5-74 所示，首先改变封闭曲线的起始点（使用"Curve"→"Modify"→"Change Start Point"命令)，用右边曲线作为 Spine，使其位于两条曲线的交点；然后将其裁剪为两条曲线（使用"Curve"→"Create/Curves"→"Snip Curve"命令)；再将曲线所围点云单独提取出来（使用"Point"→"Extract Points"→"Points within Curves"命令)，选择这部分点云，顺序选择边界曲线，由边界曲线和点云拟合曲面 1（使用"Surface"→"Fit Cloud and Curves"命令)，如图 5-75 所示。因为边界曲线两两相交，所以曲面 1 完全通过这些曲线。检查曲面与点云的距离（使用"Surface"→"Diagnostics"→"Surface-Cloud Difference"命令)，如果不满足精度要求，就需要将这个区域进一步划分，使拟合曲面达到精度要求。

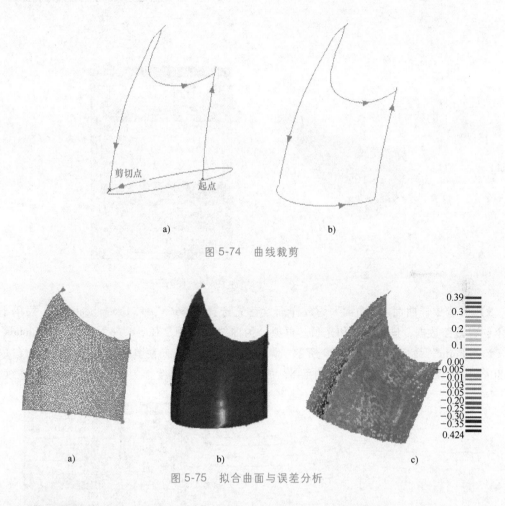

图 5-74　曲线裁剪

图 5-75　拟合曲面与误差分析

8) 构造裁剪曲面 2。曲面 2 为裁剪曲面，首先用边界曲线将这一区域的点分割出来（使用"Point"→"Extract Points"→"Points within Curves"命令)，如图 5-76 所示。然后用自由型曲面去拟合（使用"Surface"→"Create/Cloud"→"Fit Free Form"命令)，如图 5-77 所示。将边界曲线向曲面上投影（使用"Curve"→"Create on Surface"→"Project Curve to Sur-

face"命令），再用这些投影曲线去裁剪曲面使用"Surface"→"Trimming Operations"→"Trim/Curves"命令），得到曲面2，如图5-78所示。

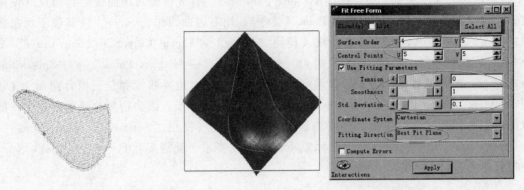

图 5-76 裁剪点云　　　　　　图 5-77 自由曲面拟合

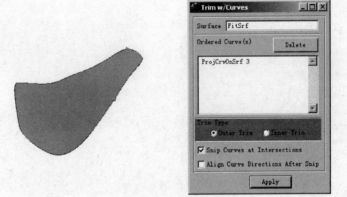

图 5-78 曲面裁剪

9）构造放样曲面8。曲面8为放样面，首先选择"Point"→"Cross Sections"菜单下的指令创建截面数据，进行排序和光顺，再拟合为曲线（使用"Curve"→"Create 3D/Clouds"→"Fit Free Form"命令），如图5-79所示。调整截面曲线的方向使其一致，再将其重新参数化为30个控制顶点，最后生成放样曲面8，放样面4个边界连续都为位置（Position）连续。

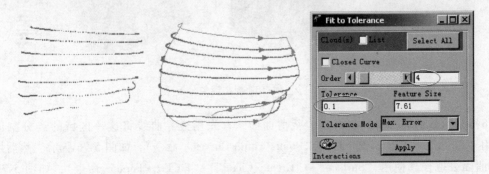

图 5-79 创建 loft 的截面曲线

10）构造过渡曲面5、曲面9、曲面10。曲面5、曲面9和曲面10位于曲率变化较大的地方，主要起连接基本曲面（Base Surface）的作用，称为过渡曲面（Transition Surface）。因为过渡曲面的曲率较大，为了准确逼近数据点，采用加边界条件的点云拟合曲面方法（使用"Surface"→"Fit/Cloud and Curves"命令）。与前面介绍的方法一样，首先将每块曲面对应的那部分数据裁剪出来，然后进行拟合，拟合时在不影响曲面自身光滑性的前提下，尽量和已知曲面保持Tangent连续。值得注意的是，只有当边界曲线选已有曲面的边界线或位于平面上的2D Curve时，才能应用Tangent和Curvature连续性条件。图5-80所示为这一部分曲面重构后的局部模型视图。

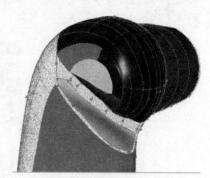

图5-80　局部模型视图

11）构造裁剪曲面4。如图5-81所示，首先将曲线包围的点云裁剪出来（使用"Point"→"Extract Points"→"Points within Curves"命令），检查点云的平面度（使用"Point"→"Cloud Characteristics"→"Cloud Flatness"命令），发现点云平面度误差很小，因此用平面来拟合这部分点云（使用"Surface"→"Create/Cloud"→"Fit Free Form"命令）。若平面没有完全包含封闭的边界曲线，可以将平面延伸（使用"Surface"→"Extend"→"By Length"命令），如图5-82所示。将边界曲线向平面投影（使用"Curve"→"Create on Surface"→"Project Curve to Surface"命令），再用投影曲线将平面裁剪（使用"Surface"→"Trimming Operations"→"Trim/Curves"命令），得到曲面4，如图5-83所示。

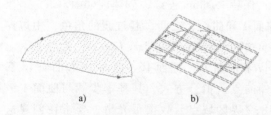

a)　　　　　　　　b)

图5-81　裁剪点云平面度检查

图5-82　平面延伸

图5-83　曲面裁剪

12）构造 UV 网格线曲面 6。考虑到曲面 6 所在区域的点云沿 UV 等参线截面形状规则，可以考虑由 UV 曲线网格来构造（使用 "Surface"→"Create/Curves"→"Blend UV Curve Network" 命令）。首先构造曲线网格，再创建曲面，如图 5-84 所示。值得注意的是，曲线网格都相交时创建曲面品质更好，曲线网格必须为四边域，所有曲线需要 G2 连续（曲率连续）。

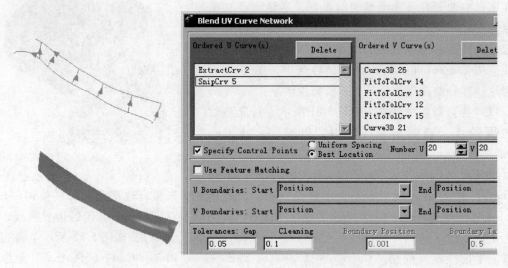

图 5-84　UV 线混合曲面

13）构造放样曲面 15。首先构造如图 5-85 所示的截面曲线，调整曲线使其方向一致，重新参数化曲线，使其控制顶点数目同为 35 个；保持 Position 连续，创建放样面。

14）构造边界线混合曲面 3。曲面 3 位于曲面 1 和曲面 2 之间，起过渡的角色，用边界线混合曲面指令来构造（使用 "Surface"→"Create/Curves"→"Boundary Curves" 命令）。

15）由边界曲线和点云拟合曲面 16、曲面 17 和曲面 18。曲面 16、曲面 17 和曲面 18 都是规则的四边界域曲面，都采用加边界曲线条件的点云拟合方式，其基本步骤与曲面 1 一致。值得注意的是，曲面 16、曲面 17 和曲面 18 交界区域点云数据很光滑，要求在创建这些曲面时，后创建的曲面要以已创建的曲面的边界作为封闭曲面的一部分，并添加 Tangent 边界约束，保证曲面的光滑过渡。图 5-86 所示为这一部分曲面完成后的局部视图。

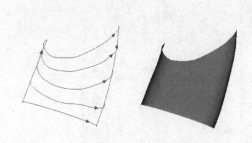

图 5-85　曲面 15 及其截面曲线

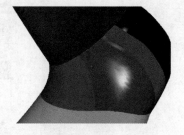

图 5-86　保持连续拼接的曲面局部视图

16）由边界曲线和点云拟合曲面 19。曲面 19 连接曲面 12、曲面 8、曲面 6 和曲面 16，可以用相邻曲面的边界组成的封闭曲线以及所围的点云拟合曲面。如图 5-87 所示，依次选取图中边 1、边 2、边 3 和边 4 形成的封闭边界，其中边 1、边 2 和边 4 为相邻曲面的边界，边界连续性选择 Tangent 连续，边 3 为两曲面的公共边，保持此处的 Position 连续。

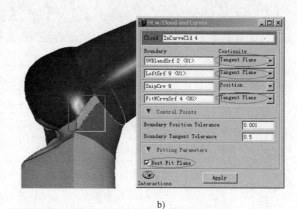

a)   b)

图 5-87　曲面 19 拟合示意图

17）由边界曲线构造曲面 7。曲面 7 在曲面 1 和裁剪曲面 2 之间起过渡作用，在相邻的曲面 1、曲面 2、曲面 3 和曲面 15 都已经存在的情况下，可以用插值于封闭边界曲线的曲面来过渡（使用 "Surface"→"Create/Curves"→"Blend/Boundary Curves" 命令），保证边界插值曲面与曲面 1、曲面 3 和曲面 15 的 Tangent 连续条件，与曲面 2 的 Position 连续条件。

18）由边界曲线和点云拟合曲面 11。曲面 11 位于曲面 18、曲面 2、曲面 6、曲面 5 和曲面 10 之间，因为该区域曲率变化较大，只利用边界曲线信息创建的曲面不能反映其真实形状。所以同时利用该区域点云信息和边界信息创建曲面（使用 "Surface"→"Fit/Cloud and Curves" 命令）。

19）构造放样曲面 13。因为原始测量数据的局部缺失，前面部分将曲面 14 分开处理，最后用放样面 13 将曲面 14 与曲面 1、曲面 3 和曲面 15 连接起来。

至此，大体上完成了整个进气道模型曲面的重建。在实际应用中，最初用曲线对点云数据进行区域划分的结果往往并不完善，需要不断对边界曲线进行调整（例如，裁剪曲面 2、曲面 4 的边界与最初划分的曲线不一致，而是曲线在曲面上的投影线）。另外，大体完成后的曲面模型中，如果某个曲面误差检查没有通过，就需要将该区域划分为更多的小区域重新创建曲面，由此又会引起与其保持边界连续的某些曲面的调整。

 实操评价

进气道曲面逆向建模评价见表 5-4。

表 5-4　进气道曲面逆向建模评价表

项目	项目五	图样名称		任务		指导教师	
班级		学号		姓名		成绩	
序号	评价项目	考核要点	配分	评分标准		扣分	得分
1	点云模型导入	参数设置	5	不正确不得分			

（续）

项目	项目五	图样名称		任务		指导教师	
班级		学号		姓名		成绩	
序号	评价项目	考核要点	配分	评分标准		扣分	得分
2	拟合	去除杂点	5	拟合是否在公差范围内			
		提取特征线	5	拟合是否在公差范围内			
		获取截面线数据	5	拟合是否在公差范围内			
		创建放样（loft）曲面	10	拟合是否在公差范围内			
		用特征线划分点云	10	拟合是否在公差范围内			
		边界曲线和点云拟合曲面	5	拟合是否在公差范围内			
		裁剪曲面	5	拟合是否在公差范围内			
		构造放样面、裁剪面、网格面	5	拟合是否在公差范围内			
		混合面的构造及过渡	15	拟合是否在公差范围内			
4	打印	生成网格化切片文件	10	不正确不得分			
		打印设置	5	不正确不得分			
		打印后修磨	5	不正确不得分			
5	安全文明生产	1）安全正确操作设备 2）工作场地整洁，工件、量具等摆放整齐规范 3）做好事故防范措施，签写交接班记录，并将出现的事故发生原因、过程及处理结果记录档案 4）做好环境保护	10	每违反一项从总分扣2分，扣分不超过10分			
合计			100	实际得分			

🔄 **延伸阅读**

　　我国在航天航空制造中也成功应用了国内自主研发的3D打印技术。西北工业大学通过钛合金激光打印，已生产出长度为5m的飞机钛合金翼梁，同时，其与中国商飞公司联合使用3D打印技术制造了C919大飞机的中央翼梁，并通过了商飞公司的性能检测。北京航空航天大学王华明院士团队成功制造国内尺寸最大的大型整体钛合金飞机主承力结构件，在国际上率先突破了钛合金、超高强度钢等难加工、大型复杂的整体关键零件的加工工艺、装备和应用技术。

　　中国航天科技集团研制出多激光3D打印机，已成功打印出星载设备的光学钛合金镜片支架。航天科工集团六院41所利用3D打印技术制造了某型号固体火箭发动机点火装置壳体，并通过发动机地面试车考核试验验证了该技术的可行性与稳定性，这也是我国3D打印技术首次在固体火箭发动机上成功应用。

任务 5-4　风扇基于 Surfacer 的逆向建模

任务导入

风扇用 Surfacer 如何进行逆向建模?

任务描述

通过风扇模型的逆向建模学习逆向设计软件 Surfacer 的使用方法。

知识目标

扫描模型的三维数据处理与数模重构。

技能目标

会用 Surfacer 逆向建模对风扇的扫描点云模型进行处理。

任务实施

用扫描仪扫描风扇,数据保存为点云,如图 5-88 所示,文件名为 Fan. asc。打开 Surfacer 软件。

建构曲面叶片部分,建模步骤如下:

1) 将要建构的叶片部分圈选出来。因为叶片需要均匀分布,所以每一片都必定一样,建构一片再复制其他的叶片。将点群剪下并修剪叶片部分,如图 5-89 所示。

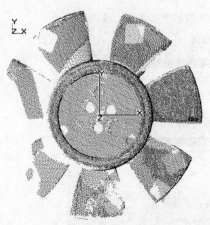

图 5-88　风扇点云数据

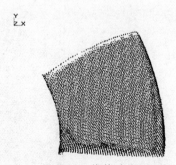

图 5-89　修剪叶片

2) 可以把点群分成上下两部分,再利用三条 Curve 投影到点群上,分别得到三条 Section Cloud,上下一共是 6 道。利用这些点群数据 Fit 出 Curve,再利用 Curve 拉伸出曲面,如图 5-90 所示。

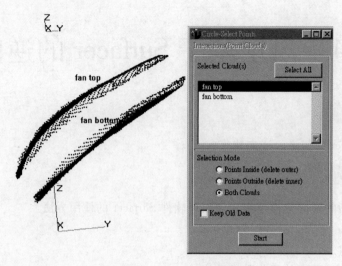

图 5-90　点群分成两部分

3）使用"Curve"→"Construct 3D"→"Circle"命令绘出三个同心圆，再打断其他不需要的地方，删除掉，如图 5-91 所示。

4）把 Curve 投影到 Cloud 上，使用"Point"→"Cross Sections"→"Project Curve on Cloud"命令，如图 5-92 所示。

投影结果如图 5-93 所示。

5）修剪前后端弯曲变化较大的点，将不需要的点删除之后，做一次 Sort 点群排序，如图 5-94 所示，然后将点群"Smooth"。

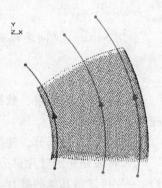

图 5-91　绘出三个同心圆

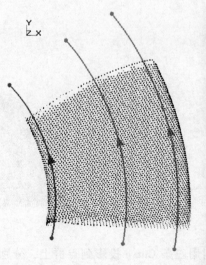

图 5-92　设置将 Curve 投影到 Cloud

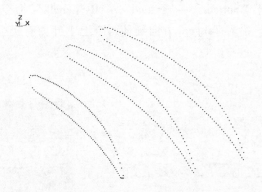

图 5-93　投影结果

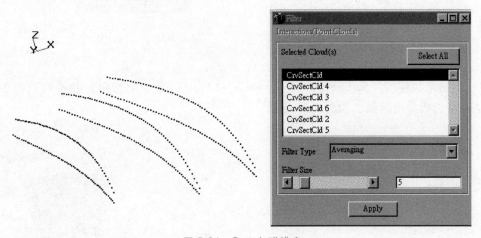

图 5-94　Sort 点群排序

6）Fit 成 Curve，即统一曲线方向。使用 "Curve"→"Create 3D w/Clouds"→"Fit Free Form" 命令，如图 5-95 所示。

单击 "Curve"→"Modify 3D Curve Network"→"Harmonize Direction" 命令，将 Curve 的方向统一，避免 loft 时的曲面扭曲。

7）拉伸曲面。单击 "Surface"→"Create w/Curves"→"Loft Curves" 命令，将上下两个曲面都拉伸出来，如图 5-96 所示。再用 Extend 方式将曲面延展开来。

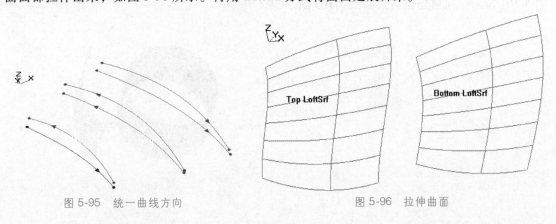

图 5-95　统一曲线方向　　　　　　　图 5-96　拉伸曲面

8）延伸曲面。单击"Surface"→"Extend"→"By Length"命令，如图 5-97 所示，勾选 Extend All Sides 复选框，沿着 Tangent 方向延伸，令上下叶面有机会相交，以方便接下来的倒圆角。

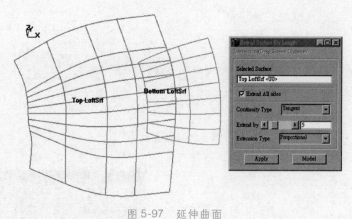

图 5-97　延伸曲面

9）倒圆角。使用"Surface"→"Transition"→"Fillet"命令倒圆角，并校验点群，检测点群是否接近所导出的面，如图 5-98 所示。

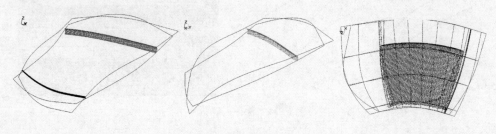

图 5-98　倒圆角

10）检视点群与曲面是否接近。然后绘出风扇的内部圆柱以及外部轮廓的大圆，如图 5-99 所示。

单击"Surface"→"Create w/Curves"→"Extrude in Direction"命令以 Extrude 方式沿着 Z 轴方向拉伸，交到之前建构的曲面，再求出交线，如图 5-100 所示。剪切掉不需要的面，如图 5-101 所示。风扇建模结果如图 5-102 所示。

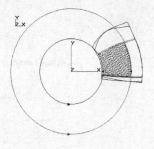

图 5-99　风扇的内部圆柱

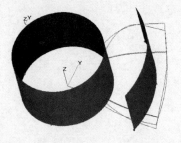

图 5-100　拉伸

图 5-101　剪切掉不需要的面

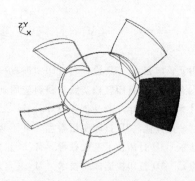

图 5-102　风扇建模结果

实操评价见表 5-5。

表 5-5　风扇的逆向建模评价表

项目	项目五	图样名称		任务		指导教师	
班级		学号		姓名		成绩	
序号	评价项目	考核要点	配分	评分标准		扣分	得分
1	点云模型导入	参数设置	5	不正确不得分			
2	单个叶片拟合	构建叶片	10	拟合是否在公差范围内			
		分割提取点云特征线	15	拟合是否在公差范围内			
		拉伸曲面	10	拟合是否在公差范围内			
		拉伸曲面	10	拟合是否在公差范围内			
		倒圆角	10	拟合是否在公差范围内			
		裁剪	5	拟合是否在公差范围内			
4	打印	生成网格化切片文件	15	不正确不得分			
		打印设置	5	不正确不得分			
		打印后修磨	5	不正确不得分			
5	安全文明生产	1）安全正确操作设备 2）工作场地整洁,工件、量具等摆放整齐规范 3）做好事故防范措施,签写交接班记录,并将出现的事故发生原因、过程及处理结果记录档案 4）做好环境保护	10	每违反一项从总分扣2分,扣分不超过10分			
	合计		100	实际得分			

参 考 文 献

［1］ 曹明元，申云波. 3D 设计与打印实训教程（机械制造）［M］. 北京：机械工业出版社，2017.

［2］ 辛志杰等. 3D 打印轻松实践从材料应用到三维建模［M］. 北京：化学工业出版社，2018.

［3］ 郑月婵. 3D 打印与产品创新设计［M］. 北京：中国人民大学出版社，2019.

［4］ 王刚，黄仲佳. 3D 打印实用教程［M］. 合肥：安徽科学技术出版社，2016.

［5］ 于彦东. 3D 打印技术基础教程［M］. 北京：机械工业出版社，2017.

［6］ 曹明元. 3D 打印快速成型技术［M］. 北京：机械工业出版社，2017.

［7］ 杨振虎，庞恩泉. 3D 打印数据处理［M］. 北京：高等教育出版社，2010.

［8］ 杨继全，冯春梅. 3D 打印面向未来的制造技术［M］. 北京：化学工业出版社，2014.